U0827834

计算机应用技能培养系列规划教材

安徽省“十四五”首批高等职业教育规划教材

网页设计与制作

第3版

主　编◎李京文

副主编◎（按姓氏笔画排序）

马晓梅　王　曾　王珊珊　王鹤琴

刘春友　李常亮　吴艺妮　陈纪霞

陈丽菊　徐　辉　程　剑

WANGYE SHEJI YU ZHIZUO

北京师范大学出版集团

BEIJING NORMAL UNIVERSITY PUBLISHING GROUP

安徽大学出版社

内容提要

本书从实用性出发，按讲义方式，循序渐进地介绍了网页设计基础知识、HTML5、CSS 样式、JavaScript 脚本语言和综合案例等 5 个模块。其中网页设计基础知识模块介绍互联网基础知识、网页的相关概念、网页和网站的设计原则和规范、网页编辑器等内容；HTML5 模块介绍构建页面内容的方式；CSS 样式模块介绍修饰美化页面的方法；JavaScript 脚本语言模块介绍为 HTML 页面增加交互性的方法；综合案例模块介绍前述内容的综合应用。本书既包含适度的基本理论知识介绍，又包含比较详实的实例描述和实验指导。同时，本书配有实训素材、案例源码和素材、习题解答、模拟试卷、电子课件和视频等电子资源，还建设了配套的课程网站，方便读者学习。

本书层次清晰、概念简洁、准确，叙述通顺且图文并茂，可操作性强。可供高等学校网页设计相关课程作为教材使用，也可供网页设计技能培训课程使用，还可供网页制作专业人员及网页制作爱好者参考阅读。

图书在版编目(CIP)数据

网页设计与制作/李京文主编. —3 版. —合肥：安徽大学出版社，2024.8
ISBN 978-7-5664-2808-0

Ⅰ. ①网… Ⅱ. ①李… Ⅲ. ①网页制作工具 Ⅳ. ①TP393.092.2

中国国家版本馆 CIP 数据核字(2024)第 069927 号

网页设计与制作(第 3 版)
WANGYE SHEJI YU ZHIZUO

李京文 主编

出版发行：北京师范大学出版集团
安 徽 大 学 出 版 社
(安徽省合肥市肥西路 3 号 邮编 230039)
www.bnupg.com
www.ahupress.com.cn
印 刷：合肥远东印务有限责任公司
经 销：全国新华书店
开 本：787 mm×1092 mm 1/16
印 张：25.25
字 数：747 千字
版 次：2024 年 8 月第 3 版
印 次：2024 年 8 月第 1 次印刷
定 价：75.00 元
ISBN 978-7-5664-2808-0

策划编辑：刘中飞 宋 夏
责任编辑：刘中飞 宋 夏
责任校对：陈玉婷
装帧设计：李 军
美术编辑：李 军
责任印制：赵明炎

编委会名单

前　言

设计和制作网页一方面要熟悉网页设计所使用的编辑器，如 Dreamweaver、HBuilder X 等，另一方面还要掌握 HTML 标记语言、CSS 样式和 JavaScript 等网页设计技术。因此，需要有一本案例详实、知识结构编排科学、便于教学，并能使读者尽快掌握网页设计与制作的相关知识和方法的教材。为此，安徽省高等学校计算机教育研究会结合高等学校计算机教学改革与课程建设，组织省内部分高等学校有关老师广泛开展教学研究，本着贯彻党的教育方针，落实立德树人根本任务的原则，编写了这本融入课程思政元素、适合初学者学习、方便教学、实用性强的特色教材。

本次修订在充分调研的基础上，结合课程思政，对教材中的案例进行了适当的调整，将课程思政的新理念、新方法有机融入其中，增加了对 HBuilder X 网页编辑器和 JavaScript 浏览器对象的介绍。修订后的教材突出了当前主流网页设计技术，并将理论和实践结合，采用讲稿形式编写，更加方便教师教学，方便学生学习、实践和测试。

本书由长期从事计算机基础教学与考试题库建设的“网页设计与制作”项目组的一线教师参与编写，是一本网页设计与制作的入门教材，在案例设计、内容编排、叙述表达、课后习题等方面进行了精心设计，目的是让学生了解和掌握网页设计与制作的基本原理和方法，从而具备基本的网页设计与制作能力。本书编写的指导思想是：吸取已有教材的优点，结合教学实践、试题库建设经验，努力把知识点融入到案例中去，立足于“理论够用，操作熟练，重在实践”的要求，做到通俗易懂、循序渐进。本书每一讲后面都附有一定数量的典型习题、综合实训和上机练习，供读者练习和训练，以巩固所学知识。

本书包含 5 个模块(共 15 讲)内容，每个模块的内容如下。

模块 1：网页设计基础知识。本模块包含 2 讲，主要介绍了互联网基础知识、网页的相关概念、网页和网站的设计原则和规范、网页编辑器等内容。

模块 2：HTML5。本模块包含 5 讲，主要介绍了 HTML5 与早期版本的区别与联系，以及 HTML5 文档的基本结构、常用标记和部分新增标记的使用。

模块 3：CSS 样式。本模块包含 4 讲，主要介绍了 CSS 的功能、CSS 样式表的组成、盒子模式以及 CSS 样式的使用等。

模块 4：JavaScript 脚本语言。本模块包含 2 讲，主要介绍了 JavaScript 概述、JavaScript 数据类型、常量、变量与表达式、基本输入输出语句、条件分支语句、循环控制语句、JavaScript 过程、JavaScript 对象模型(包括 JavaScript 浏览器对象模型)等。

模块 5：综合案例。本模块包含 2 讲，介绍了综合使用前 4 个模块的内容制作、测试和发布网站的方法。

本书配套的电子资源包含课本中每个实验的具体操作步骤、所有案例源码和素材、习题解答、模拟试卷、电子课件和视频等,便于读者理解和巩固所学内容,调试相关案例。本书配套的课程网站已在职教云开通(https://mooc.icve.com.cn/cms/courseDetails/index.htm?classId=79dab3c76b8740fe89dc52d2a85da28f)。读者可以通过微信扫描下方二维码下载配套的电子资源和登录课程网站进行线上学习。

配套电子资源　　课程网站

本书由安徽职业技术学院李京文教授担任主编;第 1 讲、第 2 讲 2.1 节由安徽职业技术学院王曾老师编写;第 2 讲 2.2 节、第 9 讲 9.3 节、第 12 讲 12.5 节和 12.6 节由安徽警官职业学院王鹤琴老师编写;第 3 讲、第 4 讲由安徽国际商务职业学院王珊珊老师编写;第 5 讲、第 6 讲由安徽职业技术学院马晓梅老师编写;第 7 讲由安徽职业技术学院陈丽菊老师编写;第 8 讲、第 9 讲 9.1 节和 9.2 节由芜湖职业技术学院程剑老师编写;第 10 讲由安徽绿海商务职业学院吴艺妮老师编写;第 11 讲由安徽财贸职业学院陈纪霞老师编写;第 12 讲 12.1 节至 12.4 节、第 13 讲由安徽工业职业技术学院刘春友老师编写;第 14 讲、第 15 讲由安徽国际商务职业学院徐辉老师编写;统稿、定稿由李京文和全体编者共同完成。安徽迅时网络科技有限公司李常亮提供了大量素材。

在本书的编写过程中,我们得到了参编人员所在单位领导的关心和支持,同时得到了安徽省教育厅、安徽省高等学校计算机教育研究会和安徽大学出版社的大力支持与帮助,在此一并表示感谢。

由于时间仓促、经验不足,书中难免有不妥和疏漏之处,恳请广大读者予以指正。

编　者

2024 年 1 月

目　录

模块 1　网页设计基础知识

模块2　HTML5

模块3　CSS样式

模块 4　JavaScript 脚本语言

模块 5　综合案例

模块 1

网页设计基础知识

当今世界正经历着一场信息革命，人类社会正处于信息爆炸的时代。随着互联网技术高速发展，设计网页和制作网站成为热门领域。网页设计基础知识模块旨在向读者介绍互联网基础知识、网页的相关概念、网页和网站的设计原则和规范、网页编辑器等内容，通过本模块的学习，读者可对本课程的基本情况形成初步认识。

第1讲　从零开始认识网页——网页设计基础

知识目标

➢ 了解 Internet 基础知识。
➢ 了解网页和网站，能够理解二者之间的关系。
➢ 熟悉网页设计的相关原则，包括布局、配色等。

技能目标

➢ 掌握网页设计的基本规范，包括页面尺寸、字体、字号等。
➢ 掌握网站开发的规范和流程。

素质目标

➢ 具有高度责任心和良好的团队合作精神。
➢ 具有较强的网页设计创意思维、艺术设计素养。
➢ 具有良好的心理素质和职业道德品质。

在学习网页制作之前,需要了解 Internet 和网页制作相关的基础知识,以便初学者更好地掌握后面的内容。因此,本讲将对互联网,网页的相关概念、设计原则和规范等进行详细介绍。

1.1 Internet 基础

1.1.1 Internet 概述

Internet 即“因特网”,它是目前全球最大的、开放的计算机互联网络,也是大量信息资源的集合。Internet 可以连接各种各样的计算机系统和网络,不管它们处于世界的什么地方、具有何种规模,只要它们遵守共同的网络通信协议 TCP/IP,就都属于 Internet 大家庭。Internet 给接入其中的用户提供各种信息和服务,成为推动信息社会化的主要工具,以至于人们又将它称作“信息高速公路”或“全球最大的信息超市”。

Internet 起源于美国国防部的高级研究计划局(Advanced Research Project Agency, ARPA)研究开发的实验性网络 ARPANET,最初主要用于军事,在 20 世纪 70 年代迅速壮大,成为为科研和教育机构服务的网络。1983 年,Internet 建成后,与它联网的计算机和网络迅速增加,Internet 迅速向全球发展。特别是 WWW(World Wide Web)技术的普及,使得 Internet 的信息量和用户数量急剧增加,应用领域也日益扩大。

万维网(WWW)、电子邮件(E-mail)、文件传输(FTP)和远程登录(Telnet)构成了 Internet 服务的基础。新闻讨论组(News)、电子公告牌(BBS)也是 Internet 常用的服务。除此以外,Internet 还提供一些其他的服务,如文件检索(Archie)、分类目录(Gopher)、全局性分类目录(Veronica)、广域信息服务(WAIS)、网上电话和网上传真等。

1.1.2 WWW

1. WWW

WWW 又被称为万维网,简称 Web 或 3W,是一种建立在 Internet 上的庞大的基于超文本的网络信息系统,具有全球性、交互性、动态性、跨平台、分布式等特点。它将位于 Internet 不同地点的相关信息资源以超文本的方式有机地链接在一起,从而为 Internet 用户提供世界范围的多媒体信息服务。通过万维网,人们只要使用简单的方法,就可以迅速方便地取得丰富的信息资料。

2. WWW 浏览器与 WWW 服务器

WWW 浏览器(Browser)是专门用来定位和访问 Web 信息的应用程序或工具软件,可以说是 WWW 的窗口或翻译器,其作用是把各种从 Web 上接收的信息翻译后呈现在用户计算机的窗口。浏览器支持多媒体特性,可以用于播放声音、动画与视频,使

WWW 世界更加丰富多彩。

常用的浏览器软件有 Microsoft 公司的 Internet Explorer 和 Netscape 公司的 Navigator 等。需要注意的是，不同的浏览器对同一控制字符的解释方式不完全相同，故对同一检索词不同浏览器给出的结果可能不同。

WWW 服务器是对浏览器的请求提供服务的计算机及相应的服务程序。网页提供者可将制作好的网页存放在服务器上供用户浏览。

WWW 服务采用客户机/服务器工作模式，如图 1-1 所示。信息资源以网页的形式存储在 Web 服务器中，客户机与服务器之间通过 HTTP 协议进行通信。用户通过 WWW 客户端程序(如 IE 浏览器)用 IP 地址或域名向 WWW 服务器发出请求，请求一个特定的 IP 地址或域名所指向的站点，并通过 Internet 连接 WWW 服务器。服务器接收请求以后，通过 HTTP 协议经互联网将相应 HTML 文档[①]传送给客户机。客户端浏览器接收该页面后对其进行解释，将文字、声音、图像等信息呈现在用户窗口中，供用户浏览使用。

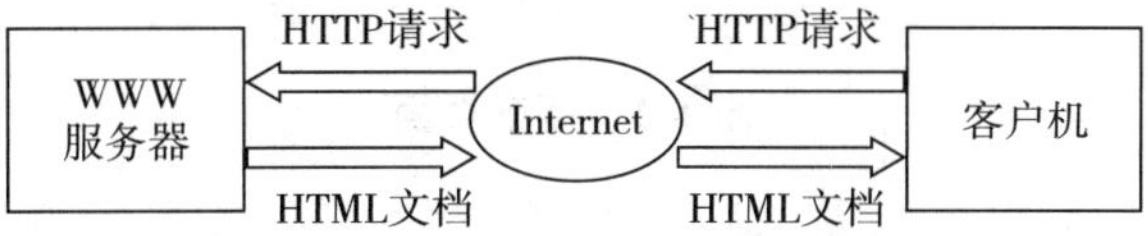

图 1-1　WWW 客户机/服务器工作模式

1.2　网页和网站概述

日常生活中，人们经常通过互联网访问网站、浏览网页，但大部分人并不了解网页与网站的概念，也不清楚网页制作的相关技术，下面将围绕相关内容进行具体介绍。

1.2.1　网页

通常使用浏览器查看的页面都称为“网页”，其本质是一种可被浏览器识别的编码文件，该文件使用 HTML 语言编写。

人们通过浏览器看到的由文字、图片、视频等组成的网页，其实都是代码被浏览器解释之后的结果。为了使初学者更好地理解这一概念，请打开“谷歌”浏览器，在地址栏输入网址“http://www.baidu.com”，按下回车键，打开百度首页(图 1-2)，在页面上右击，选择“查看网页源代码”，在弹出的窗口中会显示当前网页的源代码(图 1-3)。这些源代码经浏览器解释之后就会形成百度页面。

① 不同软件对“HTML 文档”的写法不同，除“HTML 文档”外，还有“HTML 文件”“html 文件”“html 文档”“Html 文件”“Html 文档”等写法，为了尽可能地方便读者理解书中内容，本书采用局部统一的处理办法。

图 1-2 百度页面

图 1-3 查看网页源代码

1.2.2 网站

网站是存放在网络服务器上的一个或多个网页的集合。网页是网站呈现信息的载体。一些大型网站包含的网页比较多，如新浪、搜狐等门户网站；有的网站只有几个网页，如个人网站。

网站的种类较多，常见的有门户网站(图 1-4)、商城网站(图 1-5)、企业网站和教育网站等。

图 1-4　门户网站

图 1-5　商城网站

1.2.3　构成要素

在进行网页设计时，应有效组织页面的基本构成元素，配合一些特效，形成各具特色的页面。网页的基本构成元素包括文本、图像和超链接等。

1. 文本

文本是网页传递信息最主要的载体。这里所说的文本指纯文字，而非图片或音视频中的文字。

通过设置文字的字体、大小、颜色等属性，可以实现不同的显示效果，提高页面的易读性。如标题文字应引人注目，故通常将其字号设置为较大的字号；而对超链接文字则选择特殊颜色，以提醒用户"这是一个超链接，可以点击。"

2. 图像

图像能更直观地呈现信息，使页面内容更丰富，更具视觉冲击力。网页支持的图像格式包括JPG、PNG、GIF等。在网页中，图像通常以下面几种形式存在。

①背景图，网页的整个背景，用于装饰和美化页面，当前更倾向于用纯色代替图片。

②LOGO图标，一般为最能说明网站主题的代表性图片，通常在网页的左上角。

③Banner焦点图，用于显示网站宣传图或最新消息的配图。

④栏目图标，根据网页各栏目的特色，选择小图标，用于装饰栏目标题。

3. 超链接

超链接是网站的灵魂，可将零散的网页串联成一个整体，实现从一个网页到另一个网页的跳转。点击超链接可跳转到其他网站，也可以下载文件或发送电子邮件。

超链接形式多样，文本、图像、音频和视频等都可以用作超链接的载体。当鼠标正好位于超链接的位置时，光标会变成小手的形状，单击即可实现跳转。

1.2.4 开发环境

网页制作对环境的要求相对较低，只需要编辑器和浏览器。常用的编辑器有EditPlus、Sublime Text、WebStom、Dreamweaver等；主要浏览器有IE、Firefox、Chrome、Opera等。

根据各编辑器特性和浏览器的兼容性，本书推荐使用Dreamweaver CS6和Chrome浏览器。

1.2.5 核心技术

当前用于网页制作的核心技术包括HTML、CSS和JavaScript。

1. HTML

HTML(Hyper Text Marked Language)即超文本标记语言，它提供了一整套标记，用于描述网页中的文本、图像、超链接等内容，如段落标记、标题标记、超链接标记等(图1-6)。HTML标记常用来描述网页中需要呈现的内容，但因其不具有逻辑处理能力，故并非编程语言。

2. CSS

CSS(Cascading Style Sheets)即层叠样式表，用于控制网页显示效果，如字体、字号、排版布局等，如图 1-6 所示。

```
<!doctype html>
<html>
<head>
<meta charset="utf-8">
<title>HTML和CSS</title>
<style type="text/css">
p{
    font-size:16px;            /*设置文字大小为16px*/
    color:red;                 /*设置文字颜色为红色*/
    font-family:"微软雅黑";     /*设置文字字体为微软雅黑*/
    }
</style>
</head>

<body>
<p>用于讲解HTML和CSS样式</p>
</body>
</html>
```

此处是CSS样式，用于控制文字的显示效果。

此处是HTML内容。

图 1-6　HTML 和 CSS

3. JavaScript

JavaScript 是一种脚本语言，用于为网页添加一些动态效果，丰富页面显示方式，如焦点图(轮播图)、下拉菜单、Tab 菜单等。如图 1-7 所示，虚线所框即为焦点图。

图 1-7　焦点图

1.3 网页设计原则

网页的界面设计是对界面美观、操作逻辑、人机交互的整体设计。好的界面设计不仅美观有个性，而且便于用户操作。因此，在进行网页设计时，应遵循一定的原则。

1.3.1 以用户为中心，简洁易操作

网页存在的意义不只是为了传递信息，而是为人所用。因此，在开发网页时应以用户为中心，做到界面人性、友好。

因用户具有差异性，不同用户的操作习惯和能力不同，故从业人员在开发时不可能满足所有用户的期望，只能尽可能地让界面简洁、易操作。在开发过程中，必须注意：①主题明确，以帮助更高效地转换一批有直接需求的高质量用户；②导航清晰，让用户耳目一新，感到专业、清晰、值得信赖；③布局合理，增加网页的协调性和可读性，优化用户体验；④操作逻辑简单，方便用户操作和使用网站，优化用户交互体验。

1.3.2 配色原则

颜色是用户打开网页时最先感知的信息，网页的配色决定了网站的风格和定位。网页配色是否合理直接影响访问者的情绪。因此，网页配色必须遵循一定的原则，才能使网页赏心悦目。

1. 确定一种颜色为主色调，配以辅色

网页中的颜色过多，会使页面丧失美感，显得低俗。在进行网页配色时，一般仅选择一种颜色作为主色调，但为使页面丰富，会配以相应的辅色。建议网页中的颜色不超过3种，保持配色干净。

主色调的选择应根据网站展示的主题和服务对象确定，网站的色彩与要表达的内容相统一。如政府门户网站一般选用红色，因为站在政府的角度，红色是庄严和权利的象征；环保类网站一般选用绿色，因为绿色体现了环保和健康。

辅色又称为点睛色，用于打破单调的网页整体效果，通常选择与主色调对比强烈或鲜艳的颜色。辅色在网页中所占的面积不宜过大，面积越小，效果越突出。

2. 网页背景色与文字颜色应对比突出

网页背景色与文字的颜色应对比突出，以形成较强的视觉反差。如果背景色深，则文字色浅；如果背景色浅，则文字色深。这样才能提高文字的清晰度，避免产生阅读疲劳。如图1-8所示，红底配白色字，白底配黑色字。

图 1-8　网易云音乐官网

1.3.3　布局原则

布局清晰的网页，更有利于用户阅读。常见的网页布局类型包括“国”字型、“T”字型、左右框架型、标题正文型和封面型。一些看似复杂的网页，大多也是这几种类型的综合。

1.“国”字型

“国”字型布局，又称“同”字型布局，因布局结构形似“国”字而得名。其页面顶部为网站标志、导航或 banner 广告；页面中间为网页主体，又可细分为左、中、右三列；页面底部放置网站的版权信息等内容，如图 1-9 所示。

2.“T”字型

T 字型布局因与大写字母“T”相似而得名。其页面顶部一般放置网站的标志、导航或 banner 广告，下面左侧为导航菜单，右侧为网页正文等主要内容，如图 1-10 所示。

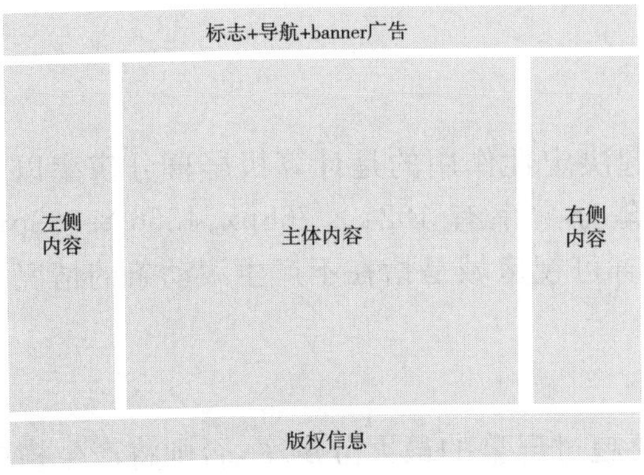

图 1-9　“国”字型

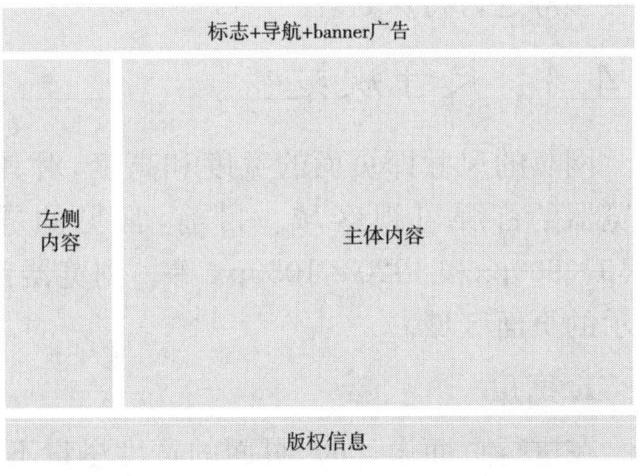

图 1-10　“T”字型

3. 左右框架型

左右框架型布局结构是一些大型论坛和企业经常使用的一种布局结构，主要分为左右两侧页面，左侧一般为导航栏链接，右侧放置网站的主体内容，如图 1-11 所示。

图 1-11　左右框架型

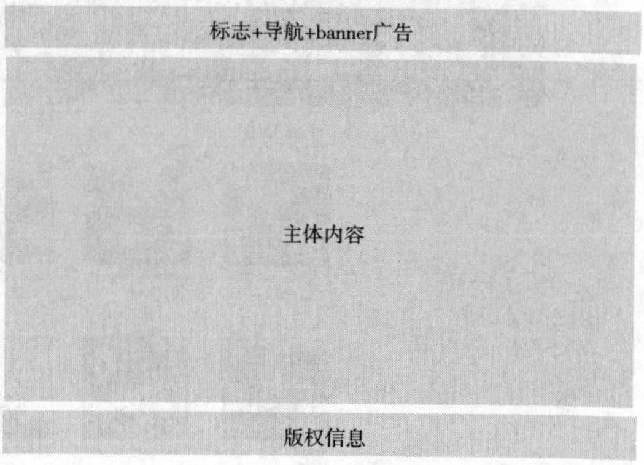

图 1-12　标题正文型

4. 标题正文型

该布局类型上面是网站的标志、导航或 banner 广告，下面是网站的主体内容，一般用于显示文章页面、新闻内容页面和一些注册页面等，如图 1-12 所示。

5. 封面型

封面型结构一般出现在一些网站的首页，多是动画或图片，加上几个简单链接，或仅是一个“进入”链接，如图 1-13 所示。

图 1-13　封面型

1.4　网页设计规范

网页设计规范是每个网页设计从业人员都应遵循的行为准则，制定此规范的目的是优化页面，提升用户体验。但网页设计的规范并不是一成不变的，可根据用户类型、网页类型等进行特殊处理。

1.4.1　尺寸规范

网页的尺寸即页面的宽度和高度，对其起决定性作用的是计算机屏幕分辨率以及浏览器的首屏可视区域。目前，常见的屏幕分辨率有 1024×768px、1366×768px、1440×900px和 1920×1080px 等。浏览器首屏可视区域是指在不产生滚动条的情况下显示的页面区域。

1. 宽度

在进行页面设计时，页面的宽度尽量不要超过屏幕的最大分辨率，否则将产生横向滚动条，影响用户体验。由于市场上的计算机设备不同，各种分辨率的计算机设备均有一定的市场占比，因此，应以最低分辨率为参考，页面宽度不应超过最低分辨率，以便最大限度地满足用户需求。

800×600px 的屏幕分辨率已淘汰，当前应参考的分辨率为 1024×768px 或 1366×768px，因此，在去除竖向滚动条的宽度，并考虑网页左右留白的情况下，页面的版心宽度应取 1000～1200px(建议取整数 1000px 或 1200px)。版心即存放网页信息的区域，如图 1-14所示。

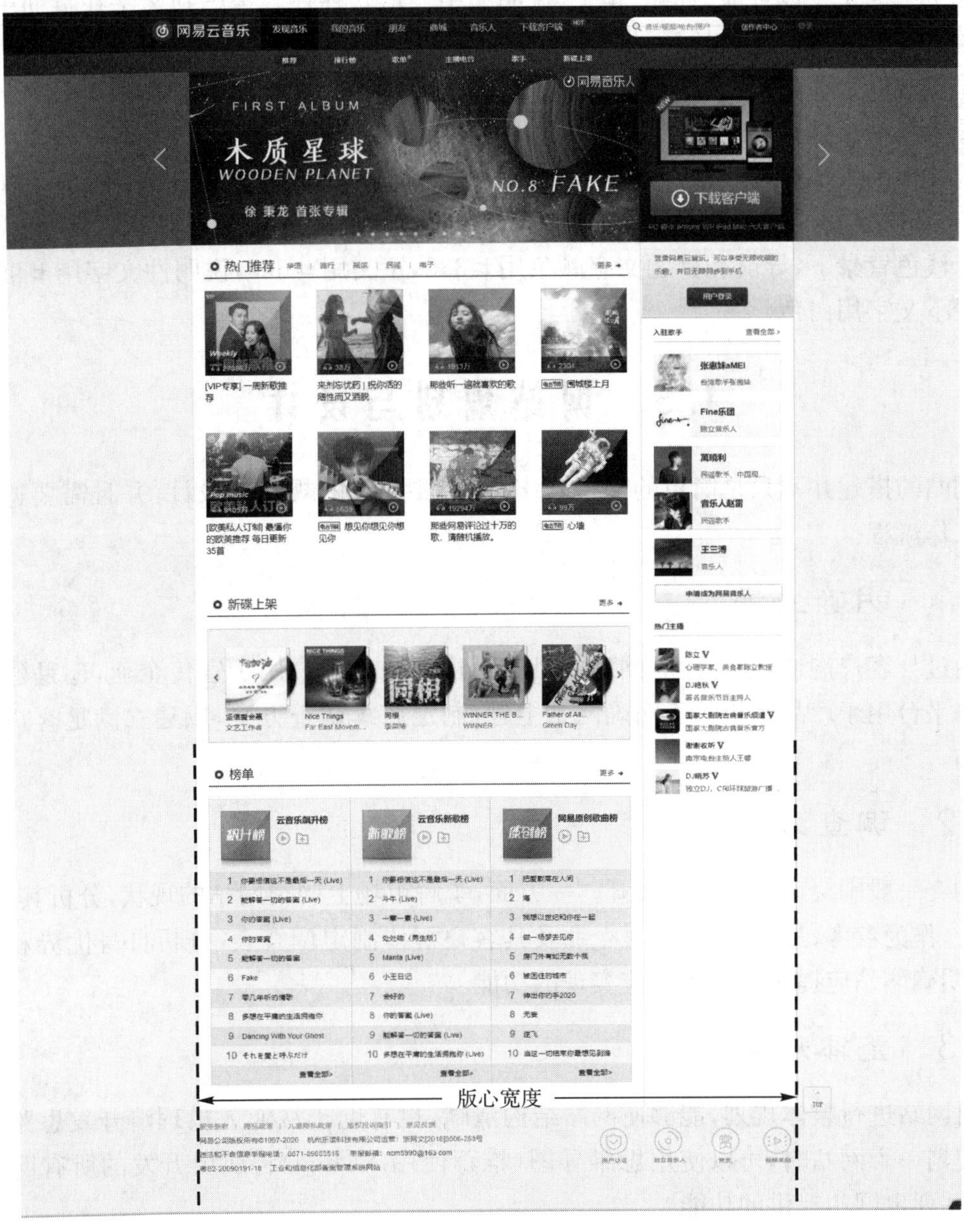

图 1-14　版心宽度

随着计算机技术的发展，屏幕分辨率在 1366×768px 以下的计算机将逐渐被淘汰，页面的版心宽度建议取 1200px，以免页面留白过多，影响页面显示效果。

2. 高度

相对于页面的宽度,对页面高度的要求没有那么严格,开发人员可以根据内容设置页面高度,一般将其控制在3个屏幕高度以内。

1.4.2 文字规范

网页中的文字以导航、标题、正文、说明文字等形式存在。考虑到文字在页面中的显示效果及文字的易读性,对网页中文字的使用规范,给出以下几点建议。

①中文的字体选用微软雅黑、苹方-简或宋体,数字和英文的字体选用Arial。

②导航和标题性文字用粗体,正文和说明性文字用细体。

③文字的大小可取12px、14px、16px,其中导航和标题文字一般选用16px以上字号,正文选用14px字号,说明性文字选用12px字号。

④浅色背景下,导航和标题文字颜色用#333,正文用#666,说明性文字用#999;深色背景下文字用白色。

1.5 网站规划与设计

网站的搭建并不只是简单的网页制作,更需要详细的规划与设计,并且需要遵循一定的工作流程。

1.5.1 明确主题

通过与客户沟通,了解建立网站的目的是建立企业门户用于宣传企业,还是建立电子商务平台用于产品销售等。明确网站主题,制定后续调查方案,以建立满足客户需求的网站。

1.5.2 调查分析

调查一般围绕市场和用户展开。一方面,了解市场上同类网站的现状,分析其优势、竞争力,作为参考;另一方面,针对企业及其客户群体制定调查表,分析自身优势和用户需求,明确网站应提供的服务或应实现的功能。

1.5.3 整体规划

对网站进行整体规划,能够使网站结构清晰,也有助于从业人员理清开发思路。通常在规划一个网站时,可以使用思维导图(推荐使用XMind)将所要开发的所有网页列出来,并列出网站提供的功能。

1.5.4 设计与实现

完成网站的整体规划以后,就可以进一步设计并实现各网页页面。

1. 设计部分

针对各网页应实现的功能，完成原型线框图设计，并以此为基础设计页面效果图。

设计效果图是指根据网站主题确定网页风格、色彩等，利用 PS 软件对搜集的元素进行排版和美化，以获得布局合理、视觉效果突出的页面。

2. 实现部分

利用网页开发技术(HTML＋CSS＋JS)将设计完成的效果图转换成能够被浏览器识别的页面。除此之外，如果网站具备一些动态功能，如留言板、新闻发布、注册登录等，还需要使用 PHP、ASP. NET 等技术实现开发。

1.5.5　测试与发布

在网页正式发布之前，需要进行必要的测试，主要包括配置测试、兼容性测试、易用性测试和安全性测试等，所有的测试都应以优化用户体验为主。

测试完成后，需要先申请域名、购买空间，然后使用 FTP 或 Dreamweaver 自带站点管理工具将网页上传至 Web 服务器。至此，网页即可被用户访问。

总　结

本讲主要讲解了网页的相关概念，以及网页页面制作中涉及的相关规范，应遵循的原则等。通过本讲的学习，读者可掌握网站开发的流程，将其有效地运用于具体的实践项目。

习　题　1

一、选择题

1. 下列选项中，不属于网页的基本构成元素的是________。

A. 文本　　B. 图像　　C. 超链接　　D. 多媒体

2. 网页开发的核心技术不包括________。

A. HTML　　B. CSS　　C. JavaScript　　D. VB

3. 屏幕分辨率为 1366×768px 时，网页的版心宽度为________。

A. 1000px　　B. 2000px　　C. 500px　　D. 1200px

4. HTML 的中文含义是________。

A. 超文本传输协议　　B. 超文本标记语言　　C. 层叠样式表　　D. 资源定位器

二、简答题

1. 列举常见的网站类型。

2. 简述网页设计的相关原则。

第 2 讲　走进热门开发工具
——Dreamweaver 与 HBuilder X

知识目标

- 熟悉 Dreamweaver 工具的操作界面。
- 熟悉 Dreamweaver 工具的基本操作。
- 熟悉站点的创建方法。
- 熟悉 HBuilder X 工具的下载和安装。
- 熟悉 HBuilder X 工具的操作界面。

技能目标

- 掌握 Dreamweaver 工具的基本操作。
- 掌握站点的创建方法，能够在实际工作中熟练运用。
- 掌握 HBuilder X 工具的基本操作。

素质目标

- 具有端正的学习态度和严谨务实的工作作风。
- 具有一定的科学思维和判断分析问题的能力。

2.1　Dreamweaver

Dreamweaver 是美国 Macromedia 公司(后被 Adobe 公司收购)开发的网页制作工具。因其具有编辑可视化、代码提示及检测等功能,已成为当前从业人员最常用的开发工具。本讲以 Dreamweaver CS6 为例介绍常用基本操作。

2.1.1　知识解析

1. 界面介绍

①双击运行软件,进入软件界面,执行“窗口”→“工作区布局”→“经典”命令,将工作区布局设置为“经典”模式,如图 2-1 所示。

图 2-1　Dreamweaver 软件工作区布局设置

②执行“文件”→“新建”→“HTML”命令,选择文档类型,创建 HTML5 页面,如图 2-2所示。

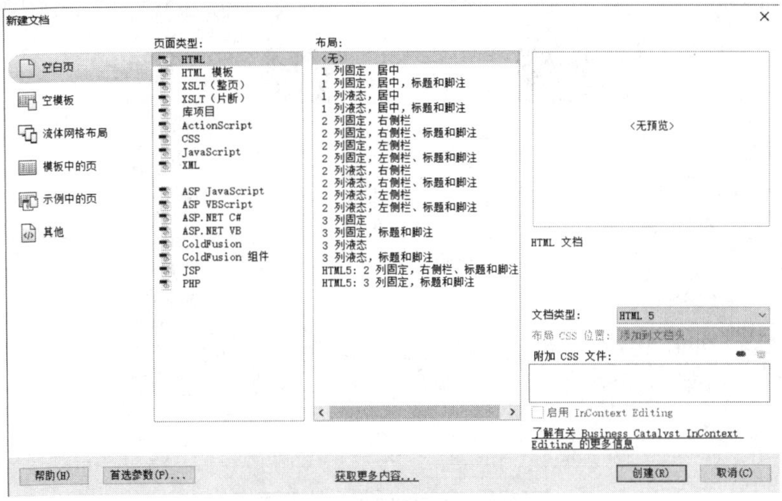

图 2-2　新建 HTML5 页面

③如图 2-3 所示为 Dreamweaver 操作界面，主要包括菜单栏、插入栏、文档工具栏、文档窗口、属性面板及常用面板。

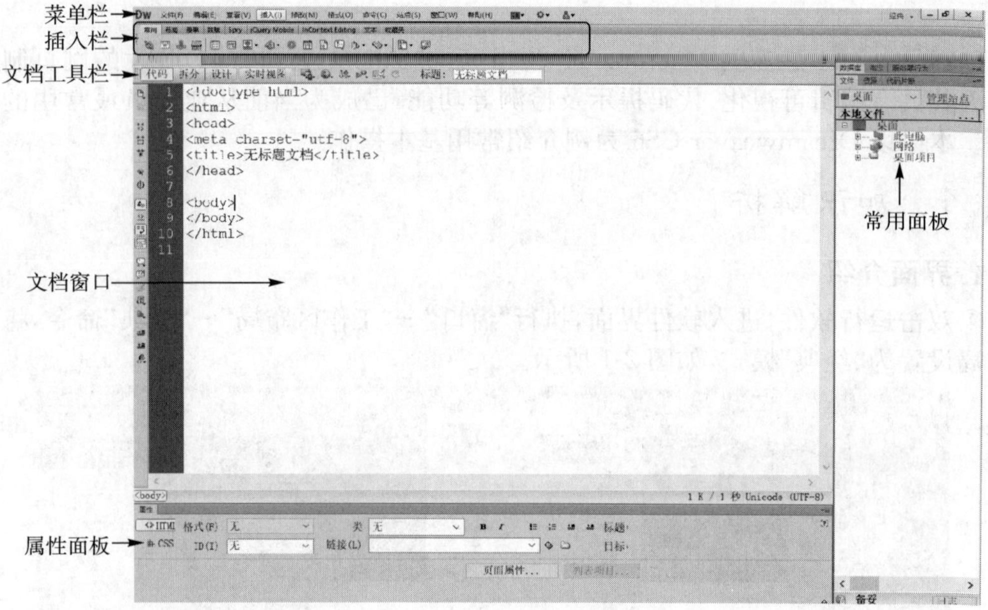

图 2-3 Dreamweaver 操作界面

2. 基本设置

为了使 Dreamweaver 更方便操作，通常会对软件进行一些简单的设置，具体如下。

(1)添加常用面板

执行“窗口”→“插入”命令，可添加三种常用面板，分别为插入面板、文件面板和属性面板，如图 2-4 所示。

图 2-4 Dreamweaver 常用面板

(2)设置首选参数

通常情况下，首选参数保持安装软件后的默认状态即可。如果有特殊需求，可以根据自己的使用习惯设置。执行“菜单”→“首选参数”命令，即可打开“首选参数”对话框，如图 2-5 所示。

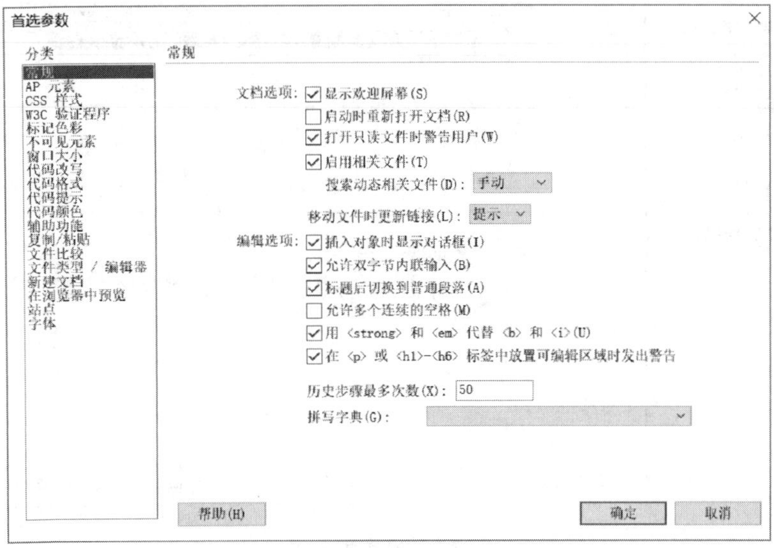

图 2-5　“首选参数”对话框

①设置代码提示。Dreamweaver 拥有强大的代码提示功能，可以提高代码的书写效率，减少不必要的错误。选择“首选参数”中的“代码提示”，选中“结束标签”的第二项，单击“确定”即可，如图 2-6 所示。

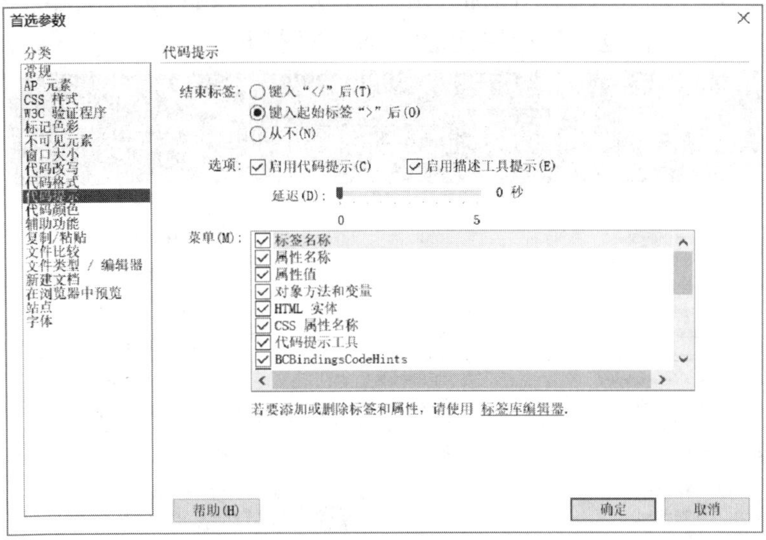

图 2-6　设置代码提示

②设置浏览器。Dreamweaver 可以关联浏览器，用于浏览编辑的网页。选择“首选参数”中的“在浏览器中预览”，单击右侧“浏览器”后的“+”可添加浏览器，单击“−”可

删除浏览器;在"主浏览器"前打"√",将"chrome"设置为"主浏览器"(如图 2-7 所示),按"F12"可通过该浏览器快速预览网页。

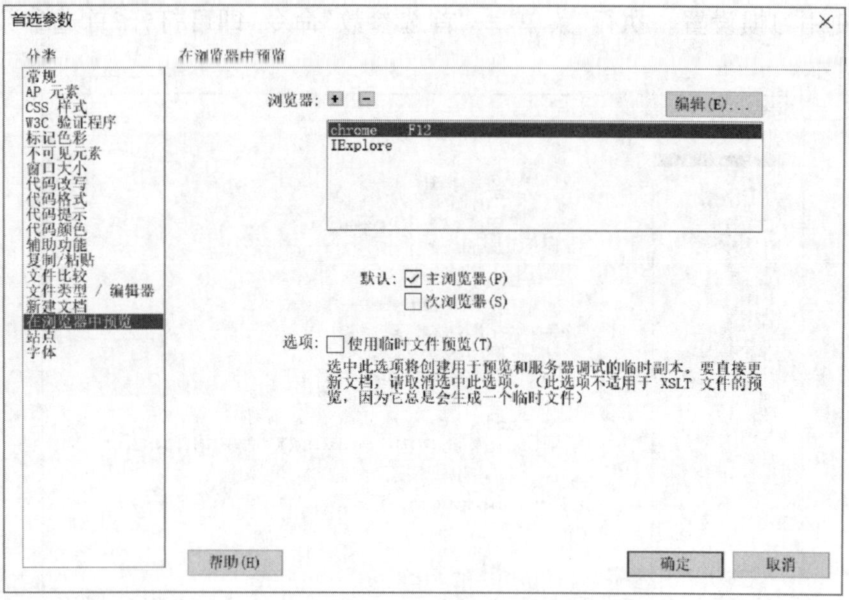

图 2-7 设置浏览器

3. 文档处理

(1)新建文档

运行软件,在欢迎界面上选择"新建"下面的"更多"(如图 2-8 所示),或执行"文件"→"新建"命令,可打开"新建文档"对话框(如图 2-9 所示),设置"页面类型""布局""文档类型"。"新建文档"对话框也可使用快捷键"Ctrl+N"打开。

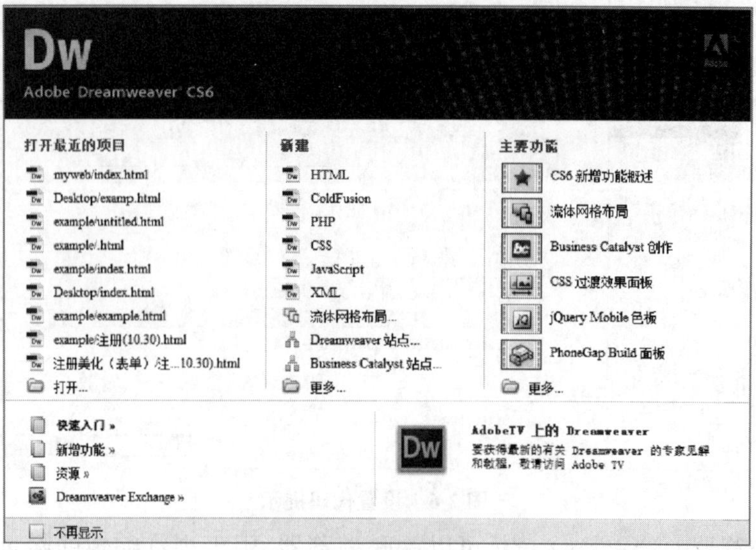

图 2-8 欢迎界面

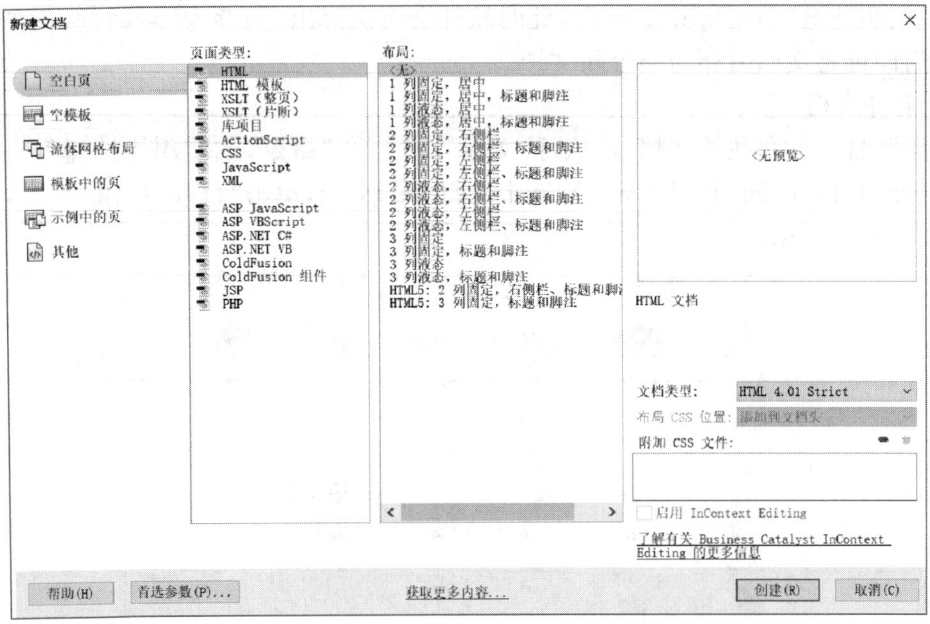

图 2-9　“新建文档”对话框

(2)保存文档

执行“文件”→“保存”命令，或者使用快捷键“Ctrl+S”，可保存网页文档。对于第一次保存的文件，软件会弹出“另存为”对话框(如图 2-10 所示)，可设置网页文档的文件名、保存类型和存储位置。

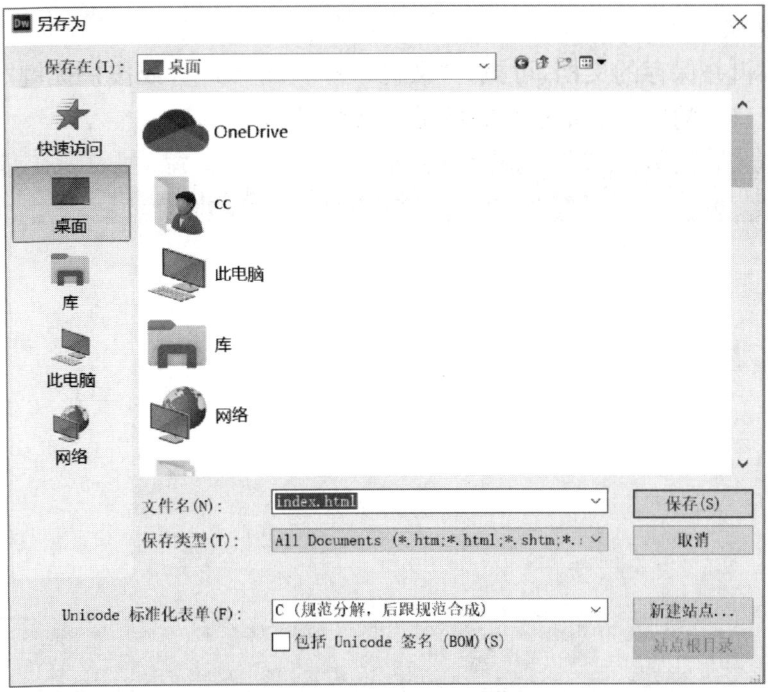

图 2-10　“另存为”对话框

如果用户想保存修改后的文档，又不想覆盖原始文档，可以执行“文件”→“另存为”

命令(或按快捷键“Ctrl＋Shift＋S”),此时软件会再次弹出“另存为”对话框,重新设置相关参数后即可将文档另存为一个新文档。

(3)打开文档

如果要打开已存在的文档,可执行“文件”→“打开”命令,或使用快捷键“Ctrl＋O”,打开“打开”对话框(如图 2-11 所示),选中要打开的文档,单击“打开”按钮。

图 2-11　“打开”对话框

(4)关闭文档

对已经编辑并保存的文档,可执行“文件”→“关闭”命令,或按快捷键“Ctrl＋W”,也可单击文档窗口栏的“×”(如图 2-12 所示)关闭文档。

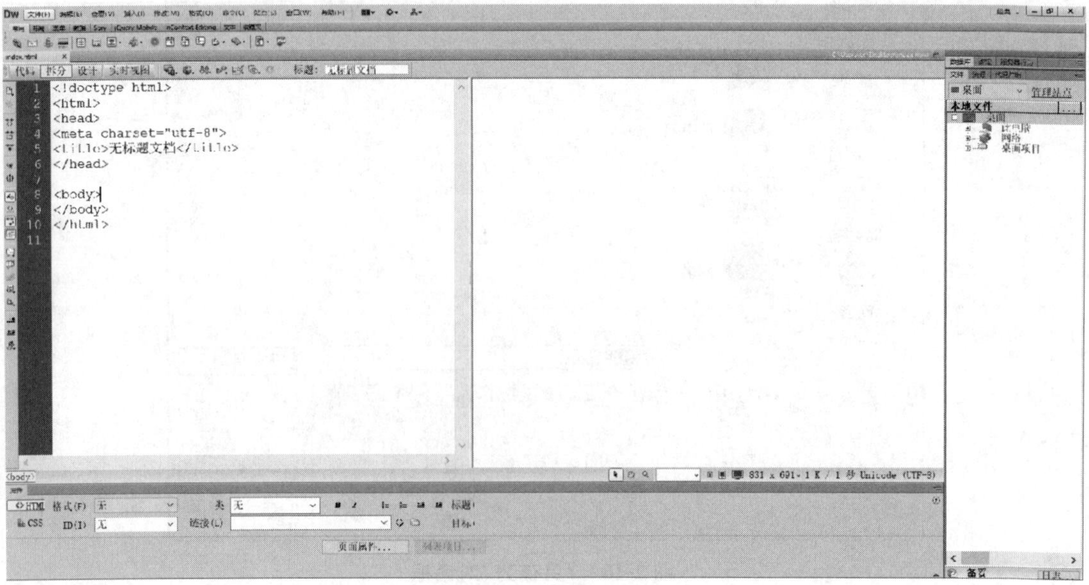

图 2-12　关闭文档

4. 站点管理

在网站建设中，站点用来存放网站所需要的文件，包括网页文件、图片文件等。如图 2-13所示即为一个站点，该站点包含一个 images 文件夹、一个 CSS 文件夹和一个 HTML 文档，单击文件夹图标前的"＋"或"－"，即可打开或收起网站的建构目录。

图 2-13　站　点

(1)创建站点

建立站点相当于定义一个存放网站零散文件的文件夹，可通过站点对站内文件进行管理，创建站点的具体步骤如下。

①创建网站根目录。在本地任意磁盘下(或桌面上)新建根目录(即文件夹)，将其命名为"example"，如图 2-14 所示。

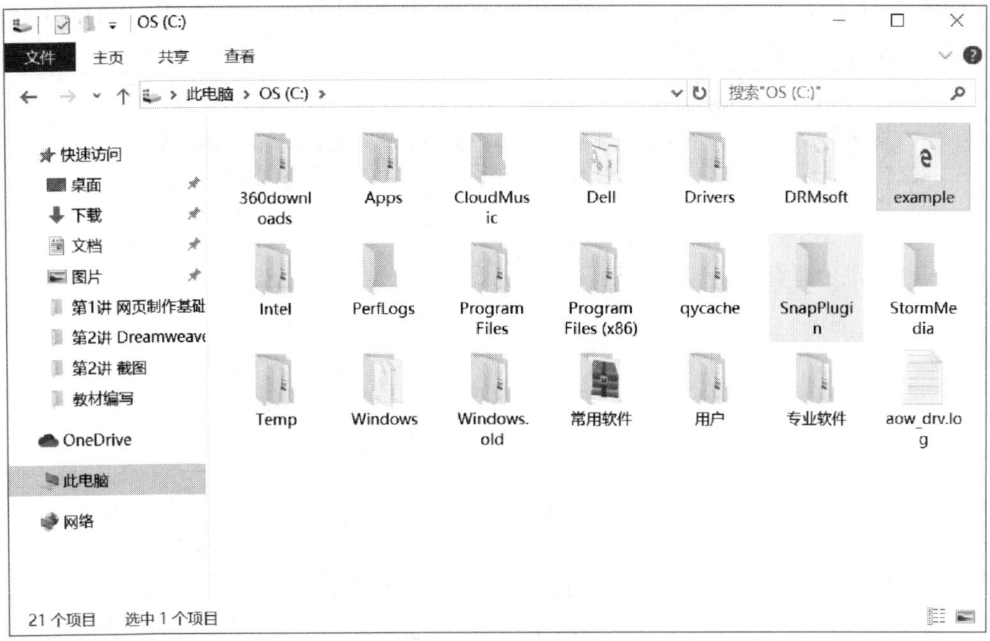

图 2-14　新建根目录

②在根目录下新建文件和文件夹。打开网站根目录“example”，新建 CSS 文件夹、images 文件夹和 index. html 文档，其中 CSS 用于存放网站中用到的 CSS 样式文件，images 用于存放图片素材，如图 2-15 所示。

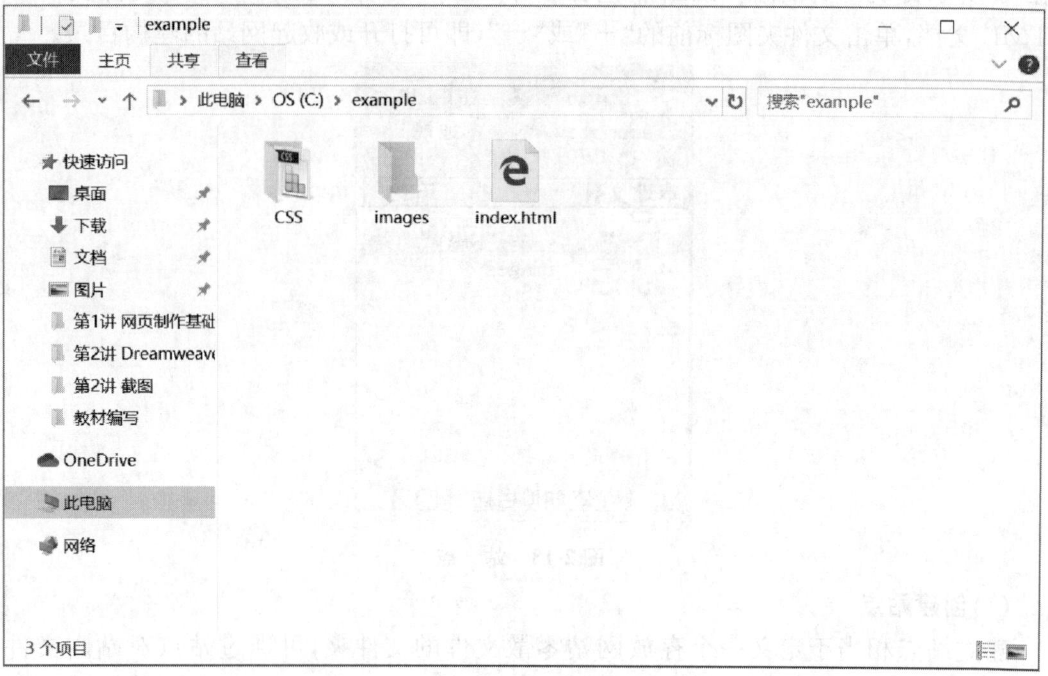

图 2-15　在根目录下新建文件和子文件夹

③新建站点。打开 Dreamweaver，执行“站点”→“新建站点”命令，弹出新建站点对话框(如图 2-16 所示)，可设置“站点名称”(站点名称与根目录一致)，然后浏览并选择根目录，单击“保存”，完成站点的建立。

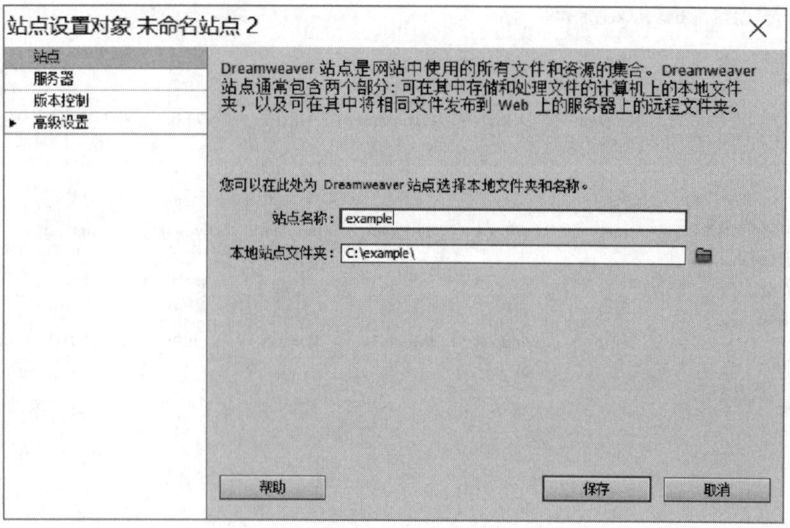

图 2-16　新建站点

(2)管理站点

执行站点管理命令,可对站点进行新建、删除、编辑等操作。执行“站点”→“管理站点”命令,弹出“管理站点”对话框,如图 2-17 所示。站点管理工具的常用操作有以下几个。

:用于删除当前存在的站点,选中站点名称后单击即可。

:用于编辑站点,单击后会弹出新建站点对话框(如图 2-16 所示),在其中可以修改站点名称,更改根目录的位置。

:用于复制选中的站点。

:用于导出站点,对网站进行备份。

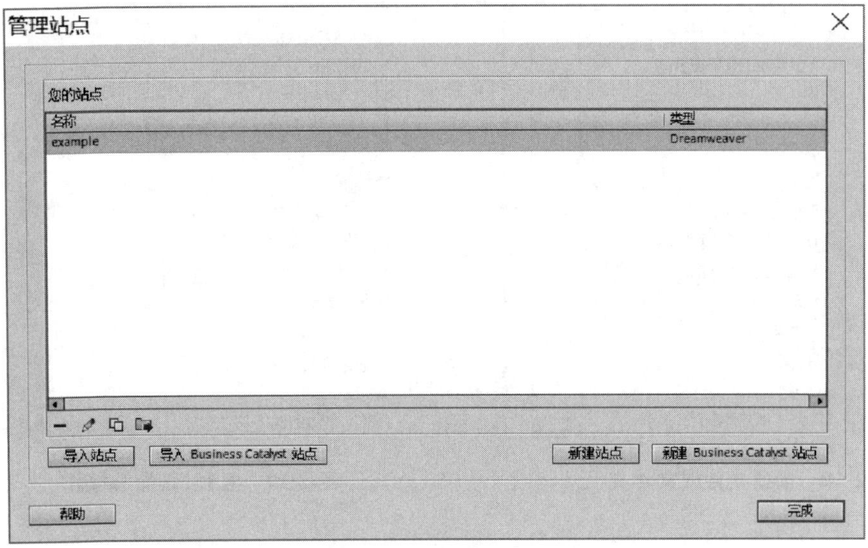

图 2-17　“管理站点”对话框

(3)管理站点内的文件和文件夹

管理站点内的文件和文件夹,主要包括对文件和文件夹进行创建、复制、删除、移动等操作,具体介绍如下。

①创建文件和文件夹。在“文件”面板框的站点文件上右击,弹出快捷菜单(如图 2-18所示),可选择创建文件或文件夹。

文件和文件夹刚被创建时,其名称会处于可被编辑的状态,此时可以输入名称。如果想再次编辑名称,选中文件再次单击,即可进行编辑。

②复制、删除等操作。右击要执行复制、删除等操作的文件,选择弹出快捷菜单中的“编辑”即可完成相应的操作,如图 2-19 所示。

图 2-18　创建文件或文件夹

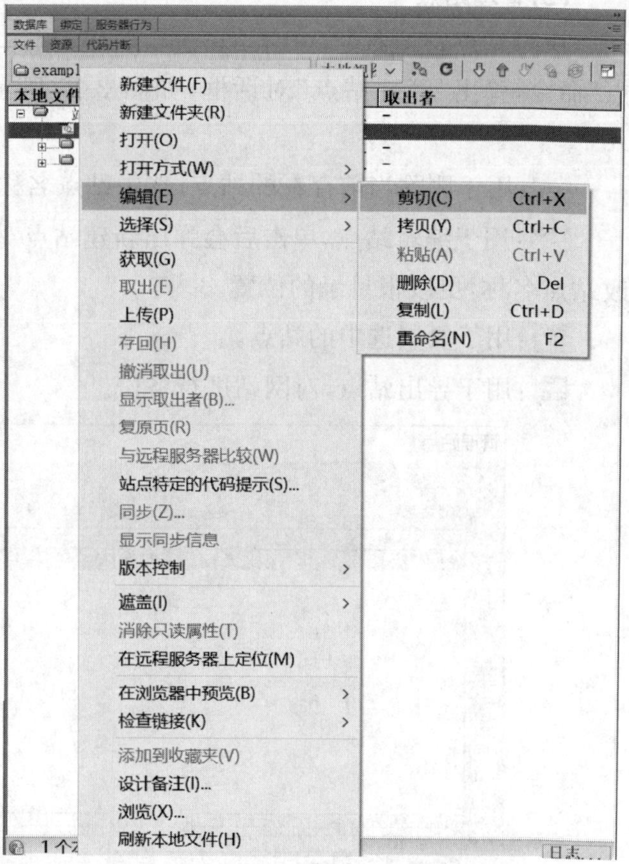

图 2-19　复制、删除等操作

2.1.2　知识应用

通过前面的介绍，想必大家已经对 Dreamweaver 软件的操作有了一定的了解。下面我们来创建一个具体的网页，让大家进一步掌握相关知识。

①运行 Dreamweaver CS6 创建 HTML 文档。按住“Ctrl＋N”，弹出“新建文件”对话框(如图 2-2 所示)，页面类型选择“HTML”，布局选择“无”，文档类型选择“HTML5”，单击“创建”，即可新建一个 HTML 文档(如图 2-20 所示)。

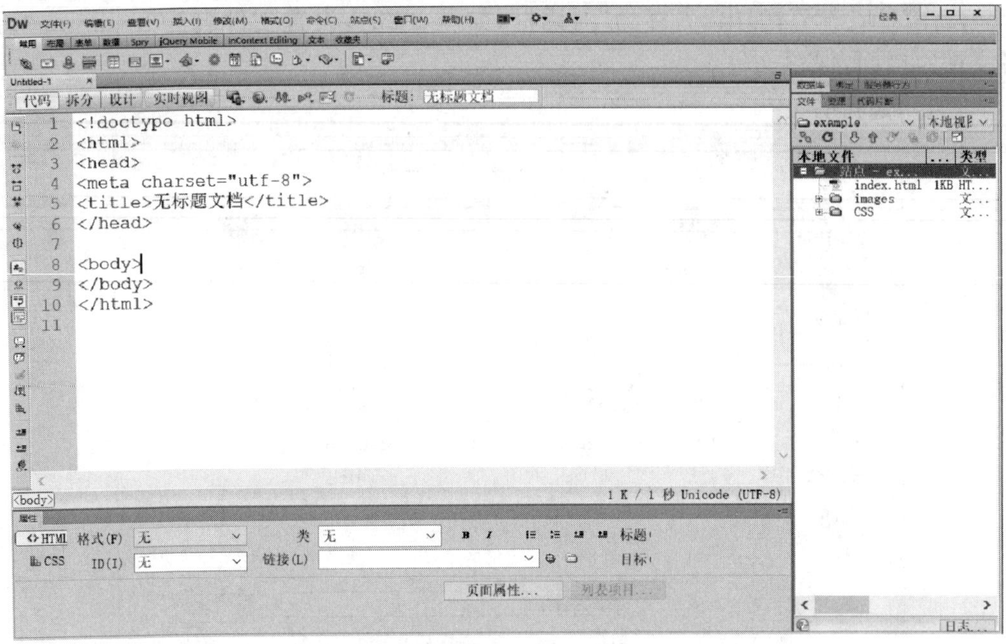

图 2-20　新建 HTML 文档代码视图界面

②在代码第 5 行，<title>与</title>标记之间输入“第一个网页”，在<body>与</body>标记之间输入“用于讲解 Dreamweaver 的基本操作”，如图 2-21 所示。

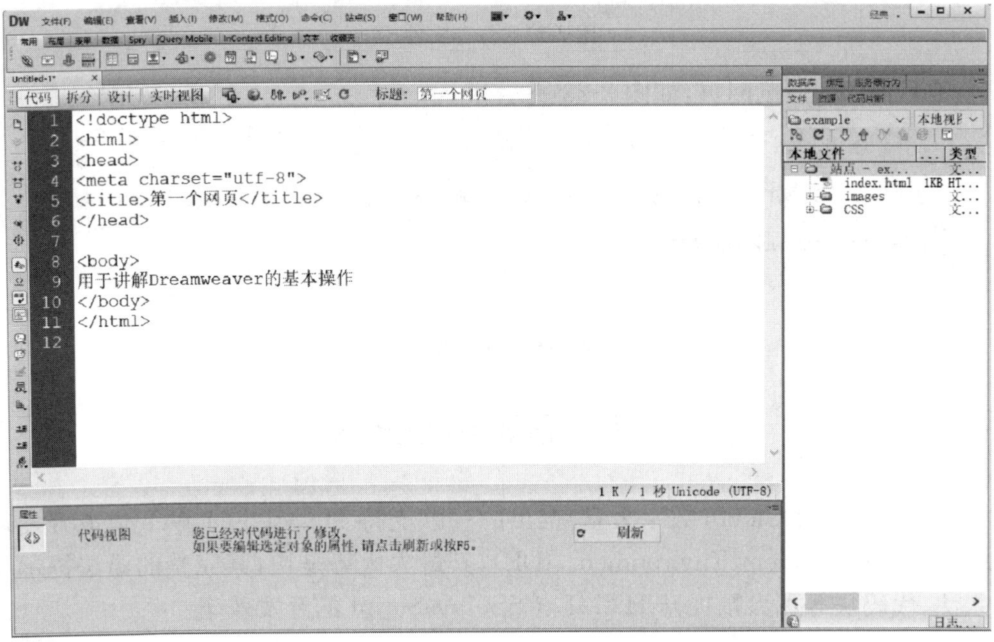

图 2-21　输入文字信息

③按住"Ctrl+S",弹出"另存为"对话框(如图 2-22),设置文件名为"example",选择存储位置为桌面,保存文件。

图 2-22 保存文件

④按住"F12",预览网页,如图 2-23 所示。

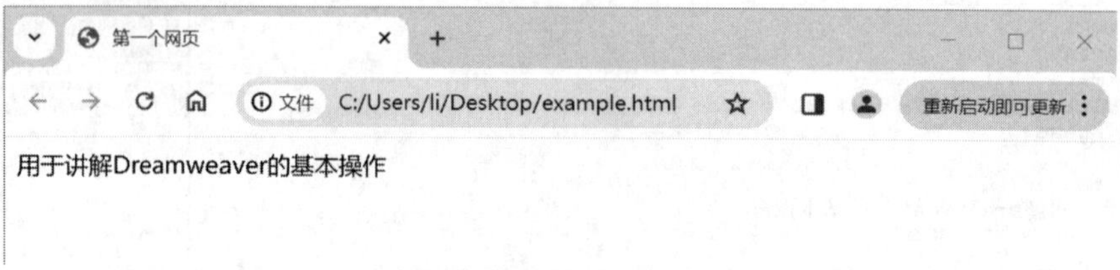

图 2-23 预览网页

2.2 HBuilder X

HBuilder X 是 DCloud(数字天堂)推出的一款支持 HTML5 的 Web 集成开发环境(Integrated Development Environment,IDE),其最大优势是快,其完整的语法提示和代码输入法、代码块等可大幅提升 HTML、CSS、JavaScript 的开发效率。

2.2.1 知识解析

1. 安装 HBuilder X

HBuilder X 目前的正式版本有两种,分别是 Windows 版和 MacOS 版,其下载地址是 HBuilder X 官网，即 http://www. dcloud. io/。读者可登录 HBuilder X 官网，下载最新版的 HBuilder X。注意下载时根据自己的电脑选择适合的版本。

①进入 HBuilder X 官网 http://www. dcloud. io/，点击左上角的“HBuilder X 极客开发工具”，如图 2-24 所示。

图 2-24　HBuilder X 官网

②点击“Download for Windows”，如图 2-25 所示，下载最新版的 HBuilder X，如下载 HBuilderX. 3. 98. 2023112510. zip。

图 2-25　下载最新版的 HBuilder X

③HBuilder X 不需要安装，只需要解压 Zip 文件即可使用，如图 2-26 所示。

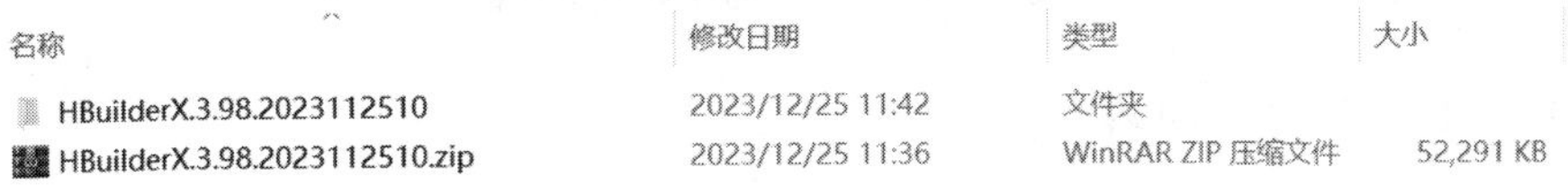

图 2-26　解压 HBuilder X 压缩文件

④解压后打开 HBuilder X 文件夹，找到“HBuilder X. exe”，点击运行，如图 2-27 所示。

图 2-27　运行 HBuilder X. exe

⑤运行 HBuilder X. exe 后，点击“新建项目”，输入项目名“MyHXProject1”，如图 2-28所示。

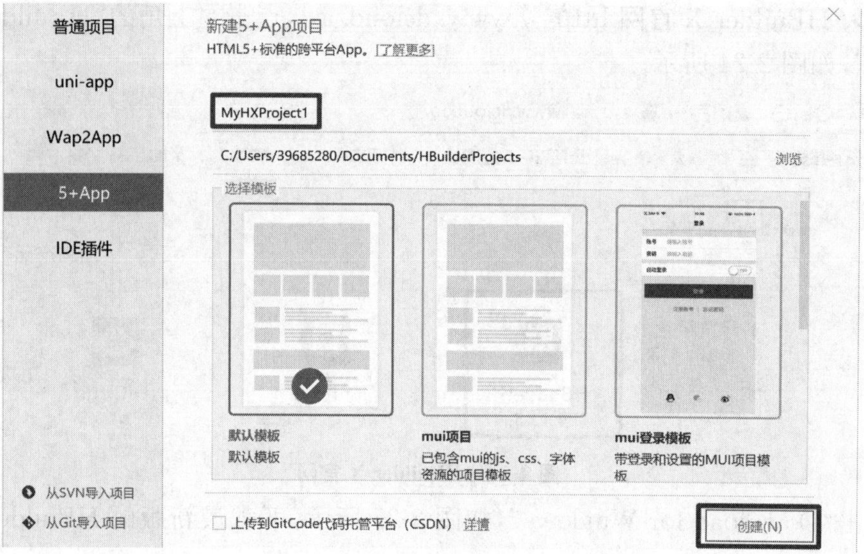

图 2-28　新建项目

⑥点击“创建”按钮后，创建项目 MyHXProject1，如图 2-29 所示。

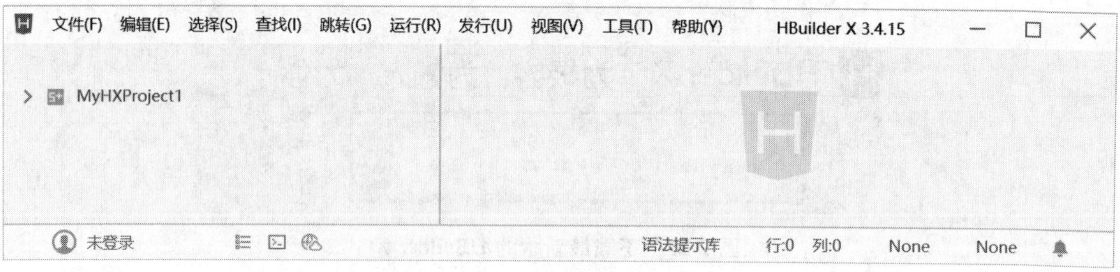

图 2-29　项目 MyHXProject1

2. HBuilder X 的用户界面

HBuilder X 的用户界面主要分为以下五个区域。

①编辑器：编辑文件的主要区域。HBuilder X 支持用户在垂直和水平方向上并排打开任意数量的编辑器。

②项目管理器：包含诸如资源管理器之类的不同视图，可在处理项目时提供帮助。

③工具栏：包含新建、保存和搜索等工具。

④状态栏：提供打开的项目和当前编辑的文件的信息。

⑤控制台：可以在编辑器区域下方显示不同的面板，以获取输出信息、调试信息、错误信息、警告信息和集成终端，也可以向右移动面板以获得更多的垂直空间。

每次启动 HBuilder X 时，它的打开状态与上次关闭时的状态相同。

3. HBuilder X 的特点

HBuilder X 具有以下四个特点。

①轻巧、极速。HBuilder X 拥有 10M 的绿色发行包，采用 C++架构。其启动速度、大文档打开速度、编码提示等都极速响应。

②强大的语法提示。HBuilder X 拥有一流的抽象语法树（Abstract Syntax Code，ASC）语法分析能力，其语法提示精准、全面、细致，转到定义、重构完善。

③专为 vue 打造。HBuilder X 提供比其他工具更优秀的 vue 支持，大幅提升 vue 的开发效率。

④清爽护眼。HBuilder X 界面清爽简洁，绿柔主题是适合人眼长期观看的主题界面。

2.2.2　知识应用

通过前面的介绍，大家对 HBuilder X 软件的安装和用户界面有了一定的了解。下面使用 HBuilder X 创建一个 html 页面。

①运行 HBuilder X，创建 html 文件。在项目资源管理器中选择刚才新建的项目 MyHXProject1，依次点击“文件”→“新建”，选择“html 文件”（或按下“Ctrl+N”），输入文件名“exampleHX. html”，选择 default 模板，单击“创建”，如图 2-30 所示，即可新建 html 文件，如图 2-31 所示。

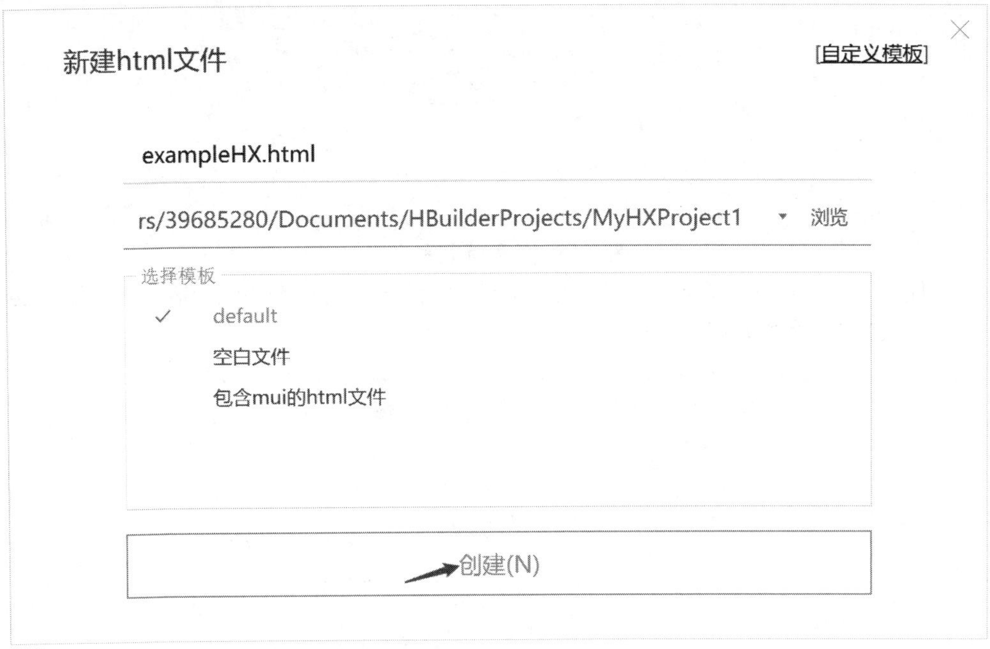

图 2-30　用 HBuilder X 创建 html 文件

图 2-31 exampleHX. html 文件默认内容

②在<body>与</body>标记之间输入如图 2-32 所示内容。

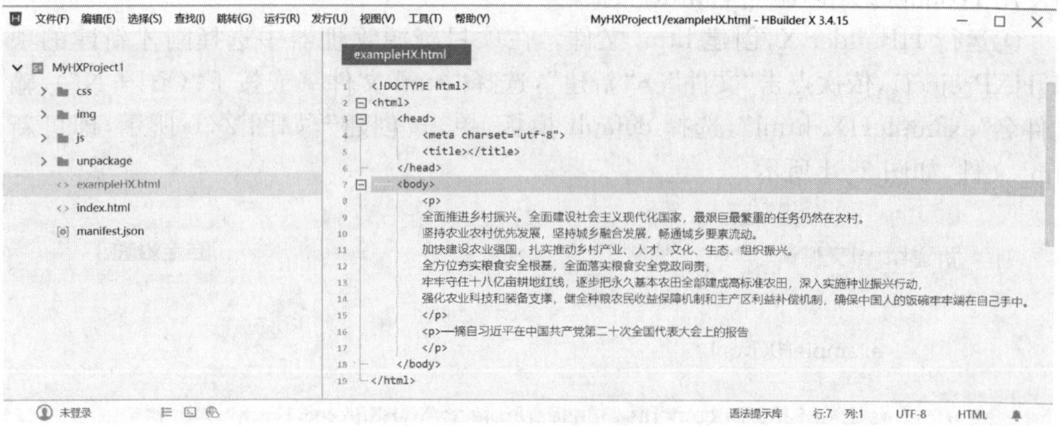

图 2-32 输入标签和文字

③按住“Ctrl+S”,保存文件。依次点击“运行”→“运行到浏览器”→“Chrome”,如图 2-33 所示,运行结果如图 2-34 所示。

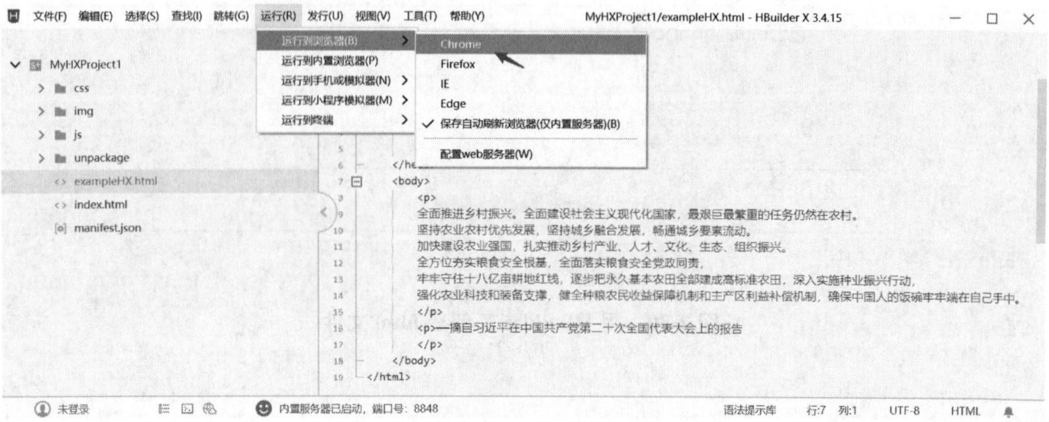

图 2-33 运行 HTML 文件

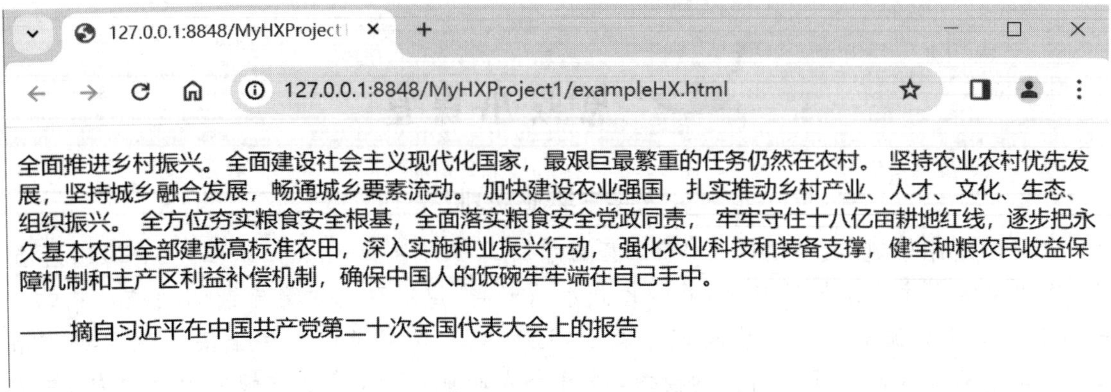

图 2-34　exampleHX. html 文件运行效果

总　结

本讲主要对本教材所选用的网页开发工具 Dreamweaver CS6 和 HBuilder X 进行简单介绍，主要涉及 Dreamweaver CS6 软件的操作优化、常用操作和快捷键，以及 HBuilder X 软件的下载、安装、创建项目和文件等。通过本讲的学习，学习者能熟悉网页开发环境，独立完成相关操作。

习 题 2

一、单选题

1. 用 Dreamweaver 打开已有文件的快捷键为________。

   A. Ctrl+S　　B. Ctrl+W　　C. Ctrl+N　　D. Ctrl+O

2. Dreamweaver“另存为”的快捷键为________。

   A. Ctrl+Shift+N　　B. Ctrl+W　　C. Ctrl+Shift+S　　D. Ctrl+O

3. Dreamweaver 用浏览器预览文件的快捷键为________。

   A. F12　　B. F10　　C. F5　　D. F1

二、简答题

1. 简述 Dreamweaver 新建文件的几种方式。
2. 简述 Dreamweaver 站点的概念与作用。
3. 简述 HBuilder X 的特点。
4. 简述 HBuilder X 新建项目和文件的方式。

思政小课堂

大学生职业规划

《网页设计与制作》这门课是Web前端开发工程师岗位的核心课程。从2012年至今,该岗位的人才需求持续走高,薪酬也是水涨船高,但仍存在供需失衡的问题。党的二十大报告着重强调要促进高质量充分就业,这也要求我们当代大学生要明确自身发展方向,对接网站设计与开发岗位的要求,做好个人职业规划,练就过硬的专业技能,培养精研创新的精神,极大地满足企业对人才的需求,助力社会发展。

模块 2

HTML5

本模块主要介绍HTML5与传统的HTML语言的区别与联系，HTML5 文档的基本结构以及利用 HTML5在页面中插入文字、图像、列表、表单、超链接等的方法，在页面中插入表格并利用表格布局的方法，HTML5的新增元素等，可为读者了解HTML与HTML5提供良好的思路。

第 3 讲　开启网页设计语言大门 ——HTML5

知识目标

- 了解 HTML 与 HTML5 的区别与联系。
- 掌握 HTML5 文档结构标记。
- 掌握 HTML5 文档结构。
- 掌握 HTML5 中的文本标记。
- 利用文本标记设计简单页面。

技能目标

- 掌握 HTML 文档的基本格式。
- 掌握 HTML5 中文本标记的使用方法。

素质目标

- 培养学生艰苦奋斗的精神。
- 培养学生团队合作的精神。

3.1 HTML 和 HTML5

扫码听课

HTML5是最新的HTML标准。它专门为承载丰富的Web内容而设计，拥有新的语义、图形以及多媒体元素。同时，HTML5具有跨平台性，可在不同类型的硬件(PC、平板、手机、电视机等)之上运行。下面，我们将从HTML与HTML5的区别与联系入手，介绍HTML5文档的基本结构与文档中文本相关标记的使用。

3.1.1 HTML简述

HTML是"Hyper Text Markup Language"的缩写，其含义是超文本标记语言。HTML文档和一般文本的区别是，HTML文档不仅包含文本内容，还包含"标记"，且大多数标记有属性和值。

HTML标记分为双标记和单标记，HTML文件的后缀名是".htm"或".html"。

1. HTML的标记

HTML用于描述功能的符号称为标记，比如<p>，<h1>等。

HTML标记的语法规则为：所有标记都必须用尖括号括起来。大部分标记为双标记，包括开始标记和结束标记。开始标记与相应的结束标记定义了标记所影响的范围；结束标记与开始标记名称相同，但结束标记以一个斜线符号开头。

2. 标记的属性

大多数标记都有自己的一些属性。属性是可选的，要写在开始标记内，也可以省略，采用默认值。其格式如下。

<标记名 属性1="值1" 属性2="值2" ...> 内容 </标记名>

大多数属性值不用加双引号，但是空格、%、# 等特殊字符的属性值必须加双引号，如：

<font color="#ff00ff" face="宋体" size="30"> 字体设置 </font>

其中，color、face、size为属性，#ff00ff、宋体、30为属性值。

3.1.2 HTML5简述

HTML5是HTML、XHTML以及HTMLDOM的新一代标准。HTML5是万维网联盟(World Wide Web Consortium，W3C)与网页超文本应用技术工作小组(Web Hypertext Application Technology Working Group，WHATWG)合作的结果。WHATWG致力于Web表单和应用程序，而W3C专注于XHTML 2.0。2006年，双方决定进行合作，创建一个新版本的HTML，即HTML5，并为HTML5建立如下规则。

①HTML5具有基于HTML、CSS、DOM以及JavaScript的新特性。

②HTML5减少对外部插件(如Flash)的需求。

③HTML5具有更优秀的错误处理能力。

④HTML5具有更多的取代脚本的标记。

⑤HTML5 应该独立于设备。

⑥其开发进程应对公众透明。

HTML5 的新特性如下。

①HTML5 具有用于绘画的 canvas 元素。

②HTML5 具有用于媒介回放的 video 和 audio 元素。

③HTML5 对本地离线存储有更好的支持。

④HTML5 具有新的特殊内容元素，如 article、footer、header、nav、section。

⑤HTML5 具有新的表单控件，如 date、time、email、url、search。

⑥HTML5 取消了一些过时的 HTML4 标记。

⑦HTML5 具有将内容和展示分离的特性。

关于 HTML5 新增元素的详细介绍见第 7 讲。

3.2　HTML5 文档格式

扫码听课

3.2.1　知识解析

HTML5 文件就是由各种 HTML5 标记组成的。一个 HTML5 文件的基本结构如下。

<! doctype html>　——文档类型申明
<html>　——文件开始的标记
<head>　——文件头开始的标记
…　——文件头的内容
</head>　——文件头结束的标记
<body>　——文件主体开始的标记
…　——文件主体的内容
</body>　——文件主体结束的标记
</html>　——文件结束的标记

HTML5 文档都是由 HTML5 标记构成的，一个基本的 HTML5 文档通常包括以上三对顶级标记。

3.2.2　知识应用

本讲主要介绍 HTML5 的基本结构、常用标记及其属性。目前，大多数网页设计都遵守这个标准。下面我们就来介绍它们的使用方法。

1. HTML 标记<html>…</html>

HTML 标记是文档内容的容器，“<html>”是开始标记，“</html>”是结束标记，它们分别是网页的第一个标记和最后一个标记，其他所有标记都位于这两个标记之间。HTML 标记告诉浏览器或其他程序，这是一个 Web 文档，应该按照 HTML 语言规则对文档的标记进行解释。“<html>…</html>”标记是可选的，但最好不要省略这两个标记,以保持 Web 文档结构的完整性。"<html>"没有需要设置的属性。

2. 头部标记<head>…</head>

头部标记紧跟在<html>标记后面,"<head>…</head>"构成 HTML 文档的开头部分,提供与 Web 页有关的各种信息。在"<head>…</head>"中,可以使用"<title>…</title>"标记指定页面标题,使用<meta>标记记录有关当前页面的信息(如字符编码、作者、版权信息和关键字等),使用"<script>…</script>"标记来插入脚本等。"<head>…</head>"必须成对使用。"<head>"标记没有需要设置的属性。

3. 主体标记<body>…</body>

<body>标记位于</head>之后,<body>与</body>之间是文档的主要部分。在<body>与</body>之间可包含"<p>…</p>""<h1>…</h1>""<br>""<hr>"等众多的标记,它们所定义的文本、图像等将会在浏览器上显示出来。"<body>…</body>"必须成对使用。"<body>"标记有大量的属性,可用于定义页面的背景颜色、背景图像、文本颜色等,常用属性如表 3-1 所示。

表 3-1 <body>的常用属性

属 性	功 能	实 例
background	指定文档背景图像,图像平铺在页面背景上。右边示例的作用是将背景图像设置为"beijing. gif"文件	<body background=beijing. gif>
bgcolor	指定文档背景颜色。右边的两行示例作用相同,均将文档背景指定为红色	<body bgcolor="red"> <body bgcolor="#ff0000">
text	指定文档中文本的颜色。右边的两行示例作用相同,均将文档中文本指定为绿色	<body text="#00ff00"> <body text="green">
link	指定文档中链接的颜色。右边的两行示例作用相同,均将文档中的链接指定为黄色	<body link="#ffff00"> <body link=" yellow ">
vlink	指定文档中已被访问过的链接的颜色。右边的两行示例作用相同,均将文档中被访问过的链接指定为蓝色	<body vlink="#0000ff"> <body vlink=" blue ">
alink	指定文档中正被选中的链接的颜色。右边的两行示例作用相同,均将文档中正被选中的链接指定为蓝色	<body alink="#0000ff"> <body alink="blue">
topmargin	指定文档的顶边距。右边的示例将顶边距指定为 0	<body topmargin="0">
leftmargin	指定文档的左边距。右边的示例将左边距指定为 0	<body leftmargin="0">
OnLoad	指定文档加载时调用的事件处理程序	
OnUnload	指定文档卸载时调用的事件处理程序	

4. 节标记<section>…</section>

"<section>"标记是 HTML5 新增标记,用于定义页面文档中的节,如章节、页眉、页脚或文档的其他部分。一般放在<section>与</section>间的内容会在页面文档流中开始一个新的节。<section>标记表示一段专题性的内容,一般会带有标题。所以,它通常由内容及其标题组成。

5. 独立内容块标记<article>…</article>

“<article>”是 HTML5 新增的一个特殊的<section>标记，与<section>相比，它具有更明确的语义，代表一个独立的、完整的相关内容块，可独立于页面其他内容使用。“<article>”定义的内容块一般可以包含“<header>”和“<footer>”。<article>可以嵌套，内层的<article>与外层的<article>标记有隶属关系。

6. 定义导航标记<nav>…</nav>

“<nav>”是 HTML5 新增的标记，可以用于定义页面导航的链接组，其中的导航元素可以链接到其他页面或者当前页面的其他部分，使 HTML 代码在语义化方面更加精确。

7. 定义页面以外内容<aside>…</aside>

“<aside>”标记是 HTML5 新增的标记，用于定义其所处内容之外的内容。

8. 页眉标记<header>…</header>

“<header>…</header>”是 HTML5 新增的标记，用于定义节或页面的页眉信息。“<header>”标记一般出现在一节或页面的前面，在一个页面文档中可以多次使用“<header>”标记。

9. 页脚标记<footer>…</footer>

“<footer>”是 HTML5 新增的标记，“<footer>”标记用于定义页面文档或节的页脚。“<footer>”标记一般出现在一节或页面的最后，在一个页面文档中可以多次使用“<footer>”标记。

10. 标记<！ doctype>

在 HTML 文档中，只有添加了“<！ doctype>”标记，浏览器才能获知文档类型。在 HTML4 以前，该命令语法结构比较麻烦，如 HTML4.01 有 3 种“<！ doctype>”申明格式，而 HTML5 中该标记非常简单，只有一种形式，即：

```
<！ doctype html>
```

该标记出现在“<html>”标记之前，使用标记或标记属性时应注意以下几点。

①属性一定要包含在标记中，如设置页面背景色应该表示为：<body bgcolor="red">，不能表示为<body>bgcolor="red"或<bgcolor="red" body>。

②一个标记中可以包含多个属性，属性之间至少用一个空格隔开，如：

```
<body text="red" bgcolor="＃ffff00">
```

③属性值可以用双引号括起来，也可以省略双引号，以下两种表示作用相同。

```
<bodytext="red" bgcolor="＃ffff00">
<bodytext=red bgcolor=＃ffff00>
```

④颜色属性值的表示方法有两种：一种是使用英文颜色单词表示，如 red、blue 等；另一种是使用六位十六进制数值格式“＃rrggbb”表示，其中 rr、gg 和 bb 分别表示红、绿、蓝三基色的两位十六进制数据。

⑤多个标记可以写在同一行。

【例 3-1】 利用 Windows 系统自带的记事本编写静态页面(example3_1. html)。

首先,新建文本文档,文档以"html"或". htm"为扩展名,将 HTML 源代码输入记事本并保存,可以在浏览器中打开文档以查看其效果。代码如下。

```
<! doctype html>
<html>
<head>
<title>HTML 页面设置</title>
</head>
<body bgcolor="#ffffff">
<hr size=1 width=100% color="red">
<h1>欢迎浏览我制作的网页 </h1>
<h3>欢迎浏览我制作的网页 </h3>
<font face=隶书 size=6 color=red>12<sup>2</sup>=144</font><br>
<font face=华文行楷 size=6 color=red> 硫酸亚铁的分子式是 </font>
<font face=宋体 size=6 color=red>FeSO<sub>4</sub></font>
</body>
</html>
```

效果如图 3-1 所示。

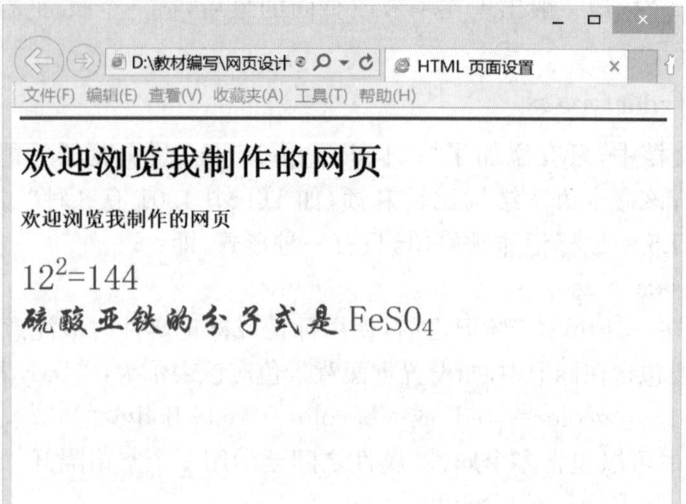

图 3-1 利用记事本编辑 HTML 文档

3.3　文本标记

扫码听课

3.3.1　知识解析

文本是页面上出现较多的信息，利用 HTML 标记可以设置文本，以满足用户需求。文本标记包括标题标记、换行标记、段落标记、字形标记、字符样式标记、水平线标记、预定义标记等。

3.3.2　知识应用

1. 标题标记<hn>

<hn>标记用于设置网页中的标题文字，其中 n 的取值为 1～6，字号依次变小。<hn>标记是双格式标记，<hn>标记共分为六级，<h1>是第一级标题，对应最大最粗的标题文字；<h6>是最后一级标题，对应最小最细的标题文字。

标题标记的格式：<hn align="参数">标题内容</hn>

【例 3-2】 使用记事本编辑<hn>标记(example3_2. html)。

```
<html>
<head><title>HTML5 标题标记应用</title></head>
<body>
<h3 align=center>标题标记应用实例</h3>
<h1 align=left>左对齐一级标题</h1>
<h2 align=right>右对齐二级标题</h2>
<h3>这是三级标题</h3><h4>这是四级标题</h4>
<h5>这是五级标题</h5><h6>这是六级标题</h6>
</body></html>
```

效果如图 3-2 所示。

图 3-2　利用<hn>标记设计页面

以上代码中,align属性用于设置标题的对齐方式,其参数为left(左)、center(中)、right(右)。

<hn>标记本身具有换行的作用,标题总是从新的一行开始。

2. 换行标记

换行标记的作用是使该标记后面的文本换行显示。换行标记为"
",换行标记没有需要设置的属性。

```
<html>
<head><title>换行标记的应用</title></head>
<body>
请大家关注<br>这段文字的显示效果。
</body>
</html>
```

请运行以上代码查看运行结果。

3. 段落标记

段落标记的作用是使该标记后面的文本另起一段,而且下一段同前一段之间要空一行显示。段落标记可以为单标记"<p>",也可以为双标记"<p>...</p>"。使用双标记时,段落的内容放在<p>与</p>之间;使用单标记时,<p>放在段落末尾。段落标记的常用属性为"align",它用于设置段落对齐方式,其设置方法与标题标记相同。

4. 字形标记

字形标记用于设置字形标记之间的文本的样式,如加粗、斜体、加下划线等。加粗标记为"<b>...</b>"或"<strong>...</strong>";斜体标记为"<i>...</i>";下划线标记为<u>...</u>。如果要使文本以粗体、斜体或下划线形式显示,就要嵌套使用相应的加粗、斜体或下划线标记。

注意:

①尽可能避免使用下划线标记,以防止与超链接混淆。

②标记可以嵌套使用,但不能交叉。

5. 字符样式标记

字符样式标记的作用是设置上下标、删除线等。字符样式标记如表3-2所示。

表3-2 字符样式标记

样 式	标 记	示 例
上标	^{...}	A^2在HTML文档中表示为"A²"
下标	_{...}	H_2在HTML文档中表示为"H₂"
删除线	<strike>...</strike>或<s>...</s>	*在HTML文档中表示为"<strike>X</strike>"或表示为"<s>X</s>"
大字体	<big>...</big>	
小字体	<small>...</small>	

【例 3-3】 字形标记和字符样式标记的简单应用(example3_3. html)。

```
<html>
<head><title>字符样式标记的应用</title></head>
<body>
<h3 align="left">字形标记应用效果</h3>
<p><b>粗体标记的效果</b><br>
<i>斜体标记的效果</i><br>
<u>下划线标记的效果</u><br>
<b><u><i>粗体、斜体、加下划线标记同时使用的效果</i></u></b><br>
<h3 align="left">字符样式标记应用效果</h3>
上标示例:A<sup>2</sup>-B<sup>2</sup>=9<br>
下标示例:H<sub>2</sub>SO<sub>4</sub>或 H<sub>2</sub>O<br>
删除线应用示例:<s>删除标记使用效果</s>
</body>
</html>
```

以上代码运行效果如图 3-3 所示。

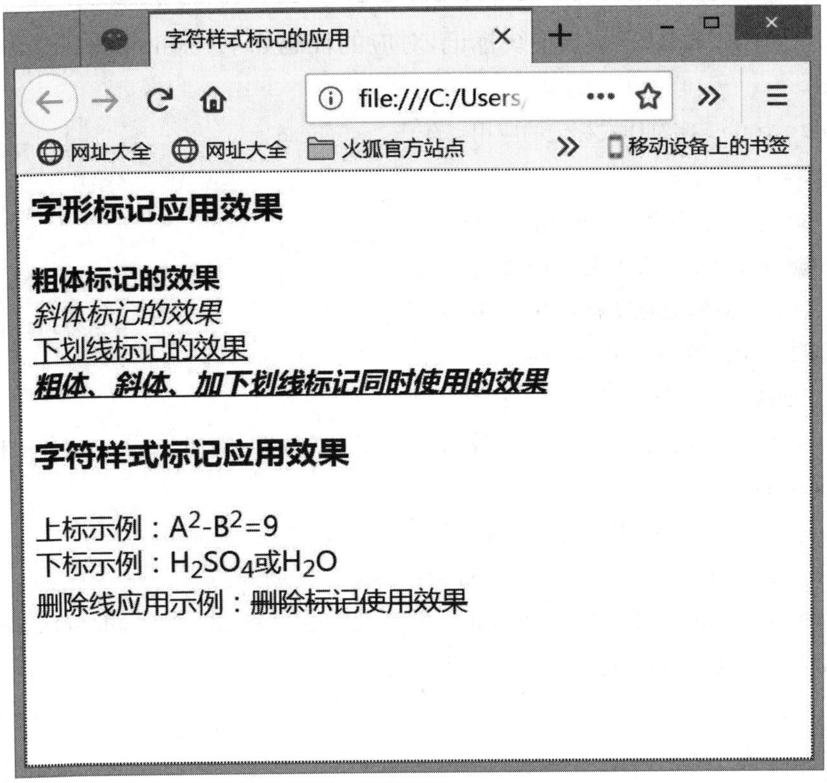

图 3-3　字形和字符样式标记使用效果

6. 水平线标记

水平线标记的作用是在文档中插入一条水平线，美化页面。水平线标记为"<hr>"，该标记为单标记。通过设置水平线标记属性，可以修改水平线样式。水平线标记属性如表3-3所示。

表3-3　水平线标记属性

属　性	作　用	示　例
align	作用示例 align 指定水平线对齐方式，其值为 left、right 和 center，默认值为 center	添加左对齐线条：<hr align="right">
color	指定线的颜色	添加红色水平线：<hr color="#ff0000">
noshade	指定该属性，添加一条无阴影的实线	添加无阴影红色实线：<hr noshade color="#ff0000">
size	指定线的宽度，单位为像素	添加无阴影、宽度为5的红色实线：<hr noshade color="#ff0000" size=5>
width	指定线的长度，单位为像素或百分比(占页面宽度的百分比)	添加宽度为5、长度为100的红色实线：<hr color="#ff0000" size="5" width="100">

在例3-3代码中添加三条水平线标记，对应的代码如下(example3_4.html)。

```
<html>
<head><title>字符样式标记的应用</title></head>
<body>
<hr align="left" size="4" width="500">
<h3 align="left">字形标记应用效果</h3>
<p><b>粗体标记的效果</b><br>
<i>斜体标记的效果</i><br>
<u>下划线标记的效果</u><br>
<b><u><i>粗体、斜体、加下划线标记同时使用的效果</i></u></b><br>
<hr noshade color="red">
<h3 align="left">字符样式标记应用效果</h3>
上标示例：A<sup>2</sup>-B<sup>2</sup>=9<br>
下标示例：H<sub>2</sub>SO<sub>4</sub>或 H<sub>2</sub>O<br>
删除线应用示例：<s>删除标记使用效果</s>
<hr>
</body>
</html>
```

以上代码运行效果如图 3-4 所示。

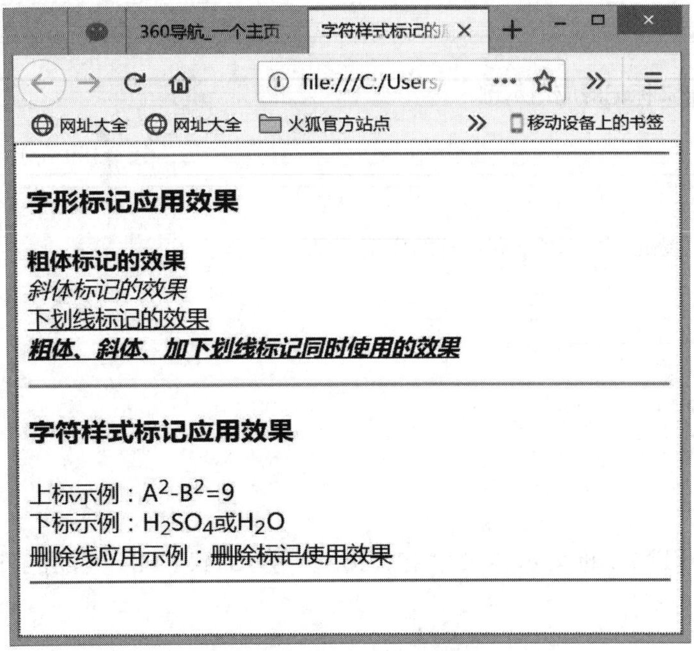

图 3-4　水平线标记的应用

7. 预定义标记

预定义标记的作用是将标记包含的信息按输入格式显示。在 HTML 文档中，如果不使用预定义标记，那么通过键盘输入的连续的多个空格或回车将被识别为一个空格。预定义标记为“<pre>...</pre>”。

图 3-5　预定义标记作用效果

图 3-5 的效果是使用预定义标记实现的,对应的页面代码如下(example3_5.html)。

```
<html>
<head>
<title>预定义标记的应用示例
</title>
</head>
<body>
<h4 align="center">&lt;pre&gt;的作用 </h4>
<pre>
床前明月光,
疑是地上霜。
举头望明月,
低头思故乡。
</pre></body>
</html>
```

说明:早期 HTML 的文本标记中有<font>标记,HTML5 取消了该标记。

总　结

通过本讲的学习,读者应能明确、清晰地认识 HTML 与 HTML5 的区别与联系、HTML5 文档的结构标记、HTML 文档的基本结构,掌握 HTML 中的文本类标记的使用方法。在实际使用时,应重点掌握 HTML 中文本样式的设计方法。

习 题 3

一、选择题

1. 以下扩展名不表示网页文件的是________。

A. .htm　　B. .html　　C. .asp　　D. .txt

2. 构成 Web 站点的最基本单位是________。

A. 网站　　B. 主页　　C. 网页　　D 文字

3. 关于 HTML 标记的说法,不正确的是________。

A. 标记内可以包含一些属性,属性名称出现在标记名的后面,并且用分号进行分隔

B. 书写标记时,英文字母的大、小写或混合使用大小写都是允许的

C. 标记要填写在一对尖括号(<>)中

D. HTML 对标记的属性名称的排列顺序没有特别的要求

4. HTML 语言中,设置背景颜色的代码是________。

A. <body bgcolor=? >　　B. <body text=? >

C. <body link=? >　　D. <body vlink=? >

5. HTML 文件中，下面哪个标记包含了网页的全部内容________。

A. <center>...</center>　　B. <pre>...</pre>

C. <body>...</body>　　D.
...

二、填空题

1. 设置页面标题为“百度一下，你就知道”的代码为________。

2. 使文字显示为粗体，应使用________标记。

综合实训

一、实训要求

利用记事本制作网页，实现如图 3-6 所示的页面效果。

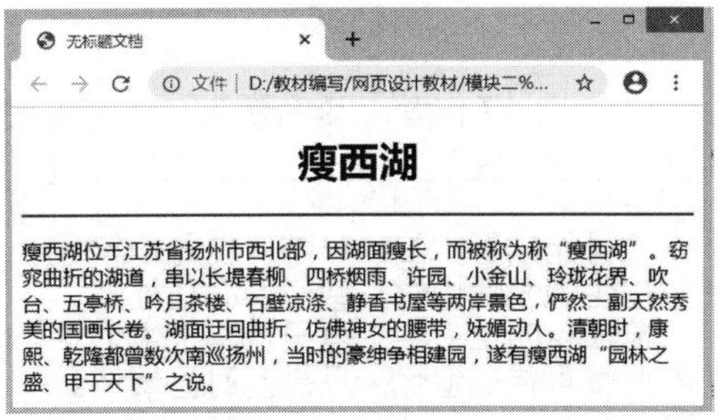

图 3-6　综合实训页面效果

二、实训步骤

(1)在记事本中插入标题——瘦西湖。

```
<html>
<body>
<h1 align="center">瘦西湖</h1>
</body>
</html>
```

(2)定义水平线标记。

```
<html>
<body>
<h1 align="center">瘦西湖</h1>
<hr color=green>
</body>
</html>
```

(3)在水平线下插入段落文字。

```
<html>
<body>
<h1 align="center">瘦西湖</h1>
<hr color=green>
```

```
<p>瘦西湖位于江苏省扬州市西北部,因湖面瘦长而被称为“瘦西湖”。窈窕曲折的湖道,串以长堤春柳、四桥烟雨、许园、小金山、玲珑花界、吹台、五亭桥、吟月茶楼、石壁凉涤、静香书屋等两岸景色。俨然一副天然秀美的国画长卷。湖面迂回曲折,仿佛神女的腰带,妩媚动人。清朝时,康熙、乾隆都曾数次南巡扬州,当时的豪绅争相建园,遂有瘦西湖“园林之盛、甲于天下”之说。
</p>
</body>
</html>
```

上机练习

利用记事本工具,根据要求制作网页,使页面效果如图 3-7 所示。

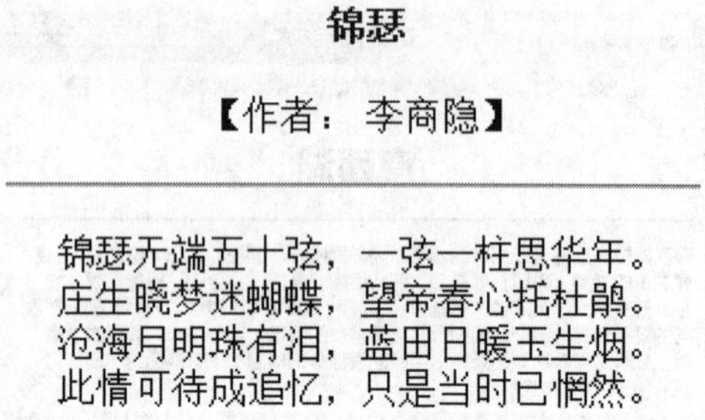

图 3-7　页面效果

具体设置要求如下。

①文字在页面中居中对齐;

②将题目“锦瑟”设置为蓝色、加粗;

③在作者下方插入水平线;

④利用 p 标记设置诗文标题和作者行的段落格式;

⑤利用 br 标记设置诗文正文的换行格式。

思政小课堂

红军长征的小故事:红军长征吃皮带的故事

红军周国才有半截在长征中舍不得吃的皮带,上面烫了三个字:长征记。这是周国才为纪念牺牲的六位战友特意保留的。

在中国国家博物馆里,收藏和展示着的一条被截去一段的老式牛皮皮带,非常引人注目,皮带的背面奇特地烙有“长征记”三个字。这条皮带的主人是一名普普通通的红军战士——红四方面军 31 军 93 师 274 团 8 连战士周国才。但就是这样一条皮带,真实见证了长征那段艰辛而充满希望的岁月。野菜、草根毕竟不顶饿，实在饿得不行时，有的红军战士便想到了吃牛皮腰带，他们便将制草鞋底用的牛皮或者身上的皮带切成细条嚼进肚子，来充饥救命。红军吃牛皮主要有四种方法。一是煮着吃。先用刀切成一条一条，然后煮到最表面一层软了，小心刮去，里面就是可以吃的牛皮。二是烤着吃。红军战士回忆说："烤到有些变色、变软，就能吃了，可不能烤久，不然烤焦就浪费了。"三是先煮再烤。先把牛皮剪碎，放在开水里煮，然后，再埋在火堆里烤，借着里面没熄掉的火烧熟。红军将士曾回忆说，这是草地上最抗饥的东西。四是先烤再煮。"先用火烤热，烤完把黑灰刮掉再放到锅里煮，等煮软了切成丝，和野菜粥搅在一起。其实呀，大锅里才飘着几根牛皮丝，看得见，捞不着……他们还据此创作了一首《牛皮腰带歌》：

牛皮腰带三尺长，草地荒原好干粮。
开水煮来别有味，野火烧熟分外香。
一段用来煮野菜，一段用来熬鲜汤。
有汤有菜花样多，留下一段战友尝。

如果你是中国国家博物馆的网页设计人员，如何将这首歌以网页格式展示呢？

参考答案

第 4 讲　网页上的珍珠
——图像与超链接

知识目标

- 了解图像标记、超链接的基本概念和创建方法。
- 掌握插入图像的方法。
- 掌握基本文字链接的制作方法。
- 掌握站点内、站点外、电子邮件链接的制作方法。

技能目标

- 掌握在网页中插入图像的方法。
- 掌握在页面上使用超链接的方法。

素质目标

- 培养学生发现美、感受美的意识。
- 培养学生的爱国主义精神。

图像是网页的基本元素，合理运用图像可美化网页。超链接是网页中最重要、最基本的元素之一，可以使网站中很多信息孤岛有效地连接起来，保证网站中页面之间的正常跳转。本讲介绍图像的插入方法以及各种超链接的制作方法。

4.1　图像标记

扫码听课

4.1.1　知识解析

为了制作出图文并茂的页面，可以在页面中插入多媒体元素，如图像、音乐、视频等。HTML5 增强了媒体元素的处理能力。传统的插入图像标记插入的图像的格式可以是 GIF、JPEG、PNG、TIF、BMP 等，其中，最常见的是 GIF 和 JPEG 两种。

传统的插入图像标记为单标记，其格式如下。

```
<img src="图像文件名" alt=文本 align=top|middle|bottom|left|right border=数值...>
```

HTML5 新增了<svg>插入图像标记。SVG 图像格式指示可伸缩矢量图形，用于定义基于网络的矢量图形，使用 XML 格式定义图形，在放大或改变尺寸的情况下图像质量均不会有损失，是万维网联盟的标准。与其他图像格式相比（如 JPEG 和 GIF），SVG 的优势在于，它可以通过文本编辑器来创建和修改，可以被搜索、索引、脚本化或伸缩，可以在任何分辨率下被高质量地打印，可以在图像质量不下降的情况下被放大。使用<svg>的格式如下。

```
<svg xmlns="http://www.w3.org/2000/svg" version="1.1" height="高度值" width="宽度值">
...
</svg>
```

4.1.2　知识应用

1. <img>...</img>标记的常用属性

<img>标记的常用属性及作用如表 4-1 所示。

表 4-1　img 标记的常用属性及作用

属　性	作　用	示　例
src	设置要插入的图像文件的名称、绝对路径或相对路径	<img src=" bos.gif">或<img src="d:\\flower.jpg">
alt	设置图像的替换文本，当浏览器不能显示图像，或鼠标指向该图像，或图像加载时间过长时显示该文本	<img src=" mei1.gif " alt="这是一朵花"> 当浏览器不能显示图像时显示以下文本。 "这是一朵花"
width	设置图像的宽度，单位为像素	插入宽度为 200，高度为 100 的图像：<img src="mei1.gif" alt="这是一朵花" width="200" height="100">
height	设置图像的高度，单位为像素	

续表

属　性	作　用	示　例
border	设置图像的边框,默认为0	插入边框宽度为2的图像:<img src="mei1.gif" border=2>
hspace	设置图像左右侧与其他对象之间的距离,单位为像素	插入与上下端文本距离为20,与左右侧文本距离为30的图像: <img src="mei1.gif" hspace="30" vspace="20">
vspace	设置图像上下端与其他对象之间的距离,单位为像素	
align	设置图像与文本的对齐方式,取值有top、middle、bottom、left、right,其中,align值为left和right时,可以实现图像左右绕排文本	

如图4-1所示,使用<img>标记的align属性设置上面的图像与文本左环绕,下面的图像与文本右环绕;使用vspace属性(hspace属性)设置上面的图像与文本上、下(左、右)的距离;使用border属性设置下面图像的边框;使用alt属性设置上面图像的替换文本为"这是一朵花";使用src属性设置图像文件。

图4-1　图片环绕方式

其代码如下(其中文字省略)。

```
<html>
<head><title>align属性应用示例</title></head>
<body topmargin=0>
<img src="mei1.jpg" align="left" hspace="20" vspace="30" alt="这是一朵花"></p>
...<img src="mei1.jpg" align="right" border="3">
</body></html>
```

如图 4-2 所示，使用<img>标记的 align 属性将图像与文本设置为顶端对齐，即align="top"。

图 4-2 当 align 为 top 时的效果

其代码如下（其中文字省略）。

```
<html><head><title>align 属性应用示例</title></head>
<body>
<img src=mei1.jpg align="top">...
</body>
</html>
```

上面通过示例说明了图像与文本混排的效果。如果插入的图像单独占一行，那么如何设置图像在页面上的对齐方式呢？图像标记本身无法实现这一功能，需要将图像标记置于段落标记或其他标记之间，通过段落标记或其他标记的 align 属性来设置图像在页面上的对齐方式。例如，设置图像在页面上居中，代码如下。

```
<p align="right"><img src="mei1.jpg"></p>
```

2. <svg>...</svg>标记的常用属性

<svg>标记的 width 和 height 属性可设置此 SVG 图形的宽度和高度；version 属性可定义所使用的 SVG 版本，xmlns 属性可定义 SVG 的命名空间。<svg>标记内可以有 6 种绘制图形的标记，分别是绘制线条标记<line>、绘制折线标记<polyline>、绘

制矩形标记<rect>、绘制圆形标记<circle>、绘制椭圆形标记<ellipse>和绘制多边形标记<polygon>。它们的格式如下。

①绘制线条。

```
<line x1="0" y1="0" x2="300" y2="300" style="stroke:rgb(99,99,99);stroke-width:2"/>
```

其中,(x1,y1)为起点坐标,(x2,y2)为终点坐标,style 属性用于设置线条的颜色和粗细。

②绘制矩形。

```
<rect x="0" y="0" rx="0" ry="0" width="300" height="100" style="fill:rgb(0,0,255);
stroke-width:1;stroke:rgb(0,0,0)"/>
```

其中,x 用于设置矩形距左边的距离,y 用于设置矩形距顶边的距离,width 用于设置矩形宽度,height 用于设置矩形高度,rx、ry 分别用于设置矩形在横向和纵向产生的圆角大小,style 用于设置矩形的填充色,以及矩形边框的颜色和粗细。

③绘制圆形。

```
<circle cx="100" cy="50" r="40" stroke="black" stroke-width="2" fill="red"/>
```

其中,cx、cy 用于设置圆心坐标,如果省略,则默认圆心坐标为(0,0),r 用于设置圆的半径,stroke 用于设置圆边框的颜色,stroke-width 用于设置圆边框的粗细,fill 用于设置圆的填充色。

④绘制椭圆。

```
<ellipse cx="300" cy="150" rx="200" ry="80" style="fill:rgb(200,100,50);stroke:rgb(0,0,
100);stroke-width:2"/>
```

其中,cx、cy 用于设置圆心坐标,如果省略,则默认圆心坐标为(0,0),rx 用于设置水平半径,ry 用于设置垂直半径,style 用于设置椭圆的填充色以及椭圆边框的颜色和粗细。

以下代码运行结果如图 4-3 所示。

```
<? xml version="1.0" standalone="no"? >
<! doctype svg PUBLIC "-//W3C//DTD SVG 1.1//EN"
"http://www.w3.org/Graphics/SVG/1.1/DTD/svg11.dtd">
<svg width="100%" height="100%" version="1.1"
xmlns="http://www.w3.org/2000/svg">
<rect width="300" height="100" style="fill:rgb(0,0,255);stroke-width:1;stroke:rgb(0,0,0)"/>
<circle cx="100" cy="50" r="40" stroke="black" stroke-width="2" fill="red"/>
<line x1="0" y1="0" x2="300" y2="300" style="stroke:rgb(99,99,99);stroke-width:2"/>
<ellipse cx="300" cy="150" rx="200" ry="80" style="fill:rgb(200,100,50);stroke:rgb(0,0,100);
stroke-width:2"/>
</svg>
```

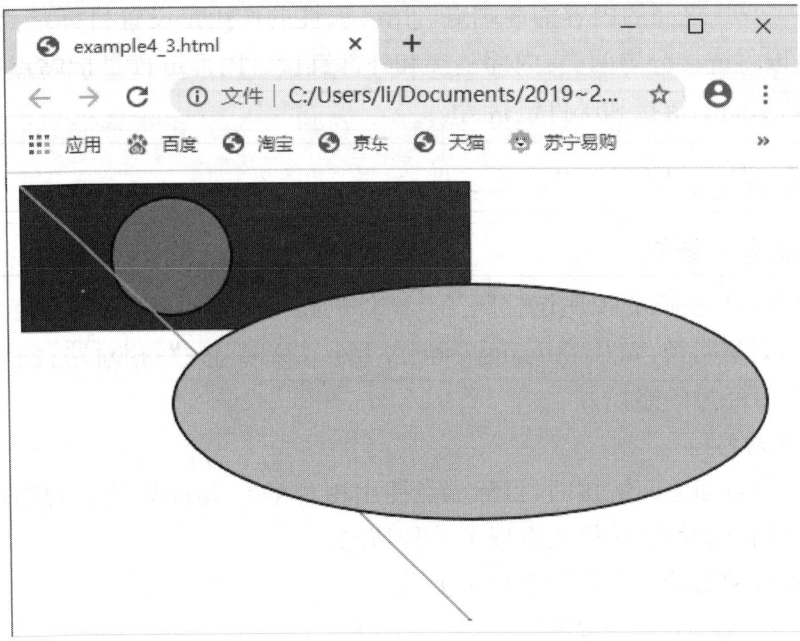

图 4-3　利用<svg>标记绘制的图形

4.2　超链接

扫码听课

4.2.1　知识解析

超链接是由源端点到目标端点的一种跳转。源端点可以是网页中的一段文本或一幅图像等，目标端点可以是任意类型的网络资源，如网页、图像、歌曲、动画、文件或程序等。

超链接标记为<a>...</a>，该标记使用格式如下。

<a href="url" target="_blank" title="提示信息。">...</a>

表 4-2 中列出了<a>标记的属性及其作用。

表 4-2　<a>标记的属性及作用

属　性	作　用	示　例
href	设置超链接的目标端点地址	<a href="index. htm">首页</a>
target	设置目标文档打开的位置，其值可以是一个窗口名，也可以是_blank、_self、_parent、_top，该选项为可选项，默认值为_self，即在源端点所在的窗口打开目标文档	<a href="index. htm" target="_blank">首页</a>
title	设置鼠标指向超链接时所显示的标题文字	<a href="index. htm" title="返回首页">首页</a>

<a>与</a>之间的内容为源端点。href属性的作用是设置目标端点。根据目标端点不同,可以将链接分为两类:内部链接和外部链接。内部链接是指站点内的链接;外部链接是指站点间的链接和邮件链接等。

4.2.2 知识应用

1. 创建站点内链接

在创建超链接之前,先说明链接路径。文件的路径有绝对路径和相对路径。绝对路径是指文件的完整路径,如"D:\wangyesheji\chap_11\01.jpg";相对路径是指从当前文档到目标文档所经过的路径。

(1)使用相对路径

创建站点内页面之间链接时,目标端点使用相对路径,href属性值为相对地址,创建站点内页面之间链接的语法格式有以下几种情况。

①目标端点和源端点在同一个目录下。

<a href="目标文件名">源端点</a>

②目标端点在源端点所在文件夹的子文件夹中。

<a href="子文件夹名/目标文件名">源端点</a>

③目标端点在源端点所在文件夹的上一级文件夹中。

<a href="../目标文件名">源端点</a>

④目标端点在源端点所在文件夹的上一级文件夹的另一子文件夹中。

<a href="../子文件夹名/目标文件名">源端点</a>

(2)使用绝对路径

使用绝对路径创建链接的语法格式为:

<a href="盘符:\\文件夹...\\文件名">源端点</a>

2. 创建站点间链接

创建站点间页面之间链接的语法格式有以下几种情况。

(1)目标端点为其他站点的主页

<a href="其他站点的网址">源端点</a>

例如,要求单击页面上的"新浪",跳转至新浪站点,代码如下。

<a href="http://www.sina.com">新浪</a>

(2)目标端点为其他站点的非主页文件

<a href="其他站点的网址/文件夹/.../文件名">源端点</a>

3. 创建邮件超链接

通过创建邮件超链接可以启动电子邮件客户端程序(如Outlook),以方便访问者向指定的地址发送电子邮件。创建邮件链接的语法格式如下。

<a href="mailto:用户名@主机名">...</a>

外部超链接的常见类型及创建方法如表 4-3 所示。

表 4-3　外部超链接的常见类型及创建方法

链接类型	示　例
网站链接	<a href="http://ahspks.ahedu.gov.cn">安徽省计算机水平考试网</a>
电子邮件	<a href="mailto:spks224@ahedu.gov.cn">与我联系</a>
ftp 链接	<a href="ftp://ftp.ntu.edu.tw">下载档案</a>

总　结

通过本讲的学习，读者需要明确什么是图像标记与超链接标记，掌握图像标记在实际设计中的使用方法，以及不同类型的超链接标记在页面设计过程中的使用方法。

习 题 4

一、选择题

1. 在网页中插入图片的标记为________。

A. <bgcolor>　　B. <img>　　C. <music>　　D. <sound>

2. 网页最基本的元素是________。

A. 文字与图像　　B. 声音　　C. 超链接　　D. 动画

3. 若网页中插入的图片无法正常显示，则可使用替换文本，其属性为________。

A. alternative　　B. alt　　C. src　　D. align

4. HTML 语言中，用于插入超链接的标记为________。

A. <b></b>　　B. <font></font>　　C. <a></a>　　D.

5. HTML 文件中，使用超链接标记指向百度首页的正确方式为________。

A. <a href=www.baidu.com>指向百度</a>

B. <a href=http://www.baidu.com>指向百度</a>

C. <a href=baidu>指向百度</a>

D. <a href=#baidu>指向百度</a>

二、填空题

1. ________是由源端点到目标端点的一种跳转。

2. 如果要创建一个指向电子邮件 someone@mail.com 的超链接，代码应为：

<a ________>指向 someone@mail.com 的超链接</a>

综合实训

一、实训要求

利用记事本制作网页,实现如图4-4所示页面效果。

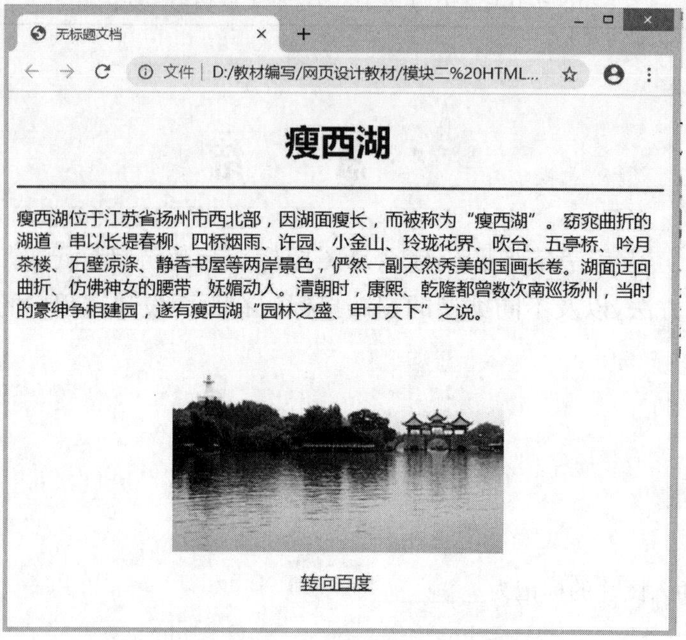

图4-4　综合实训页面效果

二、实训步骤

(1)在记事本中插入标题——瘦西湖。

```
<html>
<body>
<h1 align="center">瘦西湖</h1>
</body>
</html>
```

(2)定义水平线标记。

```
<html>
<body>
<h1 align="center">瘦西湖</h1>
<hr color="green">
</body>
</html>
```

(3)在水平线下插入段落文字。

```
<html>
<body>
<h1 align="center">瘦西湖</h1>
<hr color="green">
<p>瘦西湖位于江苏省扬州市西北部,因湖面瘦长,而被称为称"瘦西湖"。窈窕曲折的湖道,串以长堤春柳、四桥烟雨、许园、小金山、玲珑花界、吹台、五亭桥、吟月茶楼、石壁凉涤、静香书屋等两岸景色,俨然一副天然秀美的国画长卷。湖面迂回曲折、仿佛神女的腰带,妩媚动人。清朝时,康熙、乾隆都曾数次南巡扬州,当时的豪绅争相建园,遂有瘦西湖"园林之盛、甲于天下"之说。</p>
</body>
</html>
```

(4)在段落文字下插入图片并设置图片属性。

```
<html>
<body>
<h1 align="center">瘦西湖</h1>
<hr color="green">
<p>瘦西湖位于江苏省扬州市西北部,因湖面瘦长,而被称为称"瘦西湖"。窈窕曲折的湖道,串以长堤春柳、四桥烟雨、许园、小金山、玲珑花界、吹台、五亭桥、吟月茶楼、石壁凉涤、静香书屋等两岸景色,俨然一副天然秀美的国画长卷。湖面迂回曲折、仿佛神女的腰带,妩媚动人。清朝时,康熙、乾隆都曾数次南巡扬州,当时的豪绅争相建园,遂有瘦西湖"园林之盛、甲于天下"之说。</p>
<p align="center"><img src="瘦西湖.jpg" width="300" height="195" /></p>
</body>
</html>
```

(5)在图片下插入指向百度的超链接。

```
<html>
<body>
<h1 align="center">瘦西湖</h1>
<hr color="green">
<p>瘦西湖位于江苏省扬州市西北部,因湖面瘦长,而被称为称"瘦西湖"。窈窕曲折的湖道,串以长堤春柳、四桥烟雨、许园、小金山、玲珑花界、吹台、五亭桥、吟月茶楼、石壁凉涤、静香书屋等两岸景色,俨然一副天然秀美的国画长卷。湖面迂回曲折、仿佛神女的腰带,妩媚动人。清朝时,康熙、乾隆都曾数次南巡扬州,当时的豪绅争相建园,遂有瘦西湖"园林之盛、甲于天下"之说。</p>
<p align="center"><img src="瘦西湖.jpg" width="300" height="195" /></p>
<p align="center"><a href="http://www.baidu.com">转向百度</a></p>
</body>
</html>
```

上机练习

利用记事本工具，根据要求制作网页，使页面效果如图4-5所示。

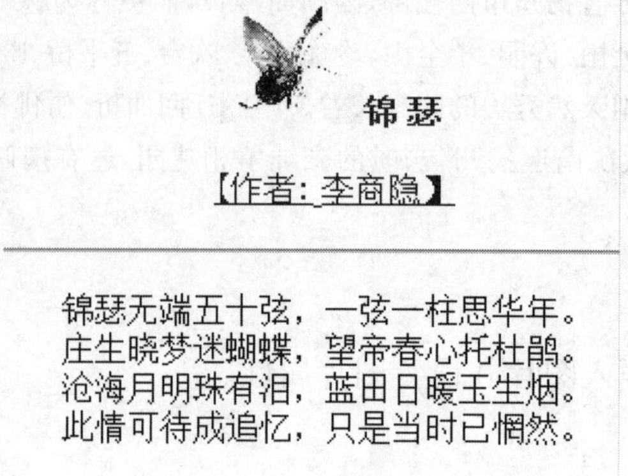

图4-5　页面效果

具体设置要求为：

①在标题“锦瑟”前插入图片“蝴蝶.jpg”；

②为作者信息【作者:李商隐】设置站内超链接，目标地址为“lsy.html”。

思政小课堂

《红军不怕远征难》油画欣赏

图4-6　红军不怕远征难

下载图片

《红军不怕远征难》又名《红军过草地》，是董希文于1956年创作的一幅布面油画，现藏于中国人民革命军事博物馆，纵197厘米，横300厘米。该画作描绘的是1936年红军战略大转移的历史事件。画面以一字型铺陈，背景是一片大草地，中心人物是一名背向观众裸着上身烘烤湿衣的战士，画面其余的战士形象各异，有伏地吹篝火和背靠背休息的战士形象，篝火旁有一名吹笛的战士，还有一组相互搀扶的战士形象。整幅画作以大面积的黑蓝、普蓝和小面积的橘黄色的对比和阴冷调的环境凸显红军长征环境的艰苦，烤湿衣服的士兵周围的暖光更显红军战士的坚毅与乐观精神，而相互搀扶的战士形象则体现了革命友情，吹笛战士象征着乐观的精神。整幅画作有着空间感强的构图、对比冲击的设色与象征意味很浓的形象，将长征路上普通的一幕用画作的方式保存下来，作为长征精神的一个载体，向我们诉说党的百年征程中的困苦与决心，歌颂着革命战士的坚强与奉献，让如今的人们跨越时间仍能够被这个画面鼓舞、感动，也激励着各个领域的青年接过百年不灭的星星之火，用自己的方式学习继承党团精神，塑出不一样的中国范儿。

如果读者是中国人民革命军事博物馆的网页设计人员，如何将该张油画设计成网页宣传页呢？

参考答案

第 5 讲　让我们来排排序——表格与列表

知识目标

- 掌握表格标记的使用方法。
- 掌握利用表格标记排列数据表的方法。
- 掌握利用表格标记布局网页的方法。
- 掌握常用列表标记的使用方法。

技能目标

- 使用表格标记制作图表。
- 使用表格标记布局网页。
- 掌握常用列表标记的使用方法。

素质目标

- 培养主动学习、乐于学习的精神。
- 树立整体意识、大局意识。
- 增强创新意识。

在 Dreamweaver CS6 中，表格不但可以用于制作简单的图表，还可以用于安排网页文档的整体布局，具有非常重要的作用。使用表格布局页面，可以实现对页面元素的准确定位。表格是网页制作中非常重要的工具之一。无论是页面布局，还是页面中元素的排列，都需要使用表格。

5.1　表　格

5.1.1　知识解析

利用表格标记布局能以简洁明了和高效快捷的方式将图像、文本和数据等元素有序地显示在页面上。可以通过设置表格以及单元格属性，对页面中的元素进行准确的定位，使得页面在形式上既丰富又有条理、组织井然有序、不单调。合理利用表格来布局页面，有助于协调页面结构，甚至优化整个页面。

5.1.2　知识应用

本讲主要介绍 Dreamweaver 中最重要的 HTML5 标记——表格标记的使用。在页面中，表格常常用于组织信息，也用于页面布局。下面就来介绍表格标记的使用方法。

【例 5-1】 表格标记应用。

扫码听课

代码如下：

```
<table>
<caption>表格标题</caption>
<tr><th>列标题</th>...<th>列标题</th></tr>
<tr><td>单元格内容</td>...<td>单元格内容</td></tr>
...
<tr><td>单元格内容</td>...<td>单元格内容</td></tr>
</table>
```

表格标记由一组标记组成，其结构和效果如图 5-1 所示。

表格标题

列标题	列标题
单元格内容	单元格内容
单元格内容	单元格内容

图 5-1　表格标记的结构和效果

其中，<table>...</table>表示插入表格；<caption>...</caption>表示在表格中添加表格标题；<tr>...</tr>表示在表格中插入一行；<td>...</td>表示在行中插入一列；<th>...</th>表示在行中插入标题列。

1. <table>...</table>常用属性

下面逐一介绍<table>...</table>的属性。

(1)border 属性

border 属性的作用是设置边框线的宽度,单位为像素,默认值为 0,表示无边框线。表 5-1 显示了 border 属性的作用效果。

表 5-1 border 属性的作用效果

代 码	效 果
<table border=0> <tr><th>第 1 行标题</th><td>第 1 行第 2 列</td></tr> <tr><th>第 2 行标题</th><td>第 2 行第 2 列</td></tr> </table>	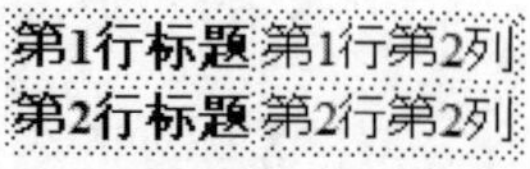
<table border="5"> <tr><th>第 1 行标题</th><td>第 1 行第 2 列</td></tr> <tr><th>第 2 行标题</th><td>第 2 行第 2 列</td></tr> </table>	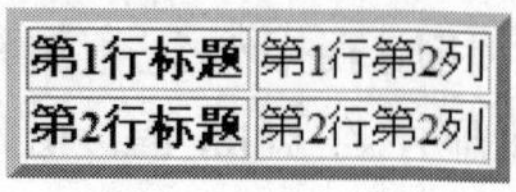

(2)边框颜色属性

边框颜色属性有 bordercolor、bordercolordark 和 bordercolorlight,它们的作用是设置边框线的颜色,需要与 border 属性一起使用。bordercolordark 属性和 bordercolorlight 属性用于设置三维边框,三维边框的每个边框线用两种颜色表示。

bordercolorlight 属性用于设置水平线上部的颜色和垂直线左边的颜色,bordercolordark 属性用于设置水平线下部的颜色和垂直线右边的颜色。设置效果如表 5-2 所示。

表 5-2 边框颜色属性设置的作用效果

代 码	效 果
<table border="5" bordercolor="#0000ff"> <tr><th>第 1 行标题</th><td>第 1 行第 2 列</td></tr> <tr><th>第 2 行标题</th><td>第 2 行第 2 列</td></tr> </table>	
<table border="5" bordercolor="#0000ff" bordercolordark="#66ff99"> <tr><th>第 1 行标题</th><td>第 1 行第 2 列</td></tr> <tr><th>第 2 行标题</th><td>第 2 行第 2 列</td></tr> </table>	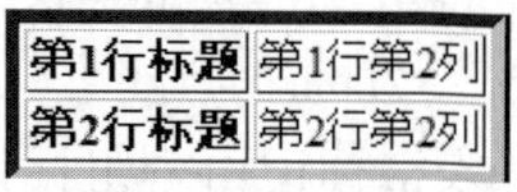
<table border="5" bordercolor="#0000ff" bordercolordark="#66ff99" bordercolorlight="#ff0000"> <tr><th>第 1 行标题</th><td>第 1 行第 2 列</td></tr> <tr><th>第 2 行标题</th><td>第 2 行第 2 列</td></tr> </table>	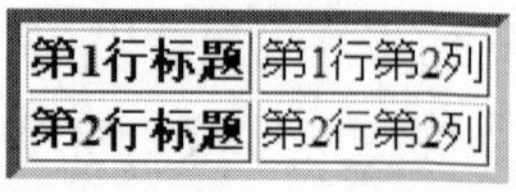

(3)align 属性

align 属性用于设置表格的对齐方式,该属性值为 left(默认值)、center 和 right。

(4)background 属性

background 属性用于设置表格背景图片,该属性值为图片文件名。

(5)width 和 height 属性

width 和 height 属性均用于设置表格的开始尺寸。尺寸值可以用像素或百分数表示。

(6)cellspacing **属性**

cellspacing 属性用于设置单元格之间的距离。

【例 5-2】 cellspacing 属性的应用。

代码如下：

```
<table border="1" cellspacing="10">
<tr><th>food</th><th>drink</th><th>sweet</th></tr>
<tr><td>a</td><td>b</td><td>c</td></tr>
</table>
```

例 5-2 应用了该属性,效果如图5-2所示。

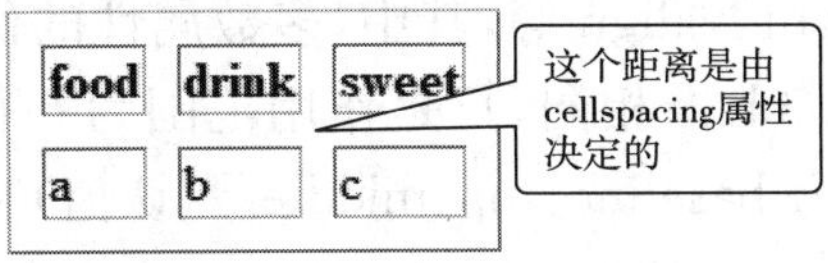

图 5-2 cellspacing 属性的应用

(7)cellpadding **属性**

cellpadding 属性用于设定表格内文本和单元格边框之间的距离。

(8)bgcolor **属性**

bgcolor 属性用于设置表格的背景色,设置方法同<body>标记。以下代码的作用是将表格背景设置为蓝色。

```
<table bgcolor="blue">
```

【例 5-3】 表格属性的设置(example5_3. html)。

代码如下：

```
<table bordercolor="#ff0000" bgcolor="#00ffff" align="center" border="1" bordercolordark="gray" bordercolorlight="blue" cellspacing="3" cellpadding="3" width="80%">
<caption>设置表格的属性</caption>
<tr><th>第 1 列标题</th><th>第 2 列标题</th><th>第 3 列标题</th></tr>
<tr><td>三星</td><td>67</td><td>合格</td></tr>
<tr><td>微软</td><td>89</td><td>优秀</td></tr>
<tr><td>惠普</td><td>76</td><td>良好</td></tr>
</table>
```

例 5-3 设置了很多种表格属性,其作用效果如图 5-3 所示。

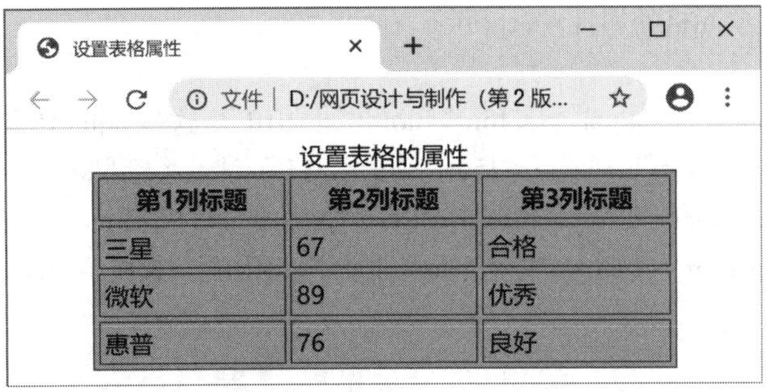

图 5-3 表格属性的应用

2. <caption>...</caption>常用属性

<caption>...</caption>用于设置表格的标题，常用的属性有 align 和 valign。align 取值同<table>...</table>标记的 align 属性，可以取 left、center 和 right，用于设置标题的水平对齐方式。valign 取值为 top 和 bottom，用于设置垂直方向的对齐方式。以下代码的作用是将标题居左顶部对齐。

```
<caption align=″left″ valign=″top″>学生成绩表</caption>
```

3. <tr>...</tr>常用属性

<tr>...</tr>常用属性有 align、background、bgcolor、bordercolor、bordercolordark、bordercolorlight、width、height、valign 等，其中，多数属性的作用在<table>标记中已经作了介绍，这里的作用和<table>相同，只是作用范围为一行。valign 属性用于设置行元素的上下对齐方式，其值为 baseline、top、middle(默认值)和 bottom。

4. <td>...</td>常用属性

<td>...</td>常用属性与<tr>相似，只是作用范围为单元格。其特有属性为 colspan 和 rowspan，分别用于设置多列和多行合并。图 5-4 为这两个属性的应用效果，对应代码为：

```
<table border=″1″>
<tr><td colspan=″2″>第 1 行第 1 列</td></tr>
<tr><td>第 2 行第 1 列</td><td>第 2 行第 2 列</td></tr>
<tr><td height=″22″>第 3 行第 1 列</td><td rowspan=″2″>第 3 行第 2 列</td></tr>
<tr><td>第 4 行第 1 列</td></tr>
</table>
```

<table>
<tr><td colspan="2">第1行第1列</td></tr>
<tr><td>第2行第1列</td><td>第2行第2列</td></tr>
<tr><td>第3行第1列</td><td rowspan="2">第3行第2列</td></tr>
<tr><td>第4行第1列</td></tr>
</table>

图 5-4　colspan 和 rowspan 属性的应用

图 5-5 所示是<td>属性的应用效果，对应代码为：

```
<table align=″center″ width=″90%″ border=″1″ cellpadding=″3″>
<caption>设置单元格的属性</caption>
    <tr>
        <td bgcolor=″aqua″><font color=″＃ffffff″>这是 aqua 色</td>
        <td bgcolor=″black″><font color=″＃ffffff″>这是 black 色</font></td>
        <td bgcolor=″blue″><font color=″＃ffffff″>这是 blue 色</td>
        <td bgcolor=″fuchsia″><font color=″＃ffffff″>这是 fuchsia 色</td>
    </tr>
    <tr>
        <td bgcolor=″gray″><font color=″＃ffffff″>这是 gray 色</td>
```

```
        <td bgcolor="green"><font color="#ffffff">这是 green 色</td>
        <td bgcolor="lime"><font color="#ffffff">这是 lime 色</td>
        <td bgcolor="maroon"><font color="#ffffff">这是 maroon 色</td>
    </tr>
    <tr>
        <td bgcolor="navy"><font color="#ffffff">这是 navy 色</td>
        <td bgcolor="olive"><font color="#ffffff">这是 olive 色</td>
        <td bgcolor="purple"><font color="#ffffff">这是 purple 色</td>
        <td bgcolor="red"><font color="#ffffff">这是 red 色</td>
    </tr>
    <tr>
        <td bgcolor="silver"><font color="#ffffff">这是 silver 色</td>
        <td bgcolor="teal"><font color="#ffffff">这是 teal 色</td>
        <td bgcolor="white">这是 white 色</td>
        <td bgcolor="yellow"><font color="#ffffff">这是 yellow 色</td>
    </tr>
</table>
```

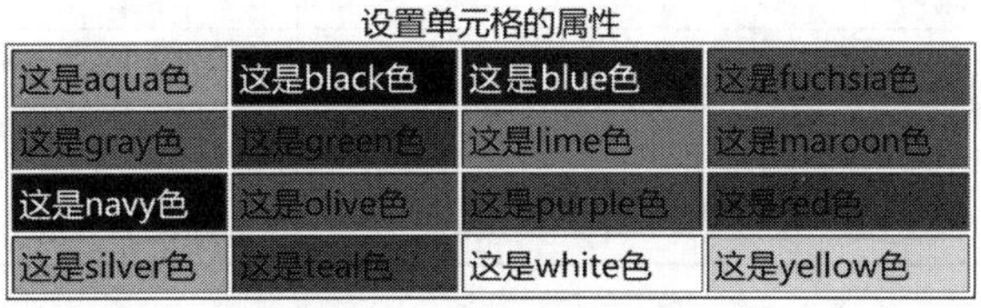
设置单元格的属性

这是aqua色	这是black色	这是blue色	这是fuchsia色
这是gray色	这是green色	这是lime色	这是maroon色
这是navy色	这是olive色	这是purple色	这是red色
这是silver色	这是teal色	这是white色	这是yellow色

图 5-5　<td>属性应用

5. <th>...</th>常用属性

<th>...</th>常用属性与<td>相同，本书不再赘述。

5.2　列表标记

5.2.1　知识解析

为了使网页更易读，经常将网页信息以列表的形式呈现，如网易云音乐的歌曲排行榜，呈现为列表的形式，排列有序，条理清晰。为了满足网页排版的需求，在页面中，通常用列表来组织文本信息。常用的列表方式有两种：有序列表(ol 元素)和无序列表(ul 元素)。本讲将对这两种元素进行详细讲解。

5.2.2　知识应用

1. 有序列表标记

有序列表标记的作用是使各列表项前面显示阿拉伯数字、大小写罗马数字或大小写字母，如图 5-3 所示。有序列表包含两部分：一部分定义有序列表，标记为<ol>...</ol>；

另一部分定义列表项，它可以为单标记<li>，也可以为双标记<li>…</li>。定义有序列表的完整语法格式为：

<ol type="1|a|A|I|i" start="n" title="提示信息">
<li type="1|a|A|I|i" start="n" title="提示信息">列表项 1</li>
…
<li type="1|a|A|I|i" start="n" title="提示信息">列表项 n</li>
</ol>

定义有序列表的标记<ol>和定义列表项的标记<li>的常用属性如表 5-3 所示。

表 5-3　标记<ol>和标记<li>的常用属性

属　性	作　用	示　例
start	<ol>标记具有的属性，用于设置标号的初值，取值为自然数，默认为 1	设置编号初值为 2：<ol start="2">…</ol>
type	<ol>标记和<li>标记均具有的属性，用于设置标号类型，取值为 A、a、1、ⅰ 和 Ⅰ 等，默认为 1。取值为 A 时表示按 A、B、C……编号，取值为 a 时表示按 a、b、c……编号，取值为 1 时表示按 1、2、3……编号，取值为 ⅰ 时表示按 ⅰ、ⅱ、ⅲ……编号，取值为 Ⅰ 时表示按 Ⅰ、Ⅱ、Ⅲ……编号	设置按 A、B、C……顺序编号，初始值为 2：<ol type="A" start="2">…</ol>
title	<ol>标记和<li>标记均具有的属性，分别用于设置鼠标指向<ol>标记或<li>标记之间内容时的提示信息	设置按 Ⅰ、Ⅱ……顺序编号，编号初值为 2，鼠标指向列表项时提示“初值编号为 Ⅱ”：<ol type="Ⅰ" start="2" title="初值编号为Ⅱ">…</ol>

注意：如果在<ol>和<li>标记中都设置了 type 或 title 属性，则距离被修饰对象最近的标记属性起作用。

2. 无序列表标记

无序列表标记的作用是使各列表项前面显示空心圆、实心圆或实心方格。无序列表包含两部分：一部分定义无序列表，记为<ul>…</ul>；另一部分定义列表项，它可以为单标记<li>，也可以为双标记<li>…</li>。定义无序列表的完整语法格式为：

<ul type="disc|circle|square" title="提示信息">
<li type="disc|circle|square" title="提示信息">列表项 1</li>
…
<li type="disc|circle|square" title="提示信息">列表项 n</li>
</ul>

无序列表标记使用情况与有序列表相似，只是 type 属性的取值不同。在无序列表中，type 决定列表项符号，type 的取值与列表项前面符号的对应关系如表 5-4 所示。

表 5-4　type 的取值与列表项前面符号的对应关系

type 值	列表项前面的符号
disc	●
circle	○
square	■

【例 5-4】 列表的应用(example5_4.html)。

代码如下：

扫码听课

```
<!doctype html>
<html>
<head>
<meta charset="utf-8" />
<title>列表标记</title>
<style type="text/css">
li {list-style-type: none;}
</style>
</head>
<body bgcolor="#FFCCCC">
<h4>云音乐特色榜</h4>
<ul>
<li><img src="../images/1.PNG" width="100" align="middle"><b>云音乐飙升榜
  </b> </li>
<li><img src="../images/2.PNG" width="100" align="middle"><b>云音乐新歌榜
  </b> </li>
<li><img src="../images/3.PNG" width="100" align="middle"><b>网易原创歌曲榜
  </b> </li>
<li><img src="../images/4.PNG" width="100" align="middle"><b>云音乐热歌榜
  </b> </li>
</ul>
</body>
</html>
```

运行结果如图 5-6 所示。

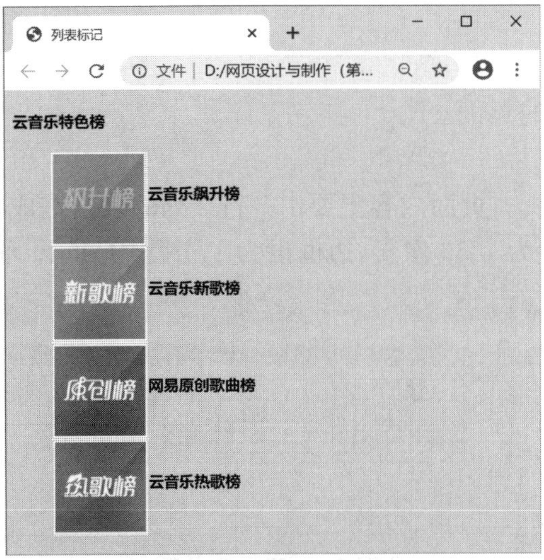

图 5-6　列表标记运行示例

总　　结

本讲主要介绍了表格和列表的相关知识,设置单元格,利用表格布局页面,有序列表和无序列表等。表格和列表是进行页面布局的重要方法,要熟练掌握。

习 题 5

一、选择题

1. 以下是标题标记的是________。

A. <tr>...</tr>标记　　B. <th>...</th>标记

C. <td>...</td>标记　　D. <table>...</table>标记

2. 无序列表的列表项用________表示。

A. <ol>...</ol>标记　　B. <ul>...</ul>标记

C. <li>...</li>标记　　D. <lv>...</lv>标记

3. <ol>和<li>均具有的属性是________。

A. start　　B. value　　C. type　　D. name

二、填空题

1. 表格中用来设置单元格之间距离的是________属性。

2. 在无序列表中,type 决定________。

综合实训

扫码听课

一、实训要求

制作如图 5-8 所示的页面。

二、实训步骤

1. 页面内容结构分析。页面内容主要由 8 行 7 列的表格构成。在页面中先插入 8 行 7 列的表格,将表格宽度设为 1450 像素,边框设为 1,并居中显示。页面结构如图 5-7 所示。

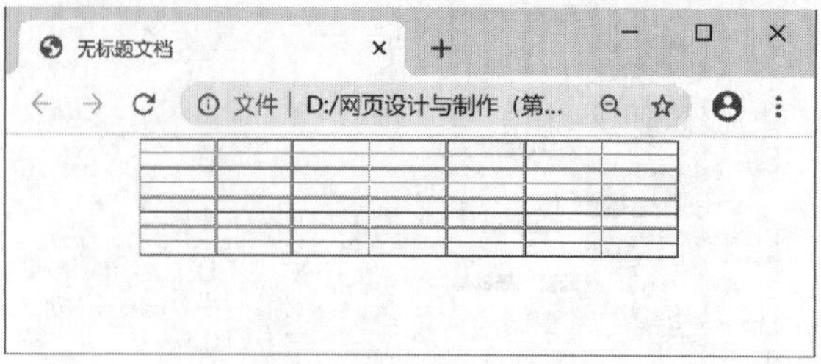

图 5-7　表格结构图

2. 编写 HTML 结构代码。在页面文档中输入如下 HTML 结构代码。

```
<html>
<head>
<title>无标题文档</title>
</head>
<body>
<table width="1000" border="1" align="center">
<tr>
<td></td><td></td><td></td><td></td><td></td><td></td><td>
</td>
</tr>
<tr>
<td></td><td></td><td></td><td></td><td></td><td></td><td>
</td>
</tr>
<tr>
<td></td><td></td><td></td><td></td><td></td><td></td><td>
</td>
</tr>
<tr>
<td></td><td></td><td></td><td></td><td></td><td></td><td>
</td>
</tr>
<tr>
<td></td><td></td><td></td><td></td><td></td><td></td><td>
</td>
</tr>
<tr>
<td></td><td></td><td></td><td></td><td></td><td></td><td>
</td>
</tr>
<tr>
<td></td><td></td><td></td><td></td><td></td><td></td><td>
</td>
</tr>
<tr>
<td></td><td></td><td></td><td></td><td></td><td></td><td>
</td>
```

```
</tr>
</table>
</body>
</html>
```

3.进一步完善页面布局和页面内容，主要包括单元格的合并(rowspan 和 colspan)、单元格的宽度(width)、对齐方式(align)和背景颜色(bgcolor)等属性的设置。具体代码如下。

```
<html>
<head>
<title>表格的应用</title>
</head>
<body>
<div align="center"><h2>计算机专业一年级课程表</h2>
</div>
<table width="1450" border="1" align="center">
<tr align="center" bgcolor="#FFFFCC">
<td width="60">星期</td>
<td width="200">时间</td>
<td width="230">一</td>
<td width="230">二</td>
<td width="230">三</td>
<td width="230">四</td>
<td width="240">五</td>
</tr>
<tr>
<td rowspan="2">上午</td>
<td>08:30~09:55</td>
<td bgcolor="red">网页设计与制作</td>
<td>计算机文化基础</td>
<td bgcolor="#FFCC66">图形图像处理</td>
<td></td>
<td bgcolor="#0099Ff">C语言程序设计</td>
</tr>
<tr>
<td>10:10~11:35</td>
<td></td>
<td>思想道德修养与法律基础</td>
<td></td>
```

```
<td>思想道德修养与法律基础</td>
<td bgcolor="red">网页设计与制作</td>
</tr>
<tr>
<td colspan="7" align="center" bgcolor="#99CCFf">休息</td>
</tr>
<tr>
<td rowspan="2">下午</td>
<td>13:45~15:10</td>
<td bgcolor="#0099Ff">C 语言程序设计</td>
<td bgcolor="#FFCC66">图形图像处理</td>
<td></td>
<td bgcolor="red">网页设计与制作</td>
<td></td>
</tr>
<tr>
<td>15:20~16:45</td>
<td>体育</td>
<td></td>
<td></td>
<td></td>
<td></td>
</tr>
<tr>
<td colspan="7" align="center" bgcolor="#99CCFf">休息</td>
</tr>
<tr>
<td>晚上</td>
<td>19:00~21:00</td>
<td>晚自习</td>
<td>形势与政策</td>
<td>晚自习</td>
<td>晚自习</td>
<td></td>
</tr>
</table>
</body>
</html>
```

具体效果如图 5-8 所示。

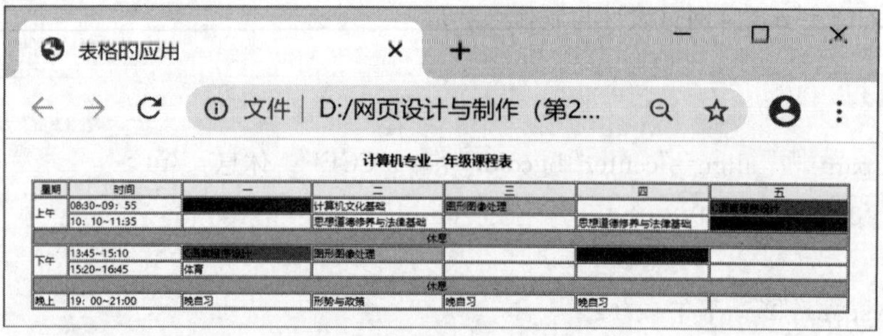

图 5-8　表格的应用

上机练习

利用本讲知识制作如图 5-9 所示页面。

图 5-9　列表的应用

思政小课堂

表格——页面元素布局的指挥官

在工作生活中,我们经常会需要编辑一些数据。如何快速有效地完成呢?

在一个网页中,无论排列文本内容,还是对图像、数据等元素进行排版,表格都起到至关重要的作用。表格以简洁明了的方式,将文本内容、数据、图像等元素有序地显示在网页上。从而使网页易于阅读并达到一定的审美标准，页面更加整齐和精致。

如学生课表在设计时采用表格与列表的方式，在表格中，利用表格嵌套和表格属性对同一课程进行设置，可以使学生直观地了解课程周课时、课程时间等。

第 6 讲　浏览器与服务器“沟通”的桥梁——表单

知识目标

- 了解表单的基本概念和创建方法。
- 掌握表单相关元素，能够准确定义不同的表单控件。
- 掌握表单样式的控制，能够美化表单界面。

技能目标

- 熟练使用表单。
- 使用 CSS 控制表单样式。

素质目标

- 培养主动探索的精神。
- 增强科学判断、细心处理的能力。

表单是 HTML 网页中的重要元素，它通过收集来自用户的信息，并将信息发送给服务器端程序处理，来实现网上注册、网上登录、网上交易等多种功能。本讲将对表单控件和属性及如何使用 CSS 控制表单样式进行详细的讲解。

6.1 知识解析

对于“表单”，读者可能比较陌生，其实它们在互联网上随处可见，如注册页面中的用户名和密码输入、性别选择、提交按钮等，都是用表单相关的标记定义的。简单地说，“表单”是网页上用于输入信息的区域，用来实现网页与用户的交互。本讲将带领读者认识并创建表单。

在网页中，一个完整的表单通常由表单控件(也称为表单元素)、提示信息和表单域 3 个部分构成。如图 6-1 所示即为一个简单的 HTML 表单界面。

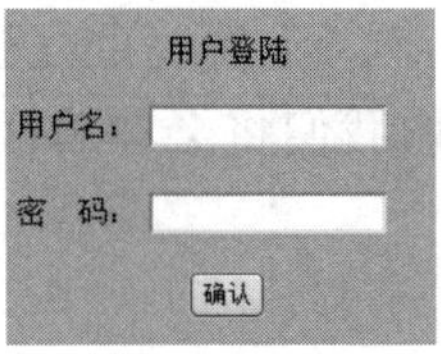

图 6-1 HTML 表单界面

6.2 知识应用

6.2.1 创建表单

在 HTML5 中，<form>...</form>标记被用于定义表单域，即创建一个表单，以实现用户信息的收集和传递，<form>...</form>中的所有内容都会被提交给服务器。创建表单的基本语法格式如下。

```
<form action="url 地址" method="提交方式" name="表单名称">
各种表单控件
</form>
```

在上面的语法中，<form>与</form>之间的表单控件是由用户定义的，action、method 和 name 为表单标记<form>的常用属性，分别用于设置 url 地址、提交方式及表单名称。

【例 6-1】 演示表单的创建(example6_1. html)。

扫码听课

```
<! doctype html>
<html>
<head>
<meta charset="utf-8" />
<title>创建表单</title>
</head>
<body>
<form action="" method="get">
```

```
账号：
<input name="zhanghao" type="text" />
密码：
<input name="mima" type="password" />
<input type="submit" value="提交"/>
</form>
</body>
</html>
```

例 6-1 为一个完整的表单结构，效果如图 6-2 所示。对于其中的表单标记和标记的属性，我们将会在后面具体讲解。

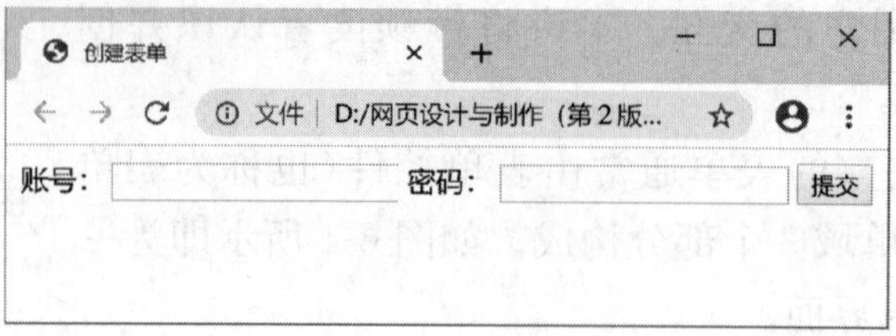

图 6-2　创建表单

6.2.2　表单属性

在 HTML5 中，表单拥有多个属性。通过设置表单属性，可以实现提交方式、自动完成、表单验证等不同的表单功能。下面将对<form>标记的相关属性进行讲解。

1. action 属性

表单收集到信息后，需要将信息传递给服务器进行处理，action 属性用于指定接收并处理表单数据的服务器程序的 url 地址。例如：

```
<form action="form_action.asp">
```

表示当提交表单时，表单数据会传送到名为“form_action.asp”的页面进行处理。

action 的属性值可以是相对路径，也可以是绝对路径。

2. method 属性

method 属性用于设置表单数据的提交方式，其取值为 get 方式或 post 方式。

get 为 method 属性的默认值。如果采用 get 方式，浏览器会与表单处理服务器建立连接，然后直接在一个传输步骤中发送所有的表单数据。

如果采用 post 方式，浏览器会按照下面两步来发送数据。浏览器先与 action 属性中指定的表单处理服务器建立联系，再按分段传输的方法将数据发送给服务器。

采用 get 方式提交的数据将显示在浏览器的地址栏中，保密性差且有数据量的限制。采用 post 方式提交的数据保密性好且无数据量的限制。

3. name 属性

name 属性用于指定表单的名称，以区分同一个页面中的多个表单。

4. autocomplete 属性

autocomplete 属性用于指定表单是否有自动完成功能。所谓“自动完成”，是指将表单控件输入的内容记录下来，当再次输入时，会将输入的历史记录显示在一个下拉列表里，以实现自动完成输入。

autocomplete 属性有两个值。

①on：表示表单有自动完成功能。

②off：表示表单无自动完成功能。

【例 6-2】 为页面中的<form>标记指定 autocomplete 属性，并将该属性的值指定为 on(example6_2. html)。

扫码听课

```
<! doctype html>
<html>
<head>
<meta charset="utf-8" />
<title>autocomplete 属性的使用</title>
</head>
<body>
<form id="formbox" autocomplete="on">
用户名：
<input type="text" id="autofirst" name="autofirst"/><br><br>
昵    称：
<input type="text" id="autofirstsecond" name="autosecond"/><br><br>
<input value="提交" type="submit"/>
</form>
</body>
</html>
```

运行例 6-2 中代码，效果如图 6-3 所示。

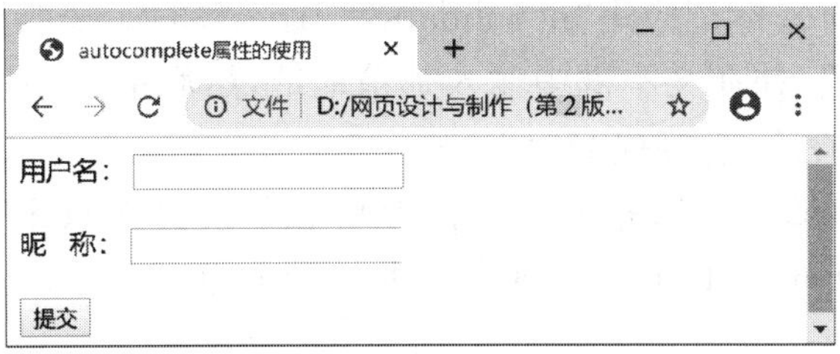

图 6-3 页面默认显示效果

在“用户名”的文本输入框中依次输入“admin”“about”“传智播客”，分别单击“提交”按钮，再单击“用户名”文本输入框时，会在用户名中显示输入过的内容。

从图 6-3 可以看出，设置 autocomplete 属性值为“on”可以使表单控件拥有自动完成功能。

注意： autocomplete 属性不仅可以用于 form 元素，还可以用于所有输入类型的 input 元素。

5. novalidate 属性

novalidate 属性指定在提交表单时取消对表单的有效性检查。为表单设置该属性时,可以关闭整个表单的验证,这样可以使 form 内的所有表单控件不被验证。

【例 6-3】 演示 novalidate 属性的用法(example6_3. html)。

扫码听课

```
<! doctype html>
<html>
<head>
<meta charset="utf-8" />
<title>novalidate 属性取消表单验证</title>
</head>
<body>
<form action="form_action. asp" method="get" novalidate="true">
请输入电子邮箱地址:
<input type="email" id="autofirst" name="user_email"/>
<input value="提交" type="submit"/>
</form>
</body>
</html>
```

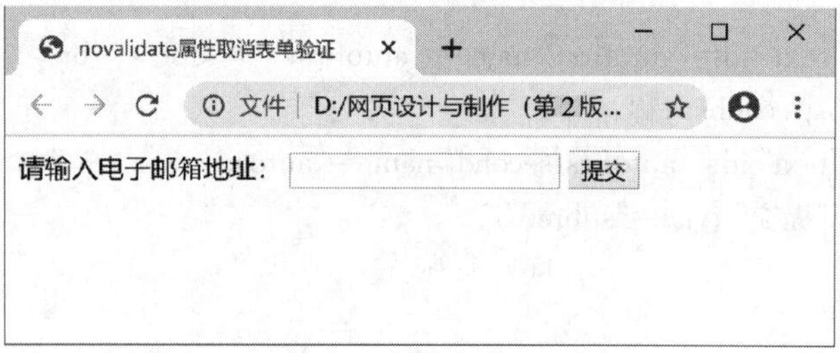

图 6-4 novalidate 属性取消表单验证

在例 6-3 中,对 form 标记应用"novalidate="true""样式,来取消表单验证。

运行例 6-3 中代码,并在文本框中输入邮箱地址,然后单击"提交"按钮,表单将不对输入的数据进行任何验证,直接提交。

注意:<form>标记的属性并不会直接影响表单的显示效果。要想让一个表单有意义,必须在<form>与</form>之间添加相应的表单控件。

6.2.3 input 元素及其属性

<input>元素是表单中最常见的元素,网页中常见的单行文本框、单选按钮、复选框等都是通过它来定义的。在 HTML5 中,<input>标记拥有多种输入类型及相关元素,其常用属性如表 6-1 所示。

表 6-1　input 元素的相关属性

属　性	属性值	描　述
type	text	单行文本输入框
	password	密码输入框
	radio	单选按钮
	checkbox	复选框
	button	普通按钮
	submit	提交按钮
	reset	重置按钮
	image	图像形式的提交按钮
	hidden	隐藏域
	file	文件域
	email	E-mail 地址的输入域
	url	url 地址的输入域
	tel	电话号码输入类型
	search	搜索域
	color	颜色输入类型
	number	数值的输入域
	range	一定范围内数字值的输入域
	date pickers（date，month，week，time，datetime，datetime-local）	日期和时间的输入类型
name	由用户自定义	控件的名称
value	由用户自定义	input 控件中的默认文本值
size	正整数	input 控件在页面中的显示宽度
readonly	readonly	该控件内容为只读
disabled	disabled	第一次加载页面时禁用该控件
checked	checked	定义选择控件默认被选中的项
maxlength	正整数	控件允许输入的最多字符数
autocomplete	on/of	设定是否自动完成表单字段内容
autofocus	autofocus	指定页面加载后是否自动获取焦点
form	form 元素的 id	设定字段隶属于哪一个或多个表单
list	datalist 元素的 id	指定字段的候选数据值列表
multiple	multiple	指定输入框是否可以选择多个值
min、max 和 step	数值	规定输入框允许的最小值、最大值及间隔
pattern	字符串	验证输入的内容是否与定义的正则表达式匹配
placeholder	字符串	为 input 类型的输入框提供一种提示
required	required	规定输入框填写的内容不能为空

1. input 元素的属性

在 HTML5 中,input 元素拥有多个 type 属性值,用于定义不同的控件类型。

(1)单行文本输入框<input type="text" />

单行文本输入框常用来输入简短的信息,如用户名、账号、证件号码等,常见的属性有 name、value、maxlength。

(2)密码输入框<input type="password" />

密码输入框用来输入密码,其内容将以圆点的形式显示。

(3)单选按钮<input type="radio" />

单选按钮用于单项选择,如选择性别、是否操作等。需要注意的是,在定义单选按钮时,必须为同一组中的选项指定相同的 name 值,这样单选才会生效。此外,可以对单选按钮应用 checked 属性,指定默认选中项。

(4)复选框<input type="checkbox" />

复选框常被用于多项选择,如选择兴趣、爱好等。可以对其应用 checked 属性,指定默认选中项。

(5)普通按钮<input type="button" />

普通按钮常常配合 JavaScript 脚本语言使用,读者了解即可。

(6)提交按钮<input type="submit" />

提交按钮是表单中的核心控件。用户完成信息的输入后,一般需要单击提交按钮才能完成表单数据的提交。可以对其应用 value 属性,改变提交按钮上的默认文本。

(7)重置按钮<input type="reset" />

当用户输入的信息有误时,可单击重置按钮取消已输入的所有表单信息。可以对其应用 value 属性,改变重置按钮上的默认文本。

(8)图像形式的提交按钮<input type="image" />

图像形式的提交按钮与普通的提交按钮在功能上基本相同,只是它用图像替代了默认的按钮,更加美观。需要注意的是,必须为其定义 src 属性,指定图像的地址。

(9)隐藏域<input type="hidden" />

隐藏域对于用户是不可见的,通常用于后台的程序,读者了解即可。

(10)文件域<input type="file" />

当定义文件域时,页面中将出现一个文本框和一个"浏览..."按钮,用户可以通过填写文件路径或直接选择文件的方式,将文件提交给后台服务器。

【例 6-4】 演示 input 元素的 type 属性的使用(example6_4. html)。

扫码听课

```
<! doctype html>
<html>
<head>
<meta charset="utf-8" />
<title>input 控件</title>
</head>
```

```
<body>
<form action="#" method="post">
用户名:
<input type="text" value="张三" maxlength="6"/><br>
密   码:
<input type="password" size="20"/><br>
性别:
<input name="sex" type="radio" checked="checked"/>男
<input name="sex" type="radio"/>女<br>
兴趣:
<input type="checkbox"/>唱歌
<input type="checkbox"/>跳舞
<input type="checkbox"/>游泳<br>
上传头像:
<input type="file"/><br>
<input value="提交" type="submit"/>
<input value="重置" type="reset"/>
</form>
</body>
</html>
```

在例 6-4 中，通过对<input/>元素应用不同的 type 属性值，来定义不同类型的 input 控件，并对其中的一些控件应用<input/>标记的其他可选属性。例如，在第 10 行代码中，通过 maxlength 和 value 属性定义单行文本输入框中允许输入的最多字符数和默认显示文本；在第 12 行代码中，通过 size 属性定义密码输入框的宽度；在第 14 行代码中通过 name 和 checked 属性定义单选按钮的名称和默认选中项。

运行例 6-4 中代码，效果如图 6-5 所示。

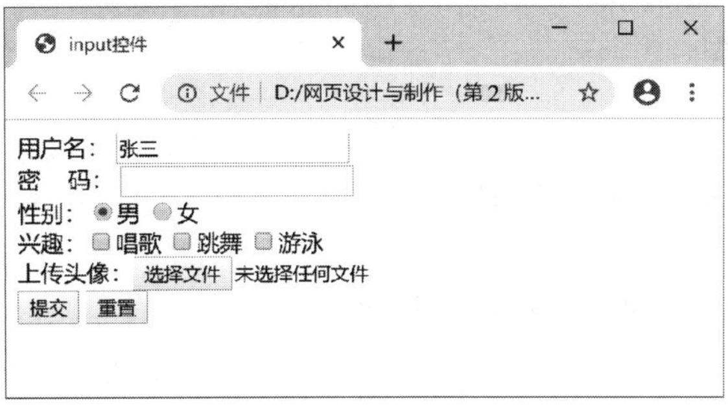

图 6-5　input 控件效果展示

在图 6-5 中，不同类型的 input 控件外观不同，当对它们进行具体的操作时，如输入用户名和密码、选择性别和兴趣等，显示的效果也不一样。例如，当在密码输入框中输入内容时，其中的内容将以圆点的形式显示，而不会像用户名输入框中的内容一样显示为明文。

(11)email **类型**<input type="email"/>

email类型的input元素是一种专门用于输入E-mail地址的文本输入框，用来验证email输入框的内容是否符合E-mail邮件地址格式；如果不符合，将提示相应的错误信息。

(12)url **类型**<input type="url"/>

url类型的input元素是一种用于输入URL地址的文本框。如果所输入的内容是url地址格式的文本，则会将数据提交到服务器：如果输入的值不符合url地址格式，则不允许提交，会有提示信息。

(13)tel **类型**<input type="tel"/>

tel类型用于提供输入电话号码的文本框。由于电话号码的格式千差万别，没有通用的格式。因此，tel类型通常会和pattern属性配合使用。

(14)search **类型**<input type="search"/>

search类型是一种专门用于输入搜索关键词的文本框，它能自动记录一些字符，如站点搜索和Google搜索。在用户输入内容后，其右侧会附带一个删除图标。用户单击这个图标可以快速清除内容。

(15)color **类型**<input type="color"/>

color类型用于提供设置颜色的文本框。用于实现RGB颜色输入。其基本形式是#RRGGBB，默认值为#000000，应用value属性可以更改默认颜色。单击color类型的文本框，可以快速打开颜色选项卡，方便用户可视化选取一种颜色。

【例6-5】 通过设置input元素的type属性来演示不同类型文本框的用法(example6_5.html)。

扫码听课

```
<! doctype html>
<html>
<head>
<meta charset="utf-8" />
<title>input类型</title>
</head>
<body>
<form action="#" method="get">
请输入您的邮箱：
<input type="email" name="formmail"/><br>
请输入个人网址：
<input type="url" name="user_url"/><br>
请输入电话号码：
<input type="tel" name="telephone" pattern="^\d{11}"/><br>
输入搜索关键词：
<input type="search" name="searchinfo"/><br>
请选取一种颜色：
<input type="color" name="color1"/>
```

```
<input type=″color″ name=″color2″ value=″#FF3E96″/>
<input value=″提交″ type=″submit″/>
</form>
</body>
</html>
```

在例 6-5 中，通过 input 元素的 type 属性将文本框分别设置为 email 类型、url 类型、tel 类型、search 类型以及 color 类型。其中，第 14 行代码，通过 pattern 属性设置 tel 文本框中的输入长度为 11 位。

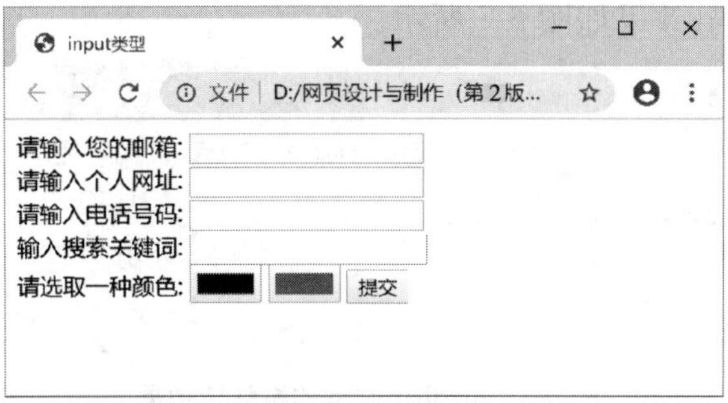

图 6-6　设置 input 元素的 type 属性

注意：需要注意的是，不同的浏览器对 url 类型的输入框的要求有所不同，在多数浏览器中，要求用户必须输入完整的 URL 地址，并且允许地址前有空格。

(16)number **类型**<input type=″number″/>

number 类型的 input 元素用于提供输入数值的文本框。在提交表单时，会自动检查该输入框中的内容是否为数字。如果输入的内容不是数字或者数字不在限定范围内，则会出现错误提示。

number 类型的输入框可以对输入的数字进行限制，规定允许的最大值和最小值、合法的数字间隔或默认值等，具体属性说明如下。

- value：指定输入框的默认值。
- max：指定输入框可以接受的最大输入值。
- min：指定输入框可以接受的最小输入值。
- step：指定输入域合法的间隔。如果不设置，则采用默认值 1。

【例 6-6】　演示 number 类型的 input 元素的用法(example6_6. html)。

扫码听课

```
<! doctype html>
<html>
<head>
<meta charset=″utf-8″ />
<title>number 类型的使用</title>
</head>
<body>
<form action=″#″ method=″get″>
```

```
请输入数值：
<input type="number" name="number1" value="1" min="1" max="20" step="4"/><br>
<input value="提交" type="submit"/>
</form>
</body>
</html>
```

在例 6-6 中，将 input 元素的 type 属性设置为 number 类型，并且分别设置 min、max 和 step 属性的值。

运行例 6-6 中代码，效果如图 6-7 所示。

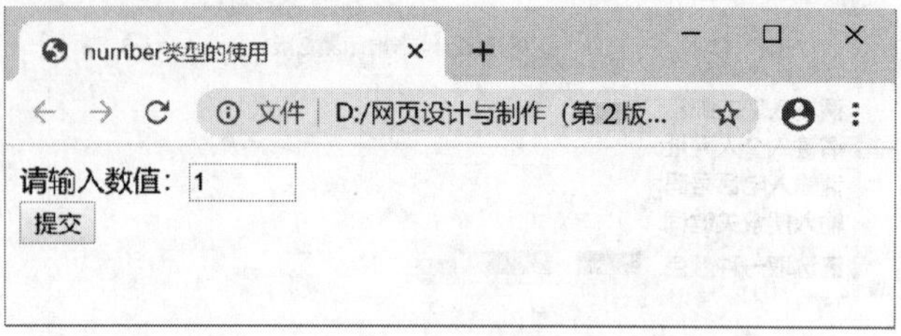

图 6-7　number 类型的默认值效果

通过图 6-7 可以看出，number 类型文本框中的默认值为“1”；读者可以手动在输入框中输入数值或者通过单击输入框的数值按钮来控制数据。例如，当单击输入框中上方的小三角时，效果如图 6-8 所示。

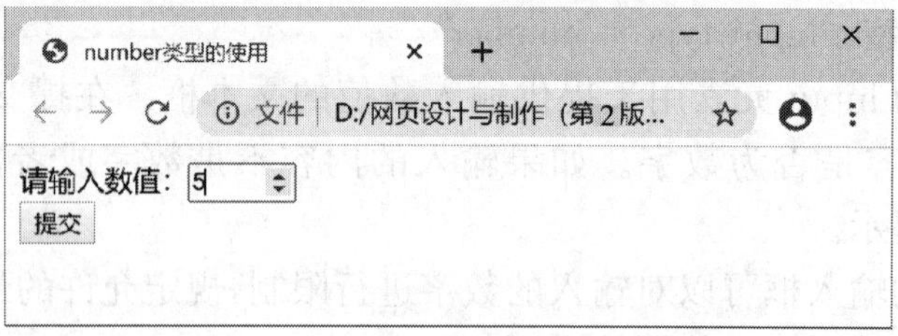

图 6-8　number 类型的 step 属性值效果

通过图 6-8 可以看到，number 类型文本框中的值变为了“5”，这是因为第 10 行代码中将 step 属性的值设置为了“4”。另外，当在文本框中输入“25”时，由于 max 属性值为“20”，因此将出现错误提示信息。

需要注意的是，如果在 number 文本输入框中输入一个不符合 number 格式的文本“num01”，则单击“提交”按钮将会出现验证错误提示信息。

(17)range **类型**<input type="range"/>

range 类型的 input 元素用于提供一定范围内数值的输入范围，在网页中显示为滑动条。它的常用属性与 number 类型一样，通过 min 属性和 max 属性可以设置最小值与最大值，通过 step 属性可以指定每次滑动的步长。

(18)date pickers **类型**<input type="date,month,week..."/>

date pickers 类型是指时间日期类型。HTML5 中提供了多个可供选取的时间和日期类型，用于验证输入的日期，具体如表 6-2 所示。

表 6-2　时间和日期类型

时间和日期类型	说　明
date	选取日、月、年
month	选取月、年
week	选取周和年
time	选取时间（小时和分钟）
datetime	选取时间、日、月、年（UTC 时间）
datetime-local	选取时间、日、月、年（本地时间）

在表 6-2 中，UTC 是 Coordinated Universal Time 的英文缩写，即“协调世界时”，又称世界标准时间。简单地说，UTC 时间就是 0 时区的时间。

2. input 元素的其他属性

除了 type 属性之外，<input/>标记还可以定义很多其他的属性，以实现不同的功能，具体如表 6-1 所示。对于其中的某些属性，前面已经介绍并使用过了，如 name、value 和 autocomplete 属性等，读者可自行查阅。下面将介绍 input 元素的其他几种常用属性。

(1)autofocus **属性**

在访问 Google 主页时，页面中的文字输入框会自动获得光标焦点，以便输入关键词。在 HTML5 中，autofocus 属性用于指定页面加载后是否自动获取焦点。

【例 6-7】　演示 autofocus 属性的使用(example6_7. html)。

```
<! doctype html>
<html>
<head>
<meta charset="utf-8" />
<title>autofocus 属性的使用</title>
</head>
<body>
<form action="#" method="get">
请输入搜索关键词：
<input type="text" name="user_name" autocomplete="off" autofocus="autofocus"/><br>
<input value="提交" type="submit"/>
</form>
</body>
</html>
```

扫码听课

在例 6-7 中，首先向表单中添加一个<input/>元素，然后通过“autocomplete="off"”将自动完成功能设置为关闭状态。同时，将 autofocus 属性设置为 autofocus，指定在页面加载完毕后自动获取焦点。

运行例 6-7 中代码,效果如图 6-9 所示。

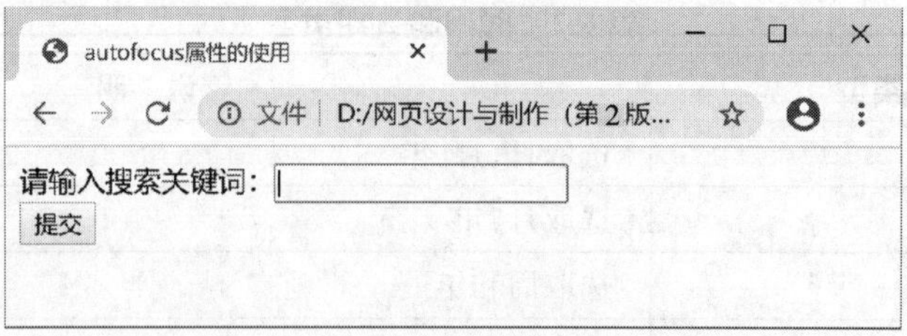

图 6-9　autofocus 属性的使用

从图 6-9 可以看出,input 元素输入框在页面加载后自动获取焦点,并且关闭了自动完成功能。

(2)form **属性**

在 HTML5 之前,如果用户要提交一个表单,必须把相关的控件元素都放在表单内部,即<form>和</form>标记之间。在提交表单时,会将页面中不是表单子元素的控件直接忽略掉。

HTML5 中的 form 属性,允许将表单内的子元素写在页面中的任一位置,只需为这个元素指定 form 属性,设置属性值为该表单的 id 即可。此外,form 属性还允许规定一个表单控件从属于多个表单。

【例 6-8】　演示 form 属性的使用(example6_8. html)。

扫码听课

```
<! doctype html>
<html>
<head>
<meta charset="utf-8" />
<title>autofocus 属性的使用</title>
</head>
<body>
<form action="#" method="get" id="user_form">
请输入您的姓名:<input type="text" name="first_name"/>
<input value="提交" type="submit"/>
</form>
<p>下面的输入框在 form 元素外,但因为指定了 form 属性为表单的 id,所以该输入框仍然为
表单的一部分。</p>
请输入您的昵称:<input type="text" name="last_name" form="user_form"/><br/>
</body>
</html>
```

在例 6-8 中,分别添加两个<input/>元素,并且第二个<input/>元素不在<form>...</form>标记中。另外,指定第二个<input/>元素的 form 属性值为该表单的 id。

此时,如果在输入框中分别输入姓名和昵称,则 first_name 和 last_name 将分别被

赋值输入的值。例如，在姓名处输入“张三”，在昵称处输入“小张”，效果如图 6-10 所示。

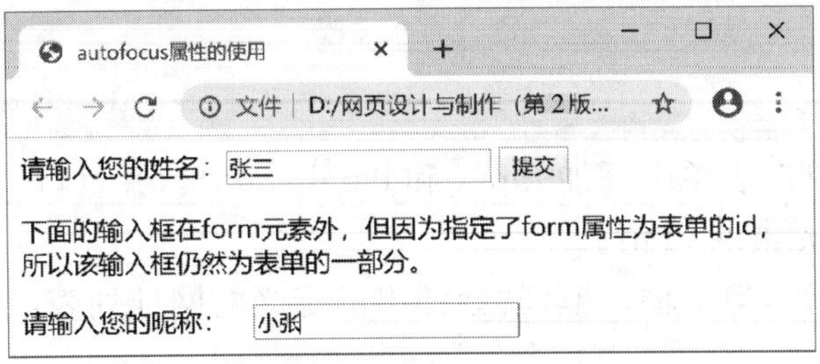

图 6-10　默认姓名和昵称

单击“提交”按钮，在浏览器的地址栏中可以看到“first_name=张三 &last_name=小张”的字样，表示服务器端接收到“first_name="张三"”和“last_name="小张"”的数据，如图 6-11 所示。

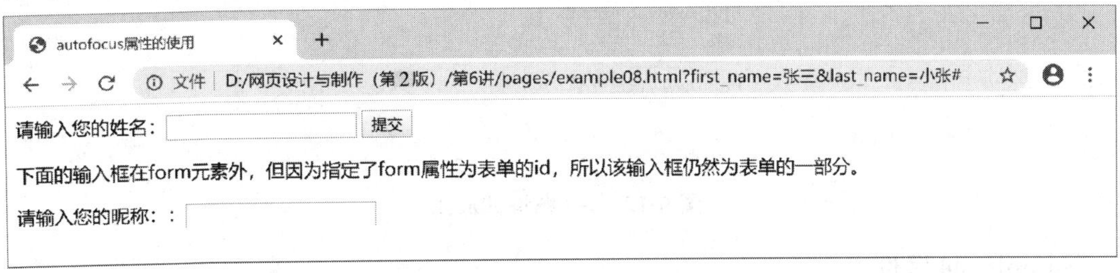

图 6-11　地址栏中显示提交的数据

注意：form 属性适用于所有的 input 输入类型。在使用时，只需引用所属表单的 id 即可。

(3)list **属性**

在上面的小节中，已经学习了如何通过 datalist 元素实现数据列表的下拉效果。而 list 属性用于指定输入框所绑定的 datalist 元素，其值是某个 datalist 元素的 id。

【例 6-9】　演示 list 属性的使用(example6_9. html)。

扫码听课

```
<! doctype html>
<html>
<head>
<meta charset="utf-8" />
<title>list 属性的使用</title>
</head>
<body>
<form action="#" method="get">
请输入网址：<input type="url" list="url_list" name="weburl"/>
<datalist id="url_list">
<option label="新浪"value="http://www. sina. com. cn"></option>
<option label="搜狐"value="http://www. sohu. com"></option>
<option label="传智"value="http://www. itcast. cn"></option>
</datalist>
```

```
<input value="提交" type="submit"/>
</form>
</body>
</html>
```

在例 6-9 中,分别向表单中添加 input 和 datalist 元素,并且将<input/>元素的 list 属性指定为 datalist 元素的 id 值。

运行例 6-9 中代码,单击输入框,就会弹出已定义的网址列表,效果如图 6-12 所示。

图 6-12 list 属性的应用

(4)multiple 属性

multiple 属性指定输入框可以选择多个值,该属性适用于 email 和 file 类型的 input 元素。multiple 属性用于 email 类型的 input 元素时,表示可以向文本框中输入多个 E-mail地址,多个地址之间通过逗号隔开;multiple 属性用于 file 类型的 input 元素时,表示可以选择多个文件。

【例 6-10】 演示 multiple 属性的使用(example6_10. html)。

扫码听课

```
<! doctype html>
<html>
<head>
<meta charset="utf-8" />
<title>multiple 属性的使用</title>
</head>
<body>
<form action="#" method="get">
电子邮箱:<input type="email" name="myemail" multiple/>
  (如果电子邮箱有多个,请使用逗号分隔)<br>
上传照片:<input type="file" name="selfile" multiple/>
<input value="提交" type="submit"/>
</form>
</body>
</html>
```

在例 6-10 中，分别添加 email 类型和 file 类型的 input 元素，并且使用 multiple 属性指定输入框可以选择多个值。运行例 6-10，效果如图 6-13 所示。

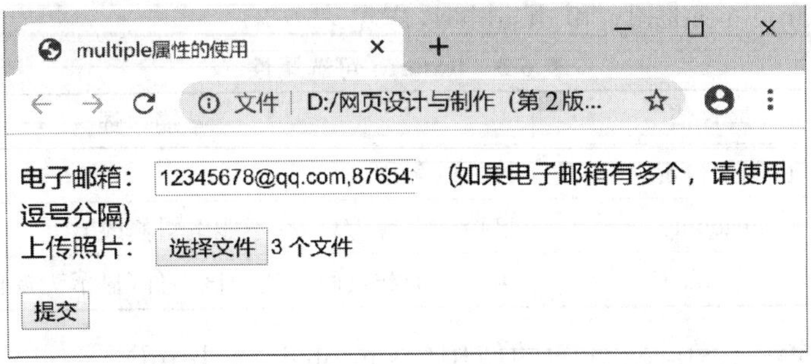

图 6-13 multiple 属性指定输入框选择多个值

如果想要在文本框中输入多个 E-mail 地址，可以将多个地址通过逗号分隔；如果想要选择多张照片，可以按下 ctrl 键进行选择。

(5)min、max **和** step **属性**

HTML5 中的 min、max 和 step 属性用于为包含数字或日期的 input 输入类型规定限值，也就是给这些类型的输入框加一个数值的约束，适用于 date pickers、number 和 range 标记。

- max：规定输入框所允许的最大输入值。
- min：规定输入框所允许的最小输入值。
- step：为输入框规定合法的数字间隔，如果不设置，则采用默认值 1。

(6)pattern **属性**

pattern 属性用于验证 input 类型输入框中用户输入的内容是否与所定义的正则表达式相匹配。

6.2.4 其他表单元素

上一节介绍了一系列的 input 控件，除了 input 元素外，HTML5 表单元素还包括 textarea、select、datalist、keygen、output 等。本节将对它们进行详细讲解。

1. textarea 元素

当定义 input 控件的 type 属性值为 text 时，可以创建一个单行文本输入框。但是，如果需要输入大量的信息，单行文本输入框就不再适用，为此 HTML 语言提供了“<textarea>...</textarea>”。通过 textarea 可以轻松地创建多行文本输入框，其基本语法格式如下。

```
<textarea cols="每行中的字符数" rows="显示的行数">
文本内容
</textarea>
```

在上面的语法格式中，cols 和 rows 为 textarea 元素的必要属性。其中，cols 用来定义多行文本输入框每行中的字符数,rows用来定义多行文本输入框显示的行数,它们的取值均为正整数。值得一提的是,textarea元素除了cols和rows属性外,还拥有几个可选属性,分别为name、readonly和disabled,详见表6-3。

表6-3 textarea可选属性

属 性	属性值	描 述
name	由用户自定义	控件的名称
readonly	readonly	该控件内容为只读(不能编辑修改)
disabled	disabled	第一次加载页面时禁用该控件(显示为灰色)

【例6-11】 演示textarea元素的使用(example6_11.html)。

```
<! doctype html>
<html>
<head>
<meta charset="utf-8" />
<title>textarea控件</title>
</head>
<body>
<form action="#" method="post">
评论:<br/>
<textarea cols="60" rows="80">
评论的时候请遵纪守法,文明用语
</textarea><br/>
<input value="提交" type="submit"/>
</form>
</body>
</html>
```

扫码听课

在例6-11中,通"<textarea>...</textarea>"定义一个多行文本输入框,并对其应用cols(rows)属性设置多行文本输入框每行中的字符数(显示的行数)。在多行文本输入框之后,通过将input控件的type属性值设置为submit定义一个提交按钮。同时,为了使网页的格式更加清晰,在代码中的某些部分应用了换行标记
。

运行例6-11中代码,效果如图6-14所示。在图6-14中,出现了一个多行文本输入框,用户可以对其中的内容进行编辑和修改。

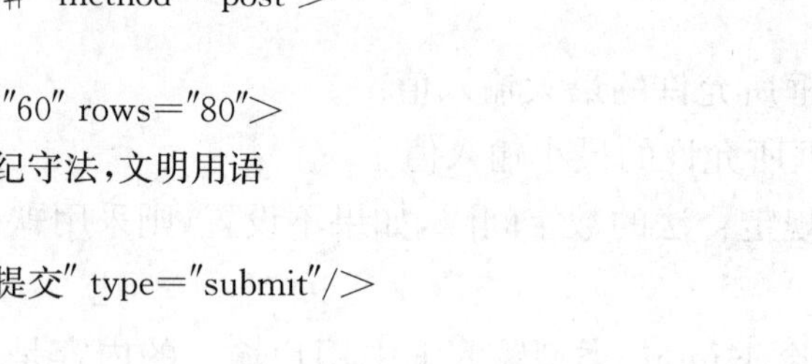

图6-14 textarea元素的应用

注意： 各浏览器对 cols 和 rows 属性的理解不同，当对 textarea 元素应用 cols 和 rows 属性时，多行文本输入框在各浏览器中的显示效果可能会有差异。因此在实际工作中，更常用的方法是使用 CSS 的 width(height)属性来定义多行文本输入框的宽(高)。

2. select 元素

在浏览网页时，我们经常会看到包含多个选项的下拉菜单，如选择所在的城市、出生年月、兴趣爱好等。图 6-15 所示即为一个下拉菜单。当单击下拉符号时，会出现一个选择列表。要想制作这种下拉菜单效果，就需要使用 select 元素。

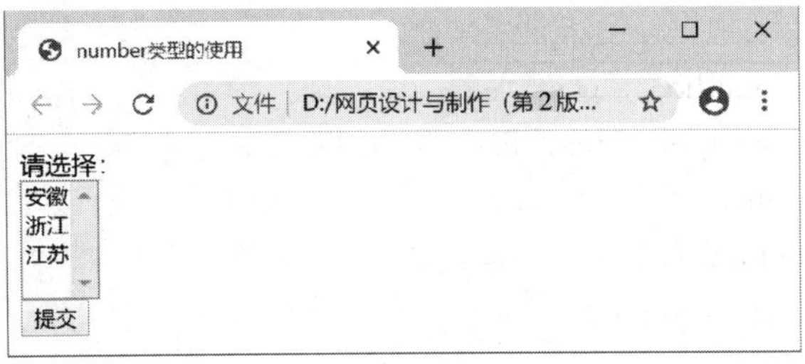

图 6-15　下拉菜单的选择列表

使用 select 元素定义下拉菜单的基本语法格式如下。

```
<select>
<option>选项 1</option>
<option>选项 2</option>
<option>选项 3</option>
</select>
```

在上面的语法中，<select>与</select>用于在表单中添加下拉菜单，<option>与</option>嵌套在<select>和</select>中，用于定义下拉菜单中的具体选项，每对<select>与</select>中至少应包含一对<option>...</option>。

值得一提的是，在 HTML5 中可以为<select>与</select>定义属性以改变下拉菜单的外观显示效果，具体如表 6-4 所示。

表 6-4　<select>和<option>标记的常用属性

标记名	常用属性	描　述
<select>	size	指定下拉菜单的可见选项数(取值为正整数)
	multiple	定义 multiple="multiple"时，下拉菜单将具有多项选择的功能，方法为按住 Ctrl 键的同时选择多项
<option>	selected	定义 selected="selected"时，当前项即为默认选中项

3. datalist 元素

datalist 元素用于定义输入框的选项列表。列表通过 datalist 内的 option 元素进行创建。如果用户不希望从列表中选择，可以自行输入其他内容。datalist 元素通常与 input 元素配合使用，以定义 input 的取值。在使用 datalist 时，需要先通过 id 属性为其指定一个唯一的标识，然后为 input 元素指定 list 属性，将该属性值设置为 option 元素对应的 id 属性值。

【例 6-12】 演示 datalist 元素的使用(example6_12.html)。

```
<!doctype html>
<html>
<head>
<meta charset="utf-8" />
<title>datalist 元素</title>
</head>
<body>
<form action="#" method="post">
请输入用户名:<input type="text" list="namelist"/>
<datalist id="namelist">
<option>lilei</option>
<option>hanmeimei</option>
<option>lucy</option>
</datalist><br>
<input value="提交" type="submit"/>
</form>
</body>
</html>
```

在例 6-12 中,首先,向表单中添加一个 input 元素,并将其 list 属性值设置为 namelist。然后,添加 id 名为 namelist 的 datalist 元素,并通过 datalist 内的 option 元素创建列表。

运行例 6-12 中代码,效果如图 6-16 所示。

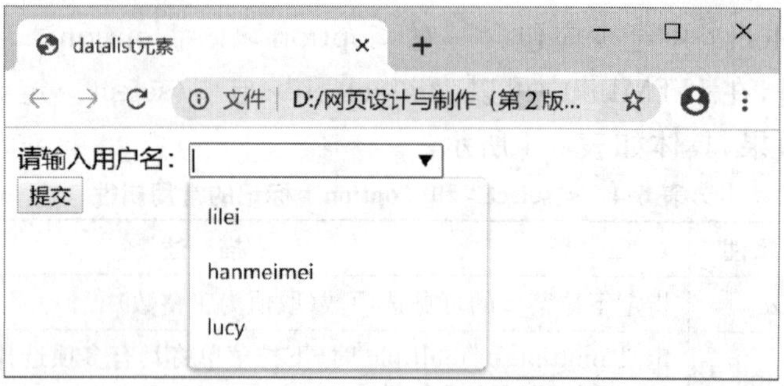

图 6-16　datalist 元素的效果

4. keygen 元素

keygen 元素可用作表单的密钥生成器,能够使用户验证更为安全、可靠。当提交表单时会生成两个键:一个是私钥,它存储在客户端;另一个是公钥,它被发送到服务器,用于验证用户的客户端证书。如果新的浏览器能够提高对 keygen 元素的支持度,则有望使其成为一种有效的安全标准。

keygen 元素拥有多个属性，常用属性及说明如表 6-5 所示。

表 6-5　keygen 元素的常用属性

属　性	说　明
autofocus	使 keygen 字段在页面加载时获得焦点
challenge	如果使用，则将 keygen 的值设置为在提交时询问
disabled	禁用 keytag 字段
form	定义该 keygen 字段所属的一个或多个表单
keytype	定义 keytype，生成 RSA 密钥
name	定义 keygen 元素的唯一名称，用于在提交表单时搜集字段的值

5. output 元素

output 元素用于不同类型的输出，可以在浏览器中显示计算结果或输出脚本。其常用属性有三个，具体如表 6-6 所示。

表 6-6　output 元素常用属性

属　性	说　明
for	定义输出域相关的一个或多个元素
form	定义输入字段所属的一个或多个表单
name	定义对象的唯一名称

关于 output 元素及其相关属性，读者只需了解，如无必要，可不进行深入研究。

总　结

本讲首先介绍了表单的构成及如何创建表单，然后，重点讲解了 input 元素及其相关属性，并介绍了 textarea、select、datalist、keygen 等表单中的重要元素。最后，通过表单进行布局，制作出了一个信息登记表模块。

通过本讲的学习，读者应该掌握常用的表单控件及其相关属性，并能够熟练地运用表单组织页面元素。

习 题 6

一、选择题

1. 一个完整的表单不包含________。

A. 表单控件　　B. 提示信息　　C. 按钮　　D. 表单域

2. 指定在提交表单时取消对表单的有效性检查的属性是________。

A. novalidate　　B. autucomplete　　C. name　　D. method

二、填空题

1. 在表单中,设置提交按钮的代码为________。

2. <option>...</option>标记用来定义具体选项,必须嵌套在________标记之间。

综合实训

一、实训要求

完成如图 6-17 所示效果图。

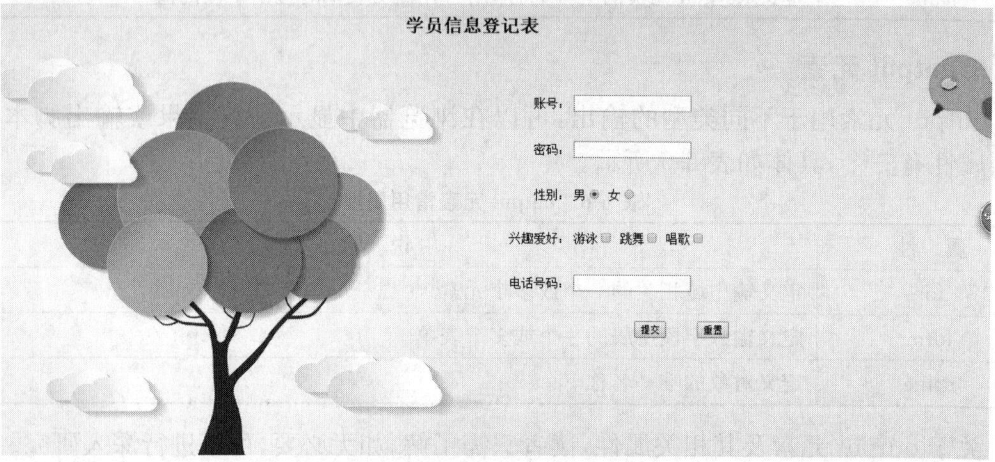

图 6-17　表单效果图

1. 设置表单的背景颜色,控制各个表单对象在页面中的合理布局,使页面美观。
2. 准备素材,自由选取文字、图片,配图要符合页面意境。

二、实训步骤

1. 页面内容结构分析。页面内容主要由表单内嵌表格构成。设置背景图片,插入表单并在表单中插入七行两列的表格,进行页面布局。页面结构如图 6-18 所示。

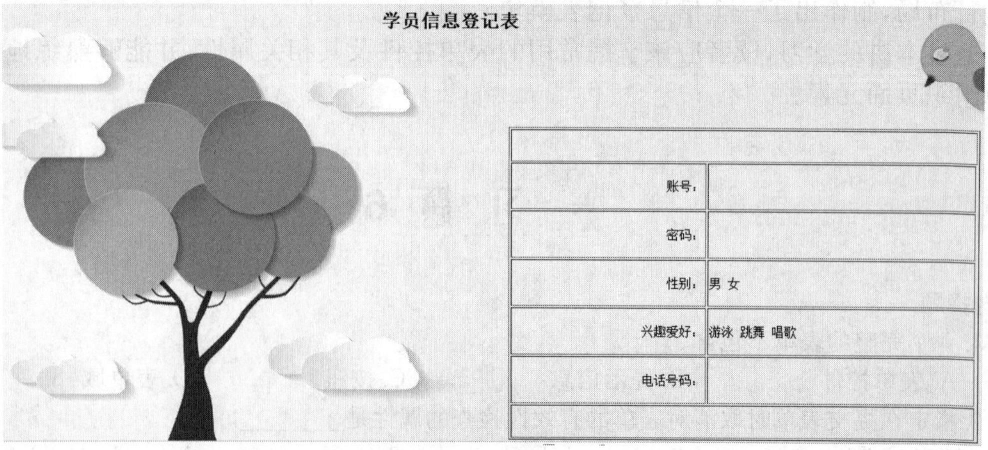

图 6-18　页面结构图

2. 编写 HTML 结构代码。在页面文档中输入如下 HTML 结构代码。

```
<html>
<head>
<title>创建表单</title>
</head>
<body background="../images/shu.jpg">
<form action="#" method="get">
<table width="800" height="400" border="0" align="center">
<tr>
<td></td>
</tr>
<tr>
<td>账号:</td>
<td></td>
</tr>
<tr>
<td>密码:</td>
<td></td>
</tr>
<tr>
<td>性别:</td>
<td>男女</td>
</tr>
<tr>
<td>兴趣爱好:</td>
<td>游泳跳舞唱歌</td>
</tr>
<tr>
<td>电话号码:</td>
<td></td>
</tr>
<tr>
<td></td>
</tr>
</table>
</form>
</body>
</html>
```

3. 具体样式设置。设置步骤如下。

(1)在第一行设置表单标题,并进行单元格合并。

```
<tr>
<td colspan="2"></td>
<h2 align="center">学员信息登记表</h2>
</tr>
```

(2)在第二行设置第一列右对齐,第二列设置表单对象——文本域,类型为文本型。

```
<tr>
<td><div align="right">账号:</div></td>
<td><input name="zhanghao" type="text"/></td>
</tr>
```

(3)在第三行设置第一列右对齐,第二列设置表单对象——文本域,类型为密码型。

```
<tr>
<td><div align="right">密码:</div></td>
<td><input name="mima" type="password" /></td>
</tr>
```

(4)在第四行设置第一列右对齐,第二列设置表单对象——单选按钮,使用 checked 属性将默认性别设置为“男”。

```
<tr>
<td><div align="right">性别:</div></td>
<td>男<input name="sex" type="radio" value="男" checked="checked"/
女<input name="sex" type="radio" value="女"/></td>
</tr>
```

(5)在第五行设置第一列右对齐,第二列设置表单对象——复选框。

```
<tr>
<td><div align="right">兴趣爱好:</div></td>
<td>游泳<input type="checkbox" value="游泳"/>
跳舞<input type="checkbox" value="跳舞"/>
唱歌<input type="checkbox" value="唱歌"/></td>
</tr>
```

(6)在第六行设置第一列右对齐,第二列设置表单对象的类型为 tel,并设置手机号码长度为 11 位。

```
<tr>
<td><div align="right">电话号码:</div></td>
<td><input type="tel" name="telephone" pattern="^\d{11}"></td>
</tr>
```

(7)在第七行设置单元格合并并居中,设置提交和重置按钮。

```
<tr>
<td colspan="2" align="center">
<input type="submit" value="提交"/>
<input type="reset" value="重置"/></td>
</tr>
```

上机练习

利用本讲知识，完成如图 6-19 所示效果图。

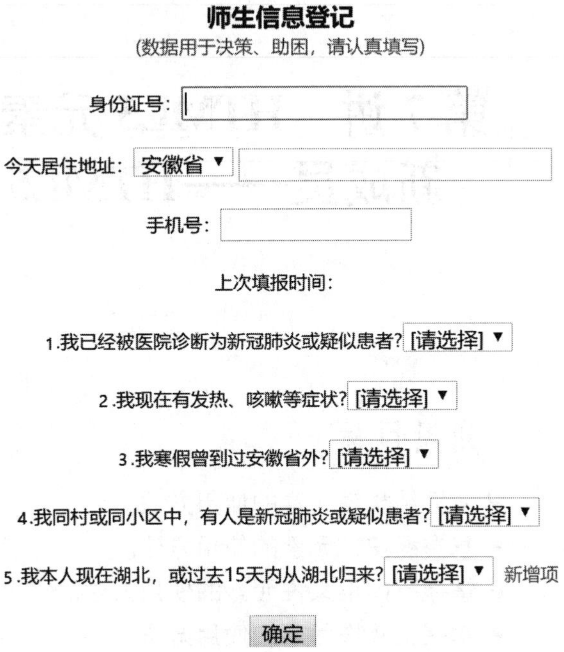

图 6-19　表单效果图

思政小课堂

表单——浏览器与服务器“沟通”的桥梁

在日常工作生活中，登录一些网站或者软件有时会让我们注册登录，这到底是怎么回事呢？

表单是用于实现网页浏览者与服务器之间信息交互的一种页面元素，被广泛用于各种信息的搜集和反馈。网站连接数据库，首次登录注册后，数据被记录在后台数据库，可再次输入信息直接登录。

表单的作用如下。

(1)真实有效地记录获取数据。

(2)防止随意注册登录网站。

(3)防止信息泄露。

一般情况下，网站都是先注册后登录，都是真实信息并设置密码，防止信息被窃取，在信息化时代，表单常被用来收集用户信息。

第 7 讲　HTML5 元素家族又添新成员——HTML5 新增元素

知识目标

- 掌握结构性元素的使用方法。
- 掌握级块性元素的使用方法。
- 掌握行内语义性元素的使用方法。
- 掌握交互性元素的使用方法。
- 掌握多媒体元素的使用方法。
- 理解图形绘制元素的使用方法。

技能目标

- 具备使用 HTML5 新增元素设计页面结构的能力。
- 具备在页面上添加多媒体元素的能力。

素质目标

- 具有较强的专业学习、执行和创新能力。
- 具有自觉的规范意识、团队协作意识和协作能力。

为了更好地处理今天的互联网应用，HTML5 添加了很多新元素及功能。根据现有的标准规范，HTML5 的元素可以按优先等级分为结构性元素、级块性元素、行内语义性元素和交互性元素四大类。这些新增元素使文档具有更好的页面结构和处理形式，掌握这些元素是正确使用 HTML5 构建网页的基础。

7.1　结构性元素

在 HTML5 以前，页面的头部、主体内容、侧边栏和页脚等不同结构的内容都是使用<div>或<table>来划分的，并通过一些选择器(如 class、id 等)来表示其实际意义。这在页面结构的理解和搜索引擎优化上都存在或多或少的缺陷。

为了解决这些问题，HTML5 新增了一些结构元素，如 header 元素、nav 元素、article 元素等。使用这些元素可以使页面结构更加清晰，代码更加易读，同时也能使搜索引擎更快、更准确地搜索到我们需要的信息。

在具体学习之前，先分析一下网易云音乐歌手分类页面结构，如图 7-1 所示。

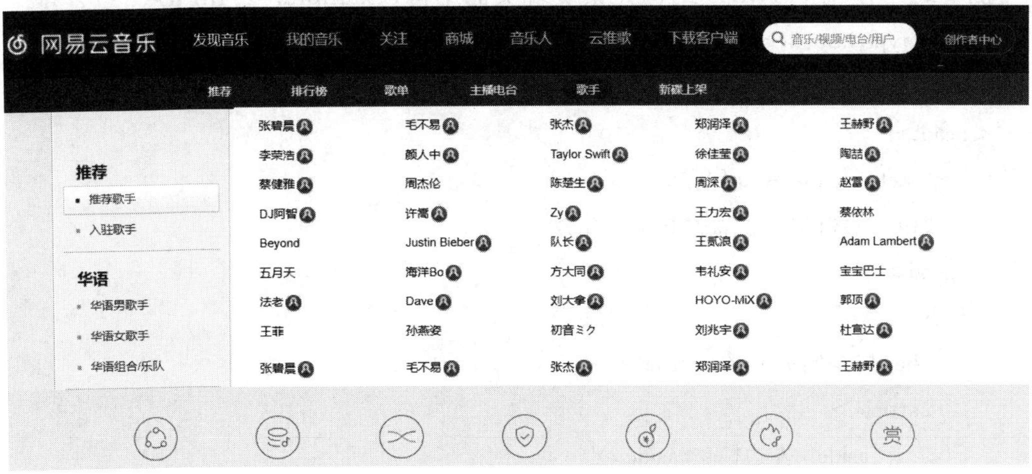

图 7-1　网易云音乐歌手分类页面

由图 7-1 可以看出，该页面由上、中、下三部分构成，其中中间部分又分左、右两块。

【例 7-1】　使用 div 元素实现页面结构(example7_1. html)。

```
<! doctype html>
<html lang="en">
<head>
    <meta charset="utf-8">
  <title>HTML5 页面结构</title>
</head>
```

```
<body>
    <div id="head">网页头部</div>
    <div id="container">
        <div id="left">左边栏</div>
        <div id="main">中间主题部分</div>
    </div>
    <div>网页底部</div>
</body>
</html>
```

上述代码是绝大多数开发人员使用的,但对于浏览器来说,知道的只是一系列的 div,而具体做什么,在哪里显示则通过 id 来指定。如果开发者不同,id 命名也可能不同,这会降低 HTML 代码的可读性,并增加搜索引擎辨识的难度。

使用 HTML5 新增的结构元素可以更好地定位标记,明确某标记在页面中的位置和作用。

【例 7-2】 使用 HTML5 结构元素实现页面结构(example7_2. html)。

```
<! doctype html>
<html lang="en">
<head>
    <meta charset="utf-8">
    <title>HTML5 页面结构</title>
</head>
<body>
    <header>网页头部</header>
    <article>
        <aside>左边栏</aside>
        <section>中间主题部分</section>
    </article>
    <footer>网页底部</footer>
</body>
</html>
```

例 7-1 和例 7-2 的代码虽然不同,但是它们在浏览器中的显示效果相同,可以看出,使用 HTML5 新增结构元素创建的代码更简洁、高效,而且更容易被搜索引擎搜索到。

7.1.1　知识解析

扫码听课

HTML5 标准新增的元素中用于标识常见页面结构的有 header、nav、section、article、aside、footer 等，页面结构元素及其说明如表 7-1 所示。

表 7-1　HTML5 新增结构元素

元　素	说　明
header	页面或页面中某一区域的页眉，通常是一些引导和导航信息
nav	代表页面的一部分，可以作为页面导航的链接组
section	页面中的一个内容区块，通常由内容及其标题组成
article	代表一个独立的、完整的相关内容块，可独立于页面其他内容使用
aside	非正文的内容，与页面的主要内容是分开的，即使被删除也不会影响网页
footer	页面或页面某一区块的脚注

用这些新增的结构元素可以实现 HTML5 文档的基本结构，如图 7-2 所示。

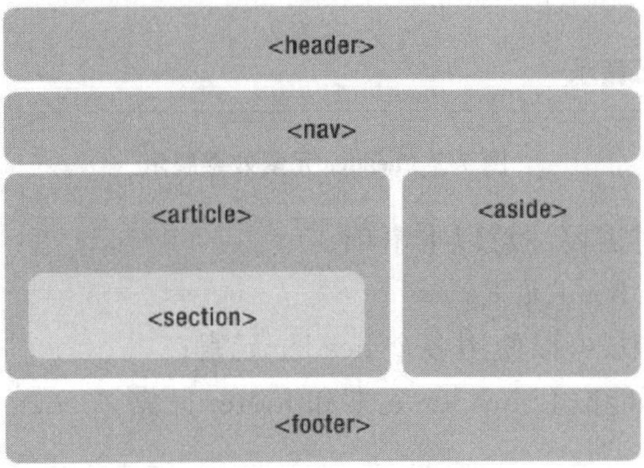

图 7-2　页面文档结构示意图

7.1.2　知识应用

扫码听课

1. header 元素

header 元素主要用于页面头部的信息介绍，也可用于内容区域头部。例如，用于放置页面的站点名称、Logo、导航栏、搜索框，以及位于页面头部和内容区域的标题、作者、发布日期等内容。其基本语法格式为：

```
<header>头部相关信息 </header>
```

【例 7-3】　演示 header 元素的用法(example7_3. html)。

```
<! doctype html>
<html lang="en">
<head>
    <meta charset="utf-8"/>
```

```
    <title>header 元素的使用</title>
</head>
<body>
    <header>
        <img src="images/logo1.png" width="100px" />
        <h3>网易云音乐</h3>
    </header>
</body>
</html>
```

运行例 7-3 中代码，效果如图 7-3 所示。

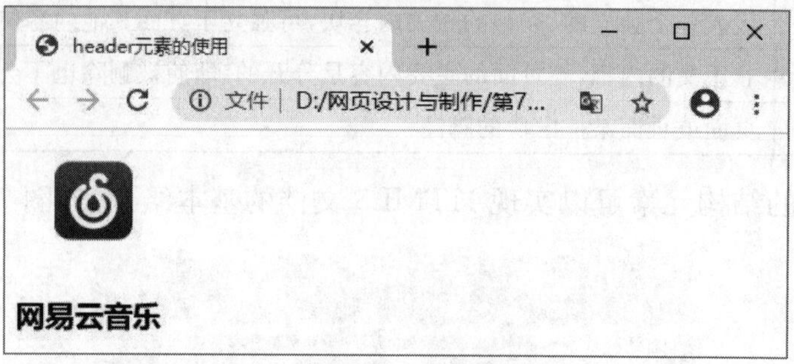

图 7-3　header 元素效果展示

使用 header 元素时需要注意以下事项。

①header 元素并非 head 元素；

②在 HTML 网页中，可以使用多个 header 元素；

③header 元素里不能嵌套 header 元素和 footer 元素。

2. nav 元素

nav 元素用于定义页面上的导航链接。一个页面可以拥有多个 nav 元素。nav 元素可以用于定义整个页面或不同部分内容的导航，使 HTML 代码在语义化方面更加精确。其设置语法如下。

```
<nav>导航条</nav>
```

nav 元素一般只用于网站导航布局，因此在一个 HTML 网页布局中，nav 元素使用在导航处或与导航条相关的地方，通常与 ul、li 元素配合使用。

【例 7-4】 使用 nav 元素创建网站导航条(example7_4.html)。

```
<! doctype html>
<html lang="en">
<head>
    <meta charset="utf-8"/>
    <title>nav 元素的使用</title>
</head>
<body>
```

```
<header>
    <img src="images/logo1.png" width="100px" />
    <h3>网易云音乐</h3>
    <nav>
        <ul>
            <li><a href="#">发现音乐</a></li>
            <li><a href="#">我的音乐</a></li>
            <li><a href="#">朋友</a></li>
            <li><a href="#">商城</a></li>
            <li><a href="#">音乐人</a></li>
            <li><a href="#">下载客户端</a></li>
        </ul>
    </nav>
</header>
</body>
</html>
```

在上面这段代码中，通过在 nav 元素内部嵌套无序列表 ul 来搭建导航结构。通常，nav 元素应用于传统导航条、侧边栏导航、页内导航以及翻页操作等场合，也用于其他重要的、基本的导航链接组中。但并不是所有的链接组都要放进 nav 元素中，建议在真正含有导航功能意义的地方使用 nav 元素。

3. aside 元素

aside 元素用于定义当前页面或当前文章的附属信息部分，它可以包含与当前页面或主要内容相关的引用、侧边栏、广告、导航条等内容，通常放在主要内容的左右两侧，因而也称侧边栏内容。其设置语法为：

```
<aside>导航条</aside>
```

【例 7-5】 使用 aside 元素创建侧边栏(example7_5.html)。

```
<!doctype html>
<html lang="en">
<head>
    <meta charset="utf-8" />
    <title>aside 元素的使用</title>
</head>
<body>
<header>
    <img src="images/logo1.png" width="100px" />
    <h3>网易云音乐</h3>
</header>
<aside>
    <h4>推荐歌手</h4>
    <ul>
```

```
            <li><a href="#">推荐歌手</a></li>
            <li><a href="#">入驻歌手</a></li>
        </ul>
        <h4>华语</h4>
        <ul>
            <li><a href="#">华语男歌手</a></li>
            <li><a href="#">华语女歌手</a></li>
            <li><a href="#">华语组合乐队</a></li>
        </ul>
    </aside>
    </body>
    </html>
```

运行例 7-5 中的代码,效果如图 7-4 所示。

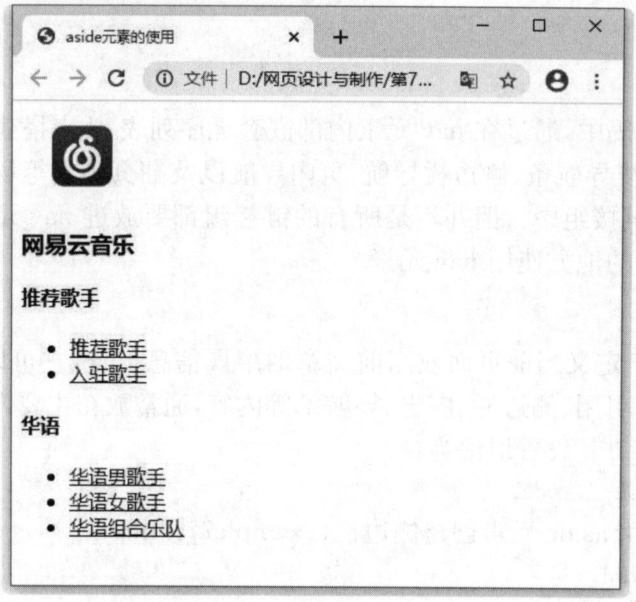

图 7-4　aside 元素效果展示

aside 元素包含的内容与页面的主要内容是分开的,可以被删除且删除后不会影响页面所要传达的信息。

4. article 元素

article 元素用于表示文档、页面或应用程序中独立的、完整的、可以独自被外部引用的内容。这些内容可以是博客或者报刊中的文章、论坛的帖子、用户评论、独立的插件或其他任何独立的内容。其设置语法为:

```
<article>独立内容</article>
```

【例 7-6】　使用 article 元素创建独立内容(example7_6. html)。

```
<! doctype html>
<html lang="en">
```

```
<head>
    <meta charset="utf-8" />
    <title>article 元素的使用</title>
</head>
<body>
        <header>
            <h2>评论</h2>
        </header>
            <h3>精彩评论</h3>
    <article>
        <p>喜欢听歌的人:真是太好听了</p>
        <p>2019 年 11 月 23 日</p>
    </article>
</body>
</html>
```

运行例 7-6 中代码,效果如图 7-5 所示。

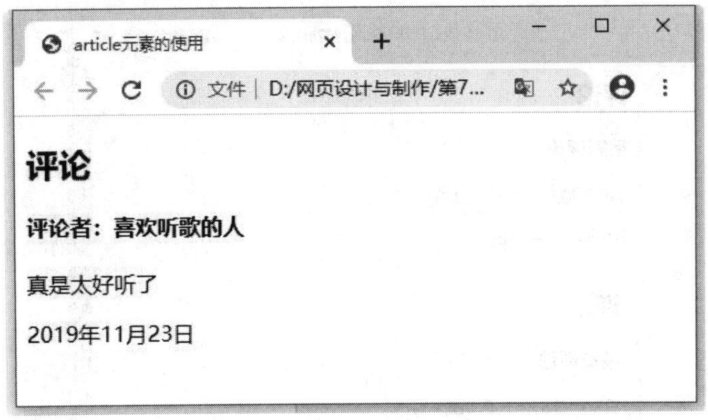

图 7-5　article 元素效果展示

article 为可以嵌套的元素,原则上要求 article 内层与外层的内容互相关联。例如,一篇文章的正文及对正文的评论就可以用 article 进行嵌套。

article 还能用来表示一个插件,它的作用就是让这个插件看上去像是完全内嵌在网页中。

【例 7-7】　利用 article 元素表示一个插件的使用(example7_7. html)。

```
<! doctype html>
<html lang="en">
<head>
    <meta charset="utf-8" />
    <title>article 元素的使用</title>
</head>
<body>
    <article>
```

```
        <header>
            <h2>评论</h2>
        </header>
            <h3>精彩评论</h3>
            <p>喜欢听歌的人:真是太好听了</p>
            <p>2019年11月23日</p>
    </article>
    <article>
        <object>
            <embed src="#" width="600" height="500">
        </object>
    </article>
</body>
</html>
```

运行例 7-7 中的代码,效果如图 7-6 所示。

图 7-6　article 元素表示插件效果展示

5. section 元素

section 元素用于对页面上的内容进行分块,通常由内容和标题组成。其设置语法为:

```
<section>块内容</section>
```

【例 7-8】　使用 section 元素创建块内容(example7_8.html)。

```
<! doctype html>
<html lang="en">
<head>
    <meta charset="utf-8" />
    <title>section 元素的使用</title>
```

```
</head>
<body>
    <article>
        <header>
            <h2>评论</h2>
        </header>
    <section>
            <h3>精彩评论</h3>
            <article>
                <h4>评论者:喜欢听歌的人</h4>
                <p>真是太好听了</p>
                <p>2019 年 11 月 23 日</p>
            </article>
            <article>
                <h4>评论者:追梦者</h4>
                <p>气息稳定,感情到位,太棒了! </p>
                <p>2019 年 11 月 24 日</p>
            </article>
        </section>
        </article>
 </body>
 </html>
```

在例 7-8 中,header 元素用来定义标题,section 元素用来存放评论内容,article 元素用来划分 section 元素所定义的内容,将其分为两部分。

运行例 7-8 中代码,效果如图 7-7 所示。

图 7-7 section 元素设置块内容效果展示

使用 section 元素时需要注意几下几点。

①需要把 section 元素和 div 元素的作用区分开来。我们使用 section 元素主要是从语义上对内容进行分块,而不是作为内容的容器使用。div 元素主要作为容器使用,用于定义容器样式或通过脚本定义容器行为。

②可以将 article 元素视为一种特殊的 section 元素,它比 section 元素更独立。section 元素强调分段或分块,article 元素强调独立性。

③没有标题的内容区块不要使用 section 元素。

6. footer 元素

footer 元素常用于定义一个页面或区域的底部,包含与页面、文章或者部分内容有关的信息,如文档的作者、日期,页面的版权、使用条款和链接等内容。一个页面可以包含多个 footer 元素。也可以在 article 元素或者 section 元素中添加 footer 元素。其设置语法为:

```
<footer>页脚信息</footer>
```

【例 7-9】 使用 footer 元素设置页脚内容(example7_9. html)。

```
<! doctype html>
<html lang="en">
<head>
<meta charset="utf-8" />
<title>footer 元素的使用</title>
</head>
<body>
    <footer>
        <p>服务条款|隐私政策|版权投诉指引</p>
        <p>公司版权所有© 1997-2020 音乐科技有限公司运营:皖网文[2018]3506-266 号</p>
        <p>违法和不良信息举报电话:0551-64666666 举报邮箱:clj@163. com</p>
        <p>皖 A2-20090191-18 工业和信息化部备案管理系统网站</p>
    </footer>
</body>
</html>
```

我们在使用 footer 元素时,需要注意以下几点。

①footer 元素可以用于创建页面或是任何一块元素的脚注部分。

②在同一个 HTML 页面内,footer 元素的个数没有限制。

③footer 元素不能嵌套在 header 元素或者 footer 元素内。

扫码听课

7.2　级块性元素

HTML5 中的级块性元素主要完成页面区域的划分，确保内容的有效分隔。在 HTML5 中，每个块元素通常会独自占一个或多个整行，常用于网页布局和网页结构的搭建。我们可以设置其宽度、高度和对齐等属性。为了使页面内容划分更加有效，HTML5 新增了 figure 元素、figcaption 元素、code 元素和 dialog 元素。

7.2.1　知识解析

HTML5 标准添加的新元素中，用于标识级块性内容的元素包括 figure、figcaption、code 和 dialog 等，级块性元素及其说明如表 7-2 所示。

表 7-2　HTML5 新增级块性元素

元　素	说　明
figure	用于对多个元素进行组合并展示，通常与 figcaption 联合使用
figcaption	用于为 figure 元素组添加标题
code	表示一段代码块
dialog	定义对话框，比如提示框

7.2.2　知识应用

1. figure 元素和 figcaption 元素

figure 元素是元素组合，带有可选标题。figure 元素用来表示网页上一块独立的流内容，将它删除后不会对网页上的其他内容造成任何影响。figure 元素可以表示图片、代码统计或者示例，也可以表示视频插件和音频插件。

figcaption 元素表示 figure 元素的标题，从属于 figure 元素，在 figure 元素内部书写，位于 figure 元素从属元素的前面或者后面。建议一个 figure 元素放置一个 figcaption 元素和多个其他元素。其设置语法如下。

```
<figure>
    <figcaption>figure 元素标题</figcaption>
    独立的流内容
</figure>
```

【例 7-10】 使用 figure 元素和 figcaption 元素设置页面独立内容(example7_10. html)。

```
<! doctype html>
<html lang="en">
<head>
    <meta charset="utf-8" />
    <title>figure 元素和 figcaption 元素的使用</title>
</head>
```

```
<body>
<figure>
    <figcaption>雪中飞</figcaption>
    <img src="images/1.jpg">
</figure>
</body>
</html>
```

例 7-10 中,figcaption 元素设置内容标题,figure 元素带有一张图片。

运行例 7-10 中代码,效果如图 7-8 所示。

图 7-8　figure 元素和 figcaption 元素设置流内容效果展示

figure 元素还可以设置多个流内容和一个 figcaption 标题。例 7-11 中,figure 元素设置了多个图片和一个 figcaption 元素的流内容。

【例 7-11】　利用 figue 元素和 figcaption 元素设置页面流内容(example7_11.html)。

```
<! doctype html>
<html lang="en">
<head>
    <meta charset="utf-8" />
    <title>figure 元素和 figcaption 元素的使用</title>
</head>
<body>
<figure>
    <figcaption>推荐歌手</figcaption>
    <img src="images/1.jpg">
    <img src="images/2.jpg">
```

```
</figure>
</body>
</html>
```

例 7-11 设置了 2 个图片,使用了同一个 figcaption 标题。

运行例 7-11 中代码,效果如图 7-9 所示。

图 7-9 figure 元素和 figcaption 元素设置流内容效果展示

在使用 figure 元素时需要注意以下两点。

①一个 figure 元素内最多只允许放置一个 figcaption 元素,其他元素可无限放置。

②如果单纯是为了显示某张图片,那么使用普通的 img 标记足以。如果它包括有助于内容描述的信息,就可以使用 figure 和 figcaption 元素。

2. dialog 元素

在 HTML 中,dialog 是 HTML5 新增元素,被用来定义对话框或窗口。目前,只有 Chrome 和 Safari 6 浏览器支持该元素。其设置语法如下。

```
<dialog open="open">内容</dialog>
```

dialog 有一个 open 属性,用来规定该元素是有效的、可交互的。

【例 7-12】 使用 dialog 元素设置对话框(example7_12. html)。

```
<! doctype html>
<html lang="en">
<head>
```

```
    <meta charset="utf-8" />
    <title>dialog 元素的使用</title>
</head>
<body>
    <dialog open="open">
        <p>确定 or 取消</p>
        <button type="submit" value="yes">确定</button>
        <button type="submit" value="no">取消</button>
    </dialog>
</body>
</html>
```

例 7-12 中,dialog 元素中的 open 属性控制对话框的显示或隐藏。添加 open 属性表示显示,去除 open 属性表示隐藏。

运行例 7-12 中代码,效果如图 7-10 所示。

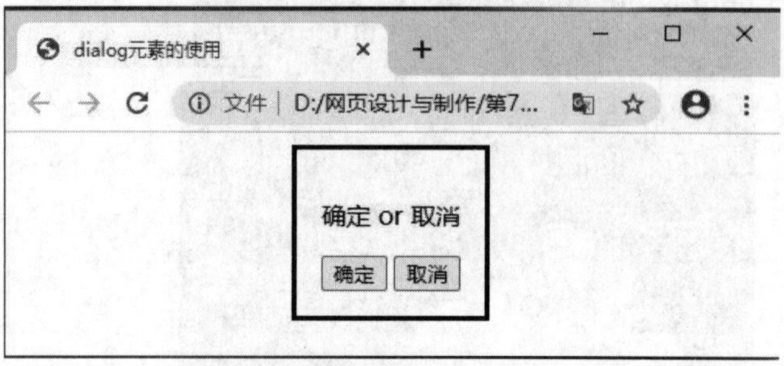

图 7-10　dialog 元素的使用

dialog 元素的主要作用是语义,它表示该元素是一个对话框。人们一般对对话框和窗口的样式都有很高的要求,单凭这个元素的样式效果可能达不到要求,最好使用 CSS 和 JavaScript 来实现更好的显示效果。dialog 元素当前可能存在较大的浏览器兼容性问题,所以应谨慎使用。

7.3　行内语义性元素

为了使 HTML 页面中的内容更加丰富,显示更加形象生动,HTML5 新增了一些元素。使用这些特殊元素能在页面中加入音频、视频元素,也能突出文本之间的层次关系。HTML5 新增了 time、mark、meter、progress 等行内元素,主要用于完成网页页面具体内容的引用和表述,是丰富内容展示的基础。

7.3.1　知识解析

HTML5 标准添加的新元素当中,用于标识行内语义性内容的元素包括 time、

mark、meter 和 progress 等。行内语义性元素及说明如表 7-3 所示。

表 7-3　HTML5 新增行内语义性元素

元　素	说　明
time	用于定义日期、时间，或者同时定义二者
mark	用于突出显示页面中的某些文本
meter	表示特定范围内的数值，可用于工资、数量、百分比等
progress	用来表示进度条，可通过对其 max、value 等属性进行控制，完成对进度的表示和监视

7.3.2　知识应用

扫码听课

1. time 元素

time 元素用于定义日期或时间，可以代表 24 小时中的某一时间。在网页中使用 time 元素没有特殊效果，但它能够以机器可读的方式对日期和时间进行编码，比如用户能够把生日提醒或其他事件添加到用户日程表中。另外，搜索引擎也能够据此生成更智能的搜索结果。其语法设置如下。

<time>日期或时间内容</time>

time 元素包括 datetime 和 pubdate 两个属性。

①datetime 属性，用来定义元素的日期和时间。如果未定义这个属性，则必须在元素内容中规定日期或时间。

②pubdate 属性，用来表示发布日期，其属性值即为 pubdate。

【例 7-13】 使用 time 元素设置时间内容(example7_13. html)。

```
<! doctype html>
<html lang="en">
<head>
    <meta charset="utf-8" />
    <title>time 元素的使用</title>
</head>
<body>
  <p>今天是
    <time>2020-1-21</time>
  </p>
  <p>我们每天早上
    <time>8:30</time>
      开始上课
  </p>
  <p>
    <time datetime="2020-1-21 15:00">今天下午三点</time>
      要开班会。
  </p>
```

```
    <article>文章发表日期：
        <time pubdate>2020-1-21</time>
    </article>
</body>
</html>
```

运行例 7-13 中代码，效果如图 7-11 所示。

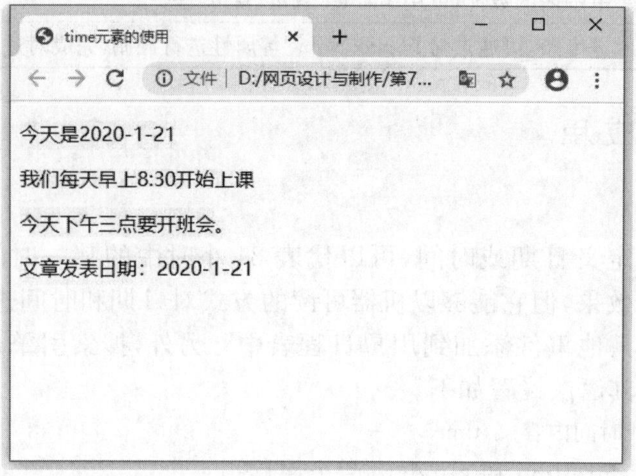

图 7-11 time 元素设置时间内容效果展示

注意：如果 time 元素中没有设置 datetime 属性，就必须在元素的内容中规定日期或时间。

2. mark 元素

mark 元素主要用于在文本中高亮显示某些字符，以便引起用户注意。其设置语法如下。

```
<mark>文本内容</mark>
```

【例 7-14】 使用 mark 元素设置高亮文本(example7_14. html)。

扫码听课

```
<! doctype html>
<html lang="en">
<head>
    <meta charset="utf-8" />
    <title>mark 元素的使用</title>
</head>
<body>
    <h3>韩红简介</h3>
    <p>韩红，1971 年 9 月 26 日出生于西藏自治区<mark style="background:＃0CF">
        昌都市</mark>，歌唱家、词曲创作人、音乐制作人、公益志愿者、导演、主持人，全
        国政协委员，国家一级演员、<mark>中国宋庆龄基金会理事</mark>，毕业于
        <mark>中国人民</mark>解放军艺术学院。</p>
</body>
</html>
```

运行例 7-14 中代码，效果如图 7-12 所示。

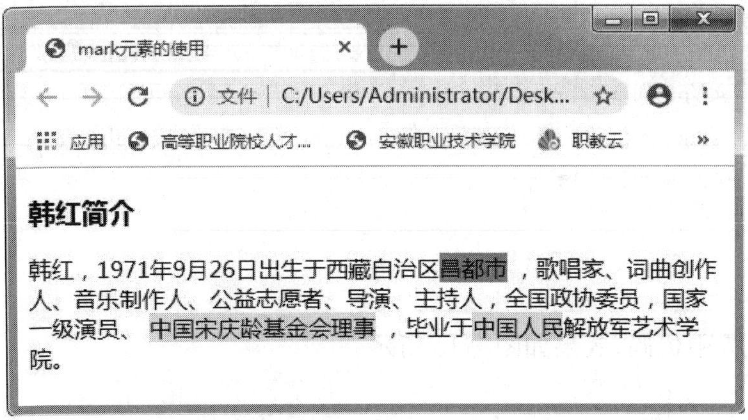

图 7-12　mark 元素设置高亮文本内容效果展示

从图中我们可以看到，mark 元素可以使文本高亮显示。默认情况下，mark 元素设置的文本背景颜色是黄色，可以通过修改 mark 元素的背景属性 background 来修改高亮显示的背景色。

3. meter 元素

meter 元素表示特定范围内的数值，如磁盘使用情况、结果的相关性等，仅用于已知最大值和最小值的度量。其设置语法为：

```
<meter value="值"></meter>
```

meter 元素有多个常用的属性。

①min 属性：定义范围的最小值，默认值是 0；

②max 属性：定义范围的最大值，默认值是 1；

③value 属性：定义度量的值，在 min 和 max 之间；

④low 属性：定义范围内的下限值，下限值必须小于或等于 high 属性的值；

⑤high 属性：定义范围内的上限值；

⑥optimum 属性：定义范围内的最佳值。如果该值高于 high 属性值，则意味着该值越高越好。如果该值小于 low 属性的值，则意味着该值越低越好。

【例 7-15】　演示 meter 元素的用法(example7_15. html)。

```
<! doctype html>
<html lang="en">
<head>
    <meta charset="utf-8" />
    <title>meter 元素的使用</title>
</head>
<body>
<h1>电脑各盘符使用情况</h1>
```

```
<p>C 盘:<meter value="50" min="0" max="100" low="60" high="80" optimum="100">
        </meter><br>
    D 盘:<meter value="65" min="0" max="100" low="60" high="80" optimum="100">
        </meter><br>
    E 盘:<meter value="85" min="0" max="100" low="60" high="80" optimum="100">
        </meter><br>
  </p>
</body>
</html>
```

运行例 7-15 中代码,效果如图 7-13 所示。

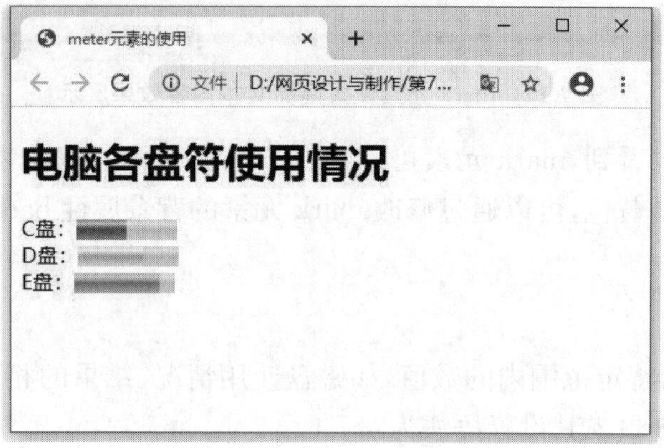

图 7-13　meter 元素使用效果展示

optimum 属性代表“优先”或“最佳”值。optimum 属性值不一定要大于 low 值或小于 high 值。浏览器会自动根据 optimum、high 和 low 属性的值来渲染指示条的外观。

4. progress 元素

progress 元素用于在页面上显示一个进度条。这个进度可以是不确定的,只是表示进度正在运行,但是不清楚还有多少工作量没有完成。也可以用 0 到某个最大数字之间的数字来表示准确的进度完成情况。其设置语法为:

```
<progress value="当前值" max="需要完成的值"></progress>
```

progress 元素常用的属性有以下两个。

①max 属性:规定需要完成的值。若缺省,则进度值范围为 0.0～1.0,若设置成 max=100,则进度值范围为 0～100。

②value 属性:规定进程的当前值。若 max=100,value=50,则进度恰好为一半。

【例 7-16】　使用 progress 元素设置进度条(example7_16.html)。

```
<! doctype html>
<html lang="en">
<head>
    <meta charset="utf-8" />
```

```
    <title>progress 元素的使用</title>
</head>
<body>
    <h1>下载进度</h1>
    <p><progress value="50" max="100"></progress></p>
</body>
</html>
```

运行例 7-16 中代码,效果如图 7-14 所示。

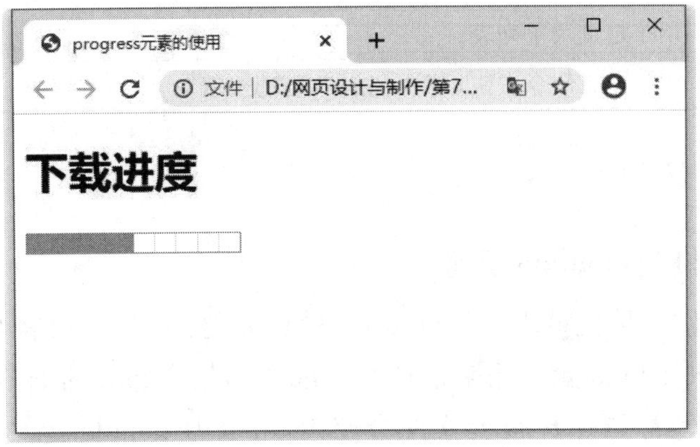

图 7-14　progress 元素设置进度条效果展示

在例 7-16 的代码中,value 值设为 50,max 值设为 100,因此进度条显示到一半。如果没有 value 值,那么完成进度是不确定的。这时候表示任务正在进行中,但不知道什么时间可以完成,中间的进度块会来回游荡。另外,如果想要实现动态的改变进度条的值,可以将 progress 元素与 JavaScript 脚本结合使用。

progress 元素和 meter 元素经常会被混淆。它们之间的区别主要在于:progress 元素用于显示某个特定任务的时间进度。这个任务的时间上限可以是确定的值,如播放一段音乐的时间;也可以是不确定的值,如上传一个文件到服务器。而 meter 元素的最小值和最大值必须是确定的。

HTML5 中新增的行内语义性元素还有几个多媒体元素,比如 video、audio,这几个元素的功能比较多,操作起来比较复杂,我们在后面的小节再详细介绍。

7.4　交互性元素

扫码听课

与之前的 HTML 版本相比,HTML5 增加了许多网页页面特性,且其本身也是一个应用程序。对于应用程序而言,表现最为突出的是交互操作。HTML5 新增加了对应的交互性元素。这些交互性元素主要用于功能性内容的表达,会有一定的内容和数据的关联,是各种事件的基础。

7.4.1 知识解析

HTML5 标准添加的新元素中用于标识的交互性元素包括 details、summary、menu、command 等。这些交互性元素及说明如表 7-4 所示。

表 7-4 HTML5 新增加的交互性元素

元 素	说 明
details	用于描述有关文档或文档片段的详细信息
summary	用于为 details 元素添加标题
menu	用于定义菜单列表
command	用于定义命令按钮,如单选按钮、复选按钮

7.4.2 知识应用

1. details 元素和 summary 元素

details 元素提供一种代替 JavaScript 的快捷、简化的方法,可将页面上的部分区域进行展示或收缩,即 details 元素用来描述文档或文档某个部分的细节。

summary 元素经常与 details 元素配合使用,可以为 details 定义标题。标题是可见的,用户点击标题时会显示 details。当单击 summary 元素中的内容文字时,details 元素中的其他从属元素将会展开或收缩。

【例 7-17】 使用 details 元素和 summary 元素设置内容(example7_17. html)。

```
<! doctype html>
<html lang="en">
<head>
<meta charset="utf-8" />
<title>details 元素的使用</title>
</head>
<body>
<details>
<summary>歌曲列表</summary>
<ul>
<li>天路</li>
<li>天亮了</li>
<li>美丽的神话</li>
</ul>
</details>
</body>
</html>
```

运行例 7-17 中代码，效果如图 7-15 所示。

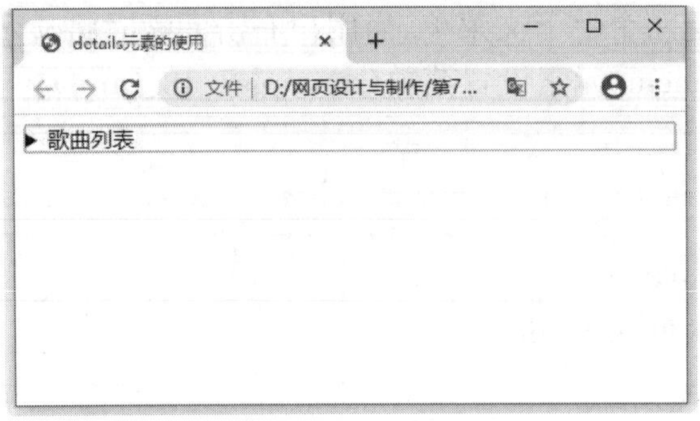

图 7-15　details 和 summary 元素使用效果展示 1

当单击“歌曲列表”选项时，效果如图 7-16 所示。

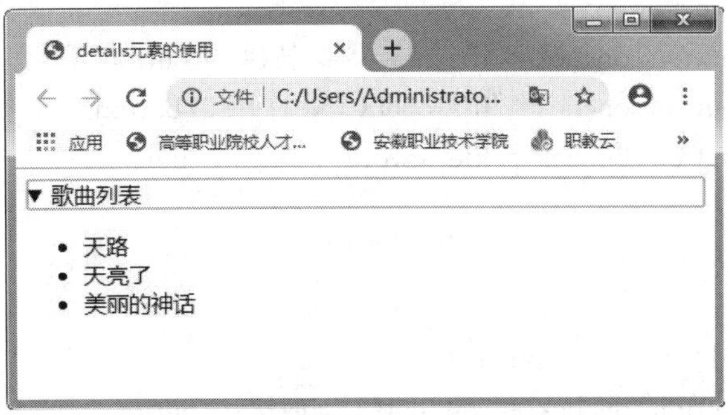

图 7-16　details 和 summary 元素使用效果展示 2

当再次单击“歌曲列表”选项时，又重新回到图 7-15 所示效果。details 元素设置的详细信息默认是隐藏的。如果需要在页面加载时显示隐藏内容，在 details 元素中加属性 open 即可。

2. menu 元素

menu 元素是 HTML5 重新启用的旧元素，常与 li 列表元素组合使用，用来定义一个列表的菜单。menu 元素定义菜单列表，菜单列表通常用于文本菜单、工具条和命令列表选项。当希望列出表单控件时，可使用 menu 元素。menu 菜单列表在浏览器中的显示效果和无序列表是相同的。其设置语法如下。

<menu><li>菜单项 1</li><li>菜单项 2</li>...<menu>

HTML5 中 menu 元素的新属性有 label 属性和 type 属性。

①label 属性：定义菜单项的可见标记，常用于标记菜单内的嵌套菜单，其设置语法为：

menu label="File"

②type 属性：定义菜单显示的类型，默认值为“list”，其设置语法为：

menu type="value"

type 的取值可以为：

list：默认值，规定一个列表菜单。它是一个用户可执行或激活的命令列表(li 元素)。

toolbar:规定一个工具栏菜单。它是主动式命令,允许用户立即与命令进行交互。

contextmenu:规定一个上下文菜单,当用户右击元素时将显示上下文菜单。

【例 7-18】 使用 menu 元素设置菜单(example7_18. html)。

```
<! doctype html>
<html lang="en">
<head>
<meta charset="utf-8" />
<title>menu 元素的使用</title>
</head>
<body>
<menu type="toolbar">
<li>
<menu label="File">
<button type="button" onclick="file_new()">新建</button>
<button type="button" onclick="file_open()">打开</button>
<button type="button" onclick="file_save()">保存</button>
</menu>
</li>
<li>
<menu label="Edit" type="toolbar">
<button type="button" onclick="edit_cut()">剪切</button>
<button type="button" onclick="edit_copy()">复制</button>
<button type="button" onclick="edit_paste()">粘贴</button>
</menu>
</li>
</menu>
</body>
</html>
```

运行例 7-18 中代码,效果如图 7-17 所示。

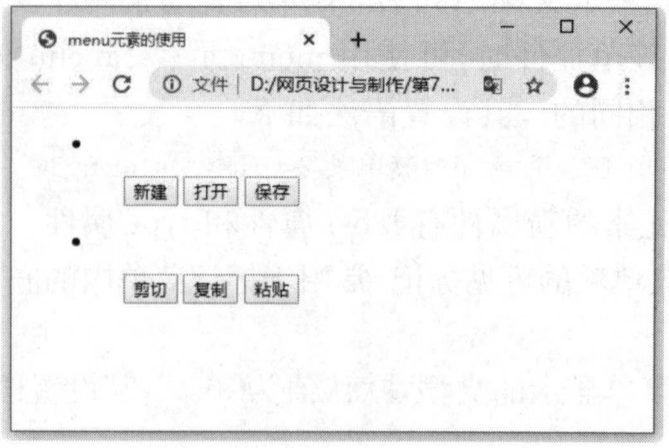

图 7-17 menu 元素设置菜单项使用效果展示

3. command 元素

在 HTML5 中，command 元素用来表示用户能够调用的命令，可以定义命令按钮，如单选按钮、复选框或复选按钮，还可以规定键盘快捷键。command 元素只有在 menu 元素中才是可见的，是 HTML5 新增元素，目前只有 IE9 支持该元素。其设置语法为：

```
<menu>
  <command>内容</command>
</menu>
```

【例 7-19】 使用 command 元素设置命令按钮(example7_19. html)。

```
<! doctype html>
<html lang="en">
<head>
<meta charset="utf-8" />
<title>command 元素的使用</title>
</head>
<body>
<menu>
<command onclick="alert('Hello World')">点击我! </command>
</menu>
</body>
</html>
```

7.5　多媒体元素

多媒体是互联网最重要的组成部分，无论用户访问哪种类型的网页，视频或音频都触手可及。在此之前，实现这些功能对开发人员来说可能非常痛苦，这是因为必须依赖 Object 标记，调用第三方软件来加载，如 Flash 等。如果设备不支持 Flash，开发人员就束手无策了。

HTML5 新增的 audio 元素和 video 元素让多媒体网页开发变得异常简单。audio 元素用于为页面添加音频，audio 元素用于为页面添加视频。这样，用户不用下载第三方插件，就可以直接观看网页中的多媒体内容了。

7.5.1　知识解析

运用 HTML5 新增的 audio 元素和 video 元素可以在页面中嵌入音频或视频文件。要使这些文件能在页面中加载播放，需要设置正确的多媒体格式。

1. 音频格式

音频格式指能在页面中播放或处理的音频文件的格式。在 HTML5 中，可嵌入的音频格式主要包括 ogg、mp3、wav 等。

①ogg:当 ogg 文件只封装音频编码时,它就会变成为一个音频文件。ogg 音频文件扩展名为.ogg。ogg 音频格式类似于 mp3 音频格式,不同的是,ogg 格式完全免费并且没有专利限制。同等条件下,ogg 格式音频文件的音质和体积优于 mp3 音频格式文件。

②mp3:目前主流的音频格式,其音频文件扩展名为.mp3。mp3 音频格式也存在专利、版权等诸多的限制,但因为各大硬件提供商的支持使得 mp3 依靠其丰富的资源、良好的兼容性仍旧保持较高的使用率。

③wav:微软公司(Microsoft)开发的一种声音文件格式,其扩展名为.wav。作为无损压缩的音频格式,wav 的音质是三种音频格式文件中最好的,但其体积也是最大的。wav 音频格式最大的优势是被 Windows 平台及其应用程序广泛支持,是标准的 Windows 文件。

不同浏览器可以使用的音频文件格式有所差异。各浏览器支持的音频格式如表 7-5所示。

表 7-5 各浏览器支持的音频文件格式

音频格式	IE9	Firefox	Opera	Chrome	Safari
ogg	支持	支持	不支持	支持	不支持
mp3	支持	不支持	不支持	支持	支持
wav	不支持	支持	支持	不支持	不支持

2. 视频格式

在 HTML5 中,可嵌入的视频格式主要包括 ogg、mpeg4、webm 等。

①ogg:一种开源的视频封装容器,其视频文件扩展名为.ogg。

②mpeg4:目前最流行的视频格式,其视频文件扩展名为.mp4。同等条件下,mpeg4 格式的视频质量较好,但它的专利被 MPEG-LA 公司控制,任何支持播放 mpeg4 视频的设备都必须有一张 MPEG-LA 颁发的许可证。目前,MPEG-LA 规定,只要是互联网上免费播放的视频都可以无偿获得使用许可证。

③webm:由 Google 发布的一个开放的、免费的媒体文件格式,其视频文件扩展名为.webm。由于 webm 格式的视频质量和 mpeg4 较为接近,并且没有专利限制等问题,因此 webm 已经被越来越多的人使用。

各浏览器支持的视频格式如表 7-6 所示。

表 7-6 各浏览器支持的视频文件格式

音频格式	IE9	Firefox	Opera	Chrome	Safari
ogg	不支持	支持	支持	支持	不支持
mp4	支持	不支持	不支持	不支持	支持
webm	不支持	不支持	支持	支持	不支持

7.5.2　知识应用

1. audio 元素

audio 元素用于在网页中嵌入音频。嵌入的音频文件格式包括 mp3、wav、ogg 等。audio 元素设置音频的语法如下。

```
<audio src="音频文件路径" controls="controls"></audio>
```

src 属性：指定音频文件的路径，这是一个必设属性。

controls 属性：用于为音频提供播放控件。

autoplay 属性：当属性值为“autoplay”时，页面载入完成后自动播放音频。

loop 属性：当属性值为“loop”时，音频结束后自动重新开始播放。

【例 7-20】　使用 audio 元素在网页中嵌入音频（example7_20. html）。

扫码听课

```
<! doctype html>
<html lang="en">
<head>
<meta charset="utf-8" />
<title>audio 元素的使用</title>
</head>
<body>
<audio src="music/天路. mp3" controls="controls" loop autoplay="autoplay">浏览器不支
持 audio 元素</audio>
</body>
</html>
```

运行例 7-20 中代码，效果如图 7-18 所示。

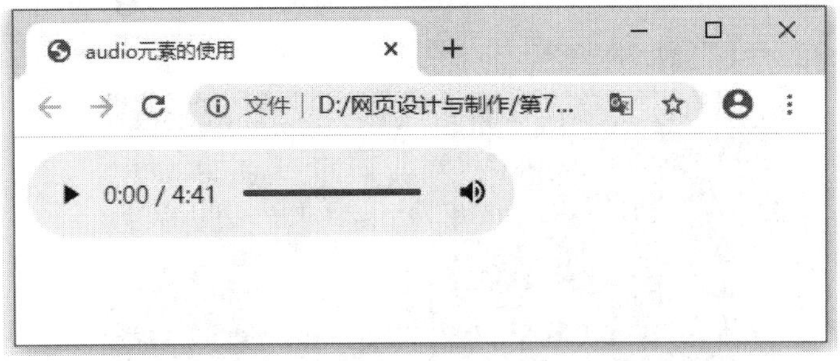

图 7-18　使用 audio 元素在网页中嵌入音频的效果展示

在例 7-20 中，audio 元素在页面中嵌入了一个 MP3 播放器，元素中设置了 controls 属性，用于显示播放软件，loop 属性使音频循环不断播放，autoplay 属性使音频在页面加载后自动播放。而 audio 开始标记和结束标记之间插入的文字，则用于在不支持 audio 元素的浏览器中显示。

2. video 元素

video 元素用于在网页中嵌入视频文件,嵌入的视频文件格式包括 ogg、webm 和 mpeg4,其设置语法如下。

```
<video src="视频文件路径" controls="controls"></video>
```

src 属性:指定视频文件的路径,这是一个必设属性。

controls 属性:用于为视频提供播放控件。

autoplay 属性:当属性值为“autoplay”时,页面载入完成后自动播放视频。

loop 属性:当属性值为“loop”时,视频结束后自动重新开始播放。

width 属性:以像素为单位定义嵌入对象的宽度。

height 属性:以像素为单位定义嵌入对象的高度。

【例 7-21】 使用 video 元素在网页中嵌入视频(example7_21. html)。

扫码听课

```
<! doctype html>
<html lang="en">
<head>
<meta charset="utf-8" />
<title>video 元素的使用</title>
</head>
<body>
<video src="music/美丽的神话. mp4" controls loop autoplay="autoplay" width="456px"
  height="240px"></video>
</body>
</html>
```

运行例 7-21 中代码,效果如图 7-19 所示。

图 7-19 vedio 元素在网页中嵌入视频效果展示

7.6　使用 canvas 图形绘制元素

canvas 元素是 HTML5 新增的，可供 JavaScript 脚本在其中绘制图像，也可以用来制作照片集或者比较简单的动画，甚至可以进行实时视频处理和渲染。

在此之前，并没有基于网页的绘图技术(有基于 XML 的绘图技术)。canvas 是基于像素的绘图，它相当于画板的 HTML 节点，通过 JavaScript 脚本可以轻松地实现任意绘图。

7.6.1　知识解析

canvas 元素能够在网页中创建一块矩形区域，这块矩形区域称为画布。程序员可以控制其每一像素，使用 JavaScript 在网页上绘制图像。canvas 拥有多种绘制路径、矩形、圆形、字符以及添加图像的方法。

要在网页中绘制图形，首先要在页面中添加 canvas 元素，再使用 JavaScript 来绘制图像，因为 canvas 元素本身是没有绘图能力的，所有的绘制工作必须利用 JavaScript 完成。

【例 7-22】　在页面中添加 canvas 元素(example7_22.html)。

```
<! doctype html>
<html lang="en">
<head>
<meta charset="utf-8" />
<title>canvas 元素的使用</title>
</head>
<body>
<canvas id="mycanvas" height="150px" width="300px"></canvas>
</body>
</html>
```

例 7-22 所示代码中，canvas 创建宽 300px、高 150px 的矩形区域，但是该代码仅仅简单创建了一个 canvas 对象，在浏览器中打开的页面中没有任何显示，只有通过浏览器的开发者工具才能看到，如图 7-20 所示。

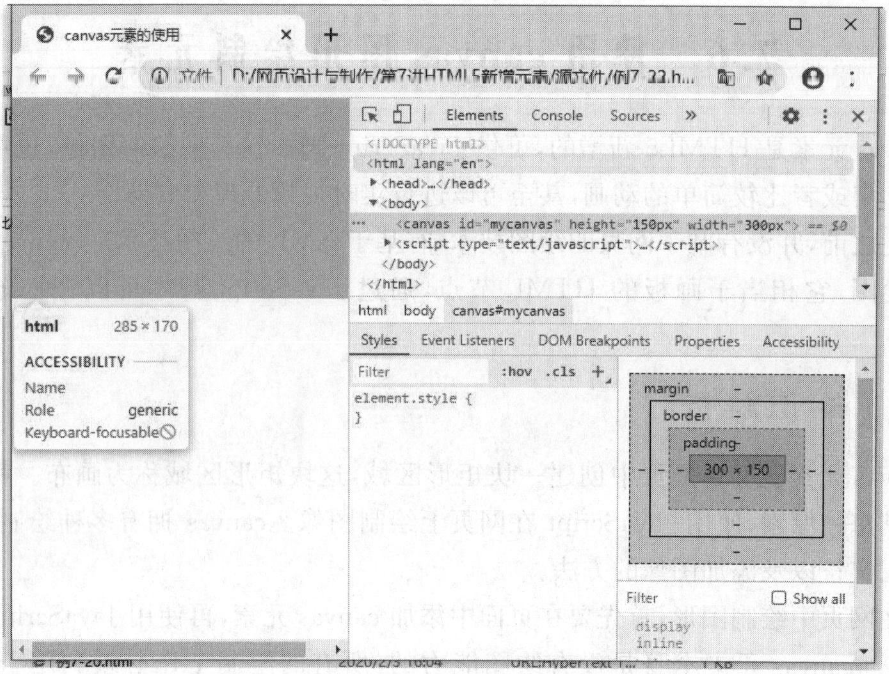

图 7-20　浏览器调试状态中看到的 canvas 效果

使用 canvas 绘图首先要通过 JavaScript 调用它的 API 接口。具体代码为：

```
<script type="text/javascript">
var canvas=document.querySelector("#mycanvas");
var cxt=canvas.getContext("2d");
</script>
```

其中，第二行代码表示通过 id 获取 canvas 元素，第三行代码使用 getContext 方法创建了 canvas 对象。方法中的"2d"是指绘制二维平面图形，用到的坐标轴只有 x 轴和 y 轴。与此对应的一个参数是"3d"，用于绘制三维立体图形，绘制时除了 x 轴和 y 轴，还有 z 轴。

7.6.2　知识应用

扫码听课

1. 绘制线段

要在平面上绘制一条线段，首先要设置线段的起点和终点坐标(起点坐标使用 canvas 对象的 moveTo(x,y)方法，终点坐标使用 canvas 对象的 lineTo(x,y)方法)，然后用 stroke()方法将线段画在 canvas 区域中。

【例 7-23】　在页面中使用 canvas 元素绘制线段(example7_23.html)。

```
<! doctype html>
<html lang="en">
<head>
<meta charset="utf-8" />
```

```
<title>使用 canvas 元素绘制线段</title>
</head>
<body>
<canvas id="mycanvas" height="150px" width="300px"></canvas>
<script type="text/javascript">
  var canvas=document.querySelector("#mycanvas");
  var cxt=canvas.getContext("2d");
  cxt.moveTo(0,0);
  cxt.lineTo(300,150);
  //设置线段的颜色
  cxt.strokeStyle="red";
  //设置线段的粗细
  cxt.lineWidth=5;
  cxt.stroke();
 </script>
 </body>
 </html>
```

运行例 7-23 中代码,效果如图 7-21 所示。

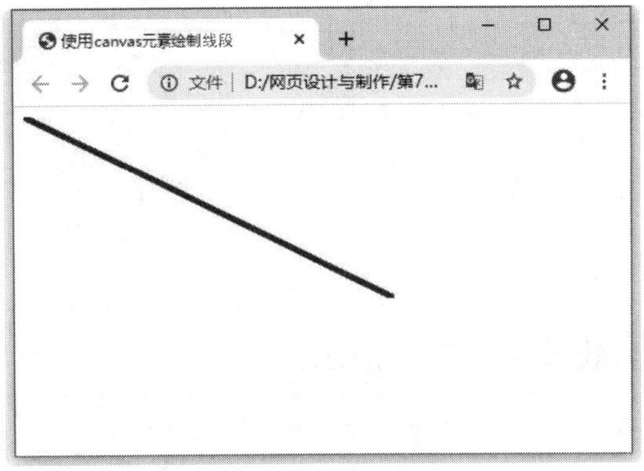

图 7-21　canvas 元素绘制线段效果展示

在例 7-23 的代码中,绘制从(0,0)到(300,150)的线段。默认情况下,该线段是 1px 宽的黑色线段。代码中通过 strokeStyle 属性设置线段的颜色,该属性值可以是颜色名称,也可以是十六进制颜色值或者 RGB 值;通过 lineWidth 属性设置线段的粗细,该属性值越大,线越宽。

2. 绘制三角形

使用 canvas 元素绘制三角形比较简单。在 canvas 中设置三个坐标点,将这三个坐标点连接,便形成了一个三角形。

【例 7-24】　使用 canvas 元素绘制三角形(example7_24.html)。

```
<! doctype html>
<html lang="en">
```

扫码听课

```
<head>
<meta charset="utf-8" />
<title>使用 canvas 元素绘制三角形</title>
</head>
<body>
<canvas id="mycanvas" height="150px" width="300px"></canvas>
<script type="text/javascript">
  var canvas=document.querySelector("#mycanvas");
  var cxt=canvas.getContext("2d");
  cxt.moveTo(20,20);
  cxt.lineTo(20,150);
  cxt.lineTo(100,150);
  cxt.closePath();
  //设置线的颜色
  cxt.strokeStyle="red";
  //设置线的粗细
  cxt.lineWidth=5;
  //设置填充颜色
  cxt.fillStyle="yellow";
  //填充
  cxt.fill();
  cxt.stroke();
</script>
</body>
</html>
```

运行例 7-24 中代码,效果如图 7-22 所示。

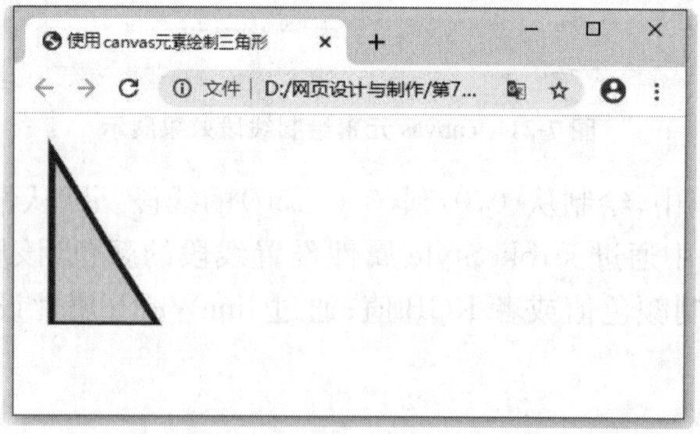

图 7-22 使用 canvas 元素绘制三角形效果展示

在例 7-24 代码中,设置了三个坐标点,分别为(20,20),(20,150)和(100,150)。使用 lineTo()方法绘制从第一个坐标点(20,20)到第二个坐标点(20,150)的线段。同理,绘制从第二个坐标点(20,150)到第三个坐标点(100,150)的线段。要把这个三角形封闭起来，需绘制第三个坐标点(100,150)到第一个坐标点(20,20)的线段。代码中采用了 closePath()方法。closePath()方法用于创建从当前点到开始点(moveTo(x,y))的直线。

例 7-24 代码中，将 cxt. closePath()方法换成 cxt. lineTo(20,20)方法，运行效果不变。

例 7-24 代码中，fillStyle 属性和 fill()方法用于对封闭元素，如三角形，进行填充。fillStyle 属性设置填充颜色，fill()方法对封闭元素进行填充。

3. 绘制多边形

绘制多边形的方式和绘制三角形是一样的，首先要设置坐标点，比如要绘制一个五边形，需要先设置五个点的坐标，再按顺时针方向连接，顺序不能写错。

【例 7-25】 使 canvas 元素绘制多边形(example7_25. html)。

扫码听课

```
<! doctype html>
<html lang="en">
<head>
<meta charset="utf-8" />
<title>使用 canvas 元素绘制多边形</title>
</head>
<body>
<canvas id="mycanvas" height="200px" width="300px"></canvas>
<script type="text/javascript">
    var canvas=document. querySelector("#mycanvas");
    var cxt=canvas. getContext("2d");
    cxt. moveTo(150,10);
    cxt. lineTo(250,97);
    cxt. lineTo(200,184);
    cxt. lineTo(100,184);
    cxt. lineTo(50,97);
    cxt. closePath();
    //设置线的颜色
    cxt. strokeStyle="red";
    //设置线的粗细
    cxt. lineWidth=5;
    //设置填充颜色
    cxt. fillStyle="yellow";
    //填充
    cxt. fill();
    cxt. stroke();
</script>
</body>
</html>
```

运行例7-25中代码,效果如图7-23所示。

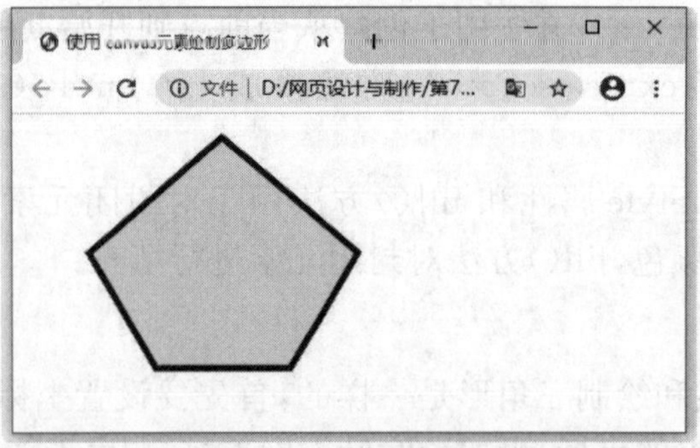

图7-23 使用 canvas 元素绘制多边形效果展示

4. 绘制矩形

绘制矩形很简单,不像绘制三角形和多边形一样需要设置多个坐标点。绘制矩形有专门的方法:rect()。其设置语法为:

```
cxt.rect(x,y,width,height);
```

该方法中,x 和 y 分别是矩形左上角 x 轴和 y 轴的坐标,width 指矩形的宽,height 指矩形的高。

【例7-26】 使用 canvas 元素绘制矩形(example7_26.html)。

```
<! doctype html>
<html lang="en">
<head>
<meta charset="utf-8" />
<title>使用 canvas 元素绘制矩形</title>
</head>
<body>
<canvas id="mycanvas" height="200px" width="300px"></canvas>
<script type="text/javascript">
    var canvas=document.querySelector("#mycanvas");
    var cxt=canvas.getContext("2d");
    cxt.rect(50,50,200,100);
    //设置线的颜色
    cxt.strokeStyle="red";
    //设置线的粗细
    cxt.lineWidth=5;
    //设置填充颜色
    cxt.fillStyle="yellow";
    //填充
    cxt.fill();
cxt.stroke();
</script>
</body>
</html>
```

运行例 7-26 中代码，效果如图 7-24 所示。

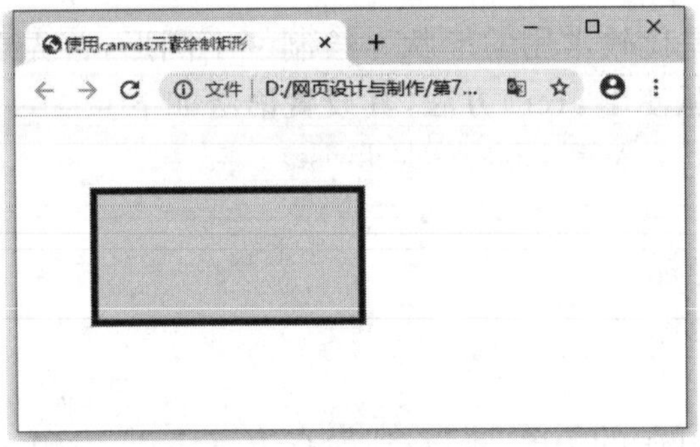

图 7-24　使用 canvas 元素绘制矩形效果展示

绘制矩形还有两个比较简便的方法：fillRect()和 strokeRect()方法。其中，fillRect()方法用于绘制用颜色填充区域的矩形，strokeRect()用于绘制轮廓。

【例 7-27】 使用 canvas 元素绘制矩形(example7_27. html)。

```
<! doctype html>
<html lang="en">
<head>
<meta charset="utf-8" />
<title>使用 canvas 元素绘制矩形</title>
</head>
<body>
<canvas id="mycanvas" height="200px" width="300px"></canvas>
<script type="text/javascript">
    var canvas=document. querySelector("#mycanvas");
    var cxt=canvas. getContext("2d");
    //设置线的颜色
    cxt. strokeStyle="red";
    //设置线的粗细
    cxt. lineWidth=5;
    //绘制矩形轮廓
    cxt. strokeRect(50,50,200,100);
    //设置填充颜色
    cxt. fillStyle="yellow";
    //绘制矩形填充区域
    cxt. fillRect(50,50,200,100);
</script>
</body>
</html>
```

例 7-27 运行效果和例 7-26 一样。

5. 绘制圆弧

在生活中,圆弧也是比较常用的形状。绘制一个圆形,首先要确定圆心和半径。在 canvas 元素中,绘制圆弧使用 arc()方法,其设置语法如下。

```
cxt. arc(x,y,r,sAngle,eAngle,counterclockwise)
```

其中,

x 属性:圆心的横坐标。

y 属性:圆心的纵坐标。

r 属性:圆的半径。

sAngle 属性:绘制开始的角度。圆心到最右边点是 0°,沿顺时针方向弧度增大。

eAngle 属性:绘制结束的角度。

counterclockwise:是否按逆时针方向绘制。true 表示按逆时针方向绘制,false 表示按顺时针方向绘制,默认为 false。

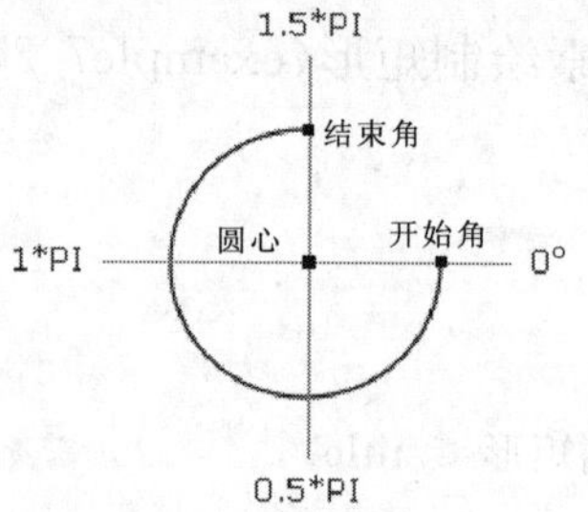

图 7-25　arc 方法画圆示意图

如图 7-25 所示,圆弧的开始角度为 0°,结束角度为 1.5 * PI,其中 PI 为 180°,因此,结束角度为 270°。如果是一个封闭的圆,结束角度就是 360°,即 2 * PI。

【例 7-28】 使用 canvas 元素绘制圆形(example7_28. html)。

扫码听课

```
<! doctype html>
<html lang="en">
<head>
<meta charset="utf-8" />
<title>使用 canvas 元素绘制圆形</title>
</head>
<body>
<canvas id="mycanvas" height="200px" width="300px"></canvas>
<script type="text/javascript">
    var canvas=document. querySelector("#mycanvas");
    var cxt=canvas. getContext("2d");
    //设置线的颜色
    cxt. strokeStyle="red";
    //设置线的粗细
    cxt. lineWidth=5;
```

```
        //绘制圆形
        cxt.arc(100,100,50,0,2*Math.PI,false);
        //设置填充颜色
        cxt.fillStyle="yellow";
        //填充
        cxt.fill();
        cxt.stroke();
    </script>
    </body>
    </html>
```

运行例 7-28，效果如图 7-26 所示。

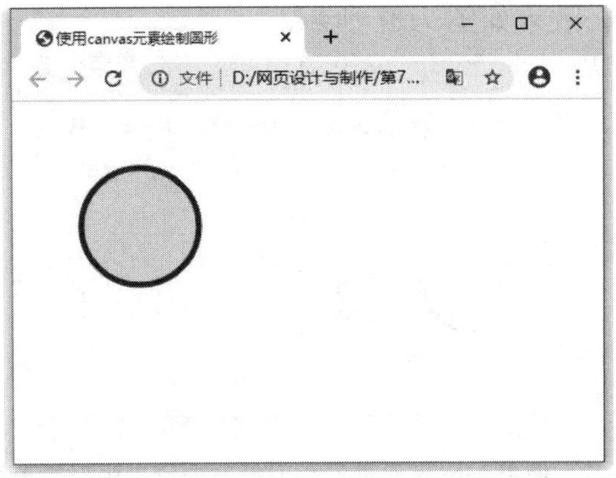

图 7-26　使用 canvas 元素绘制圆形效果展示

绘制圆形时，使用逆时针或顺时针方向没有区别，但是如果画一段弧，使用逆时针还是顺时针就有明显的区别了。

【例 7-29】 使用 canvas 元素绘制圆弧(example7_29.html)。

```
<!doctype html>
<html lang="en">
<head>
<meta charset="utf-8" />
<title>使用 canvas 元素绘制弧形</title>
</head>
<body>
<canvas id="mycanvas" height="200px" width="300px"></canvas>
<script type="text/javascript">
    var canvas=document.querySelector("#mycanvas");
    var cxt=canvas.getContext("2d");
    //设置线的颜色
    cxt.strokeStyle="red";
    //设置线的粗细
```

```
        cxt.lineWidth=5;
        //沿顺时针方向画圆弧
        cxt.arc(100,100,50,0,0.5*Math.PI,false);
        //设置填充颜色
        cxt.fillStyle="yellow";
        //填充
        cxt.fill();
        cxt.stroke();
    </script>
    </body>
    </html>
```

运行例 7-29 中代码,效果如图 7-27 所示。

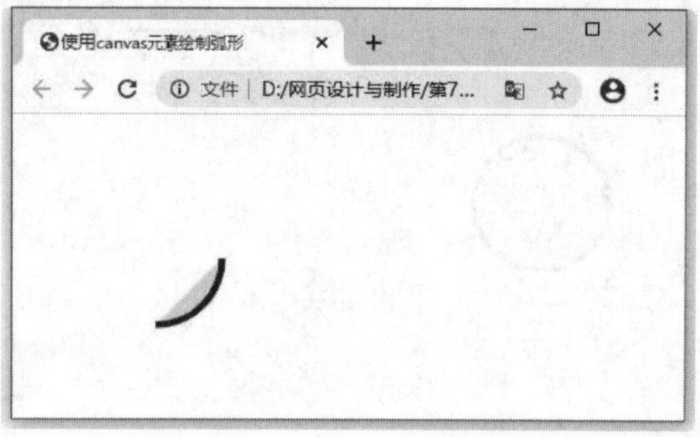

图 7-27 使用 canvas 元素沿顺时针方向绘制弧形效果展示

如果将例 7-29 代码中的沿顺时针方向改为沿逆时针方向,即将 arc()方法中的 false 改为 true,则效果如图 7-28 所示。

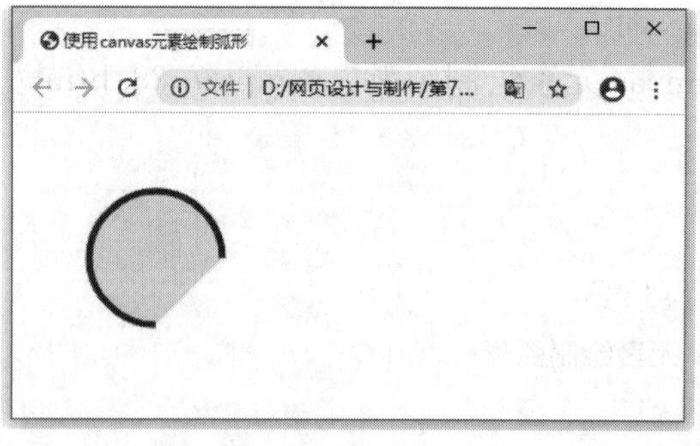

图 7-28 使用 canvas 元素沿逆时针方向绘制弧形效果展示

如果想画扇形,我们可以用 closePath()方法,将当前节点和起点连接以封闭一条打开的路径。

【例 7-30】 使用 canvas 元素绘制扇形(example7_30.html)。

```
<! doctype html>
<html lang="en">
<head>
```

```
<meta charset="utf-8" />
<title>使用 canvas 元素绘制扇形</title>
</head>
<body>
<canvas id="mycanvas" height="200px" width="300px"></canvas>
<script type="text/javascript">
    var canvas=document.querySelector("#mycanvas");
    var cxt=canvas.getContext("2d");
    //开始一条新的路径
    cxt.beginPath();
    //设置圆心
    cxt.moveTo(100,100);
    //设置线的颜色
    cxt.strokeStyle="red";
    //设置线的粗细
    cxt.lineWidth=5;
    //绘制弧形
    cxt.arc(100,100,50,0,0.4 * Math.PI,false);
    //闭合路径
    cxt.closePath();
    //设置填充颜色
    cxt.fillStyle="yellow";
    //填充
    cxt.fill();
    cxt.stroke();
</script>
</body>
</html>
```

运行例 7-30 中代码,效果如图 7-29 所示。

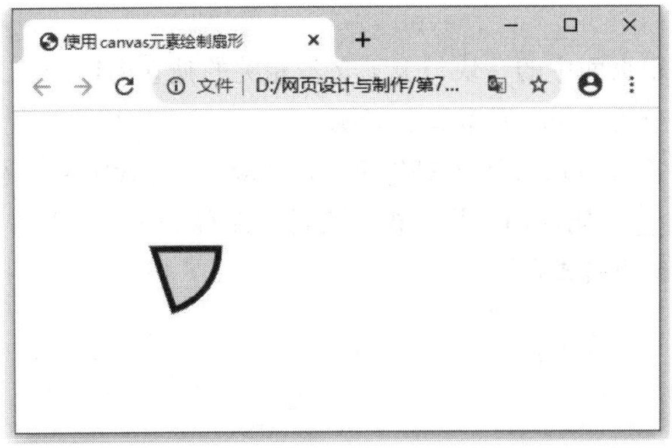

图 7-29　使用 canvas 元素绘制扇形效果展示

总　结

本讲介绍了 HTML5 新增的结构元素、级块性元素、行内语义元素、交互性元素、多媒体元素，以及 canvas 元素。针对每个元素设置示例，以展示 HTML5 元素的实际应用。希望通过本讲的学习，读者能掌握 HTML5 新增元素的语法，并进行实际应用。

习 题 7

一、选择题

1. 在 HTML5 中，________元素用于设置头部信息。

A. <nav>　　B. <header>　　C. <head>　　D. <footer>

2. HTML5 元素中用于显示已知范围内的标量测量的是________。

A. <gauge>　　B. <range>　　C. <measure>　　D. <meter>

3. 用于播放 HTML5 视频文件元素是________。

A. <movie>　　B. <media>　　C. <video>　　D. <audio>

4. HTML5 中的 <canvas> 元素用于________。

A. 显示数据库记录　　B. 操作 MySQL 中的数据

C. 绘制图形　　D. 创建可拖动的元素

5. 下列选项中，对 cxt. arc(100,100,100,0,2 * math. PI,true)的参数说明正确的是________。

A. 圆半径，圆心 x 坐标，圆心 y 坐标，开始角度，结束角度，是否逆时针

B. 圆心 y 坐标，圆心 x 坐标，圆半径，开始角度，结束角度，是否顺时针

C. 圆心 x 坐标，圆心 y 坐标，圆半径，开始角度，结束角度，是否顺时针

D. 圆心 x 坐标，圆心 y 坐标，圆半径，开始角度，结束角度，是否逆时针

二、填空题

1. ________元素表示页面中的一块与上下文不相关的独立内容。

2. ________元素用于为 figure 元素添加标题。

3. ________元素经常与 details 元素配合使用，为 details 元素定义标题。

4. vedio 元素中________属性用于指定视频文件的路径。

5. HTML5 支持的音频格式有________、________、________。

综合实训

一、实训要求

使用 HTML5 新增的结构性元素、行内语义性元素、级块性元素、多媒体元素等内容，结合前面所学知识制作如图 7-30 所示的音乐页面。

图 7-30　音乐页面默认效果

当单击“天路”时,会显示“天路”的下拉菜单,如图 7-31 所示。再次单击时,下拉菜单收缩。

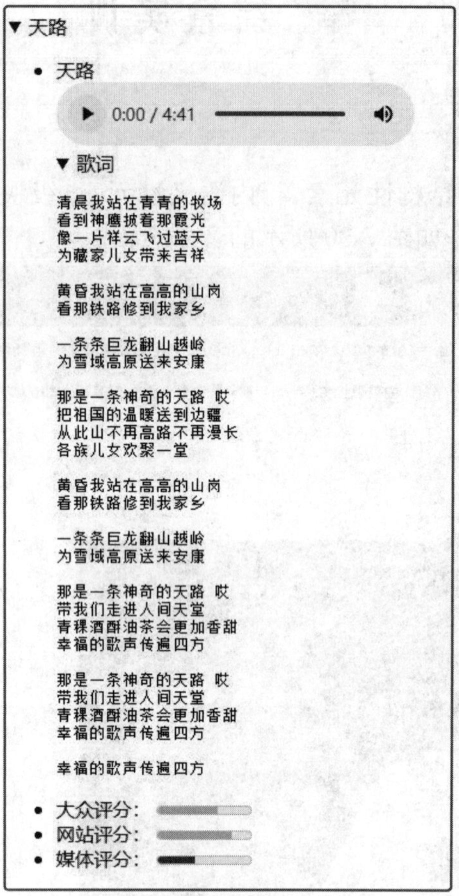

图 7-31 “听海”下拉菜单

二、实训步骤

1. 分析效果图。

本页面可以分为头部、导航、内容和页脚四个部分,如图 7-32 所示。

2. 页面制作。

根据结构分析,我们使用相应的 HTML 元素来搭建网页结构,具体代码如下所示。

```
<! doctype html>
<html lang=″en″>
<head>
<meta charset=″utf-8″/>
<title>阶段案例</title>
</head>
<body>
<header></header>
```

```
<nav></nav>
<article></article>
<footer></footer>
</body>
</html>
```

图 7-32　页面结构分析

接下来分布实现页面制作。

(1)制作头部信息。在网页结构代码的 header 模块中添加如下代码。

```
<header>
<img src="images/logo1. png" width="100px" align="center" />
网易云音乐
</header>
```

(2)制作导航链接。在网页结构代码的 nav 模块中添加如下代码。

```
<nav>
<p><img src="images/1. jpg"></p>
<p>热门作品     
所有专辑     
相关 MV    
艺人介绍     </p>
</nav>
```

(3)制作内容区域。在网页结构代码的 article 模块中添加如下代码。

```
<article>
<details>
<summary>天路</summary>
<ul>
<li>
<figcaption>天路</figcaption>
<audio controls src="music/天路.mp3"></audio>
<details>
<summary>歌词</summary>
<p>
<pre>清晨我站在青青的牧场
看到神鹰披着那霞光
像一片祥云飞过蓝天
为藏家儿女带来吉祥

黄昏我站在高高的山岗
看那铁路修到我家乡

一条条巨龙翻山越岭
为雪域高原送来安康

那是一条神奇的天路 哎
把祖国的温暖送到边疆
从此山不再高路不再漫长
各族儿女欢聚一堂

黄昏我站在高高的山岗
看那铁路修到我家乡

一条条巨龙翻山越岭
为雪域高原送来安康

那是一条神奇的天路 哎
带我们走进人间天堂
青稞酒酥油茶会更加香甜
幸福的歌声传遍四方

那是一条神奇的天路 哎
带我们走进人间天堂
青稞酒酥油茶会更加香甜
幸福的歌声传遍四方

幸福的歌声传遍四方
```

```
</pre>
</p>
</details>
</li>
<li> 大众评分：
<meter value="65" min="0" max="100" low="60" high="80">65</meter>
</li>
<li> 网站评分：
<meter value="80" min="0" max="100" low="60" high="80">80</meter>
</li>
<li> 媒体评分：
<meter value="40" min="0" max="100" low="60" high="80">40</meter>
</li>
</ul>
</details>
<details>
<summary>天亮了</summary>
<ul>
<li>
<figcaption>天亮了</figcaption>
<audio controls src="music/天亮了.mp3"></audio>
<details>
<summary>歌词</summary>
<p>
<pre>
那是一个秋天
风儿那么缠绵
让我想起他们
那双无助的眼
就在那美丽风景相伴的地方
我听到一声巨响震彻山谷

就是那个秋天
再看不到爸爸的脸
他用他的双肩
托起我重生的起点
黑暗中泪水沾满了双眼

不要离开不要伤害
我看到爸爸妈妈就这么走远
留下我在这陌生的人世间
不知道未来还会有什么风险
```

```
我想要紧紧抓住他的手
妈妈告诉我希望还会有
看到太阳出来妈妈笑了
天亮了

这是一个夜晚
天上宿星点点
我在梦里看见
我的妈妈
一个人在世上要学会坚强
你不要离开不要伤害

我看到爸爸妈妈就这么走远
留下我在这陌生的人世间
我愿为他建造一个美丽的花园
我想要紧紧抓住他的手
妈妈告诉我希望还会有
看到太阳出来 天亮了
我看到爸爸妈妈就这么走远
留下我在这陌生的人世间
我愿为他建造一个美丽的花园
我想要紧紧抓住他的手
妈妈告诉我希望还会有
看到太阳出来
他们笑了
天亮了
</pre>
</p>
</details>
</li>
<li> 大众评分：
<meter value="65" min="0" max="100" low="60" high="80">65</meter>
</li>
<li> 网站评分：
<meter value="80" min="0" max="100" low="60" high="80">80</meter>
</li>
<li> 媒体评分：
<meter value="40" min="0" max="100" low="60" high="80">40</meter>
</li>
</ul>
</details>
</article>
```

在上面的代码中，共添加了两首歌曲，分别由<details>元素定义，标题部分由<summary>元素定义。单击歌曲名时，可实现下拉菜单内容的显示和隐藏。在每首歌曲中又嵌套了<details>元素，单击歌词和 MV 也可以实现下拉菜单内容的显示和隐藏。

(4)制作页脚信息。在网页结构代码的 footer 模块中添加如下代码。

```
<footer>
<hr>
<p align="center">服务条款|隐私政策|版权投诉指引</p>
<p align="center">公司版权所有© 1997-2020 音乐科技有限公司运营:皖网文[2018]3506-
266 号</p>
<p align="center">违法和不良信息举报电话:0551-64666666 举报邮箱:clj@163. com</p>
<p align="center">皖 A2-20090191-18 工业和信息化部备案管理系统网站</p>
</footer>
```

上机练习

请结合给出的素材，运用 HTML5 页面元素实现图 7-33 所示的页面效果。

图 7-33　页面效果展示

思政小课堂

《天路》背后的故事

歌曲中的“天路”指代青藏铁路,它的高海拔堪称世界之最,也是离天空最近的地方。2001年,青藏铁路二期工程动工,施工现场的铁路工人和藏族群众都将青藏铁路称为“天路”,这首歌应运而生。

在“世界第三极”修建青藏铁路,是中国几代人的梦想。然而,青藏铁路建设条件之苦、难度之大、要求之高,在世界铁路建设史上前所未有。1979年,西宁至格尔木段建设完成,然而直到2001年,格尔木至拉萨段才开始动工。许多外国专家断言:“铁路不可能修到拉萨去。”

在这样高寒缺氧的极限环境中,建筑大军的生存是一个严峻的问题。参与青藏铁路建设的建设者们,修建到海拔4780米的昆仑山口时,半步走路,轻声说话,这是因为在强烈的高原反应下,他们上气接不了下气。

然而建设者发扬“艰苦不怕吃苦,缺氧不缺精神,风暴强意志更强,海拔高追求更高”的天路精神,攻克了“高寒缺氧、多年冻土、生态脆弱”三大世界难题,胜利完成了青藏铁路拉萨河特大桥、当雄特大桥等施工任务,为青藏铁路这一世纪丰碑的成功建造作出了突出贡献。

哪有什么岁月静好?只是有人替你负重前行。在中国,正是因为有着一批批为国家交通基础建设付出辛勤汗水的工程人,他们南征北战,四海为家,逢山开路,遇水架桥,才有了中国桥、中国路、中国高铁、中国速度。

模块 3

CSS样式

随着网页制作技术的发展，CSS已经成为网页中不可缺少的元素。使用CSS可以为网页中的各类元素定义样式，可以对网页元素施加更多控制。在 HTML 网页中应用CSS样式，可以使网页展现更丰富的内容形式。

本模块主要介绍网页引入 CSS 样式的方式和CSS选择器，以及CSS盒子模型和布局方面的一些属性。

第 8 讲　结构与表现的分离——CSS 基础

知识目标

➢ 了解 CSS 样式规则。
➢ 掌握 CSS 基本语法。
➢ 掌握 CSS 基本选择器。
➢ 掌握 CSS 层叠性、继承性与优先级。

技能目标

➢ 掌握编写 CSS 样式文档的方法。
➢ 掌握在 HTML 文档中引入 CSS 样式表的方法。

素质目标

➢ 具有良好的沟通能力和协作精神。
➢ 具有勤于思考、认真踏实的工作作风。
➢ 遵守规则，培养规矩意识。

W3C和其他一些标准化组织针对网页设计制订了一系列的Web标准,这些标准主要包括结构、表现和行为三个方面。前面介绍的HTML标记语言的内容属于结构标准,通过HTML标记语言,可以搭建一个网页界面的基本文档结构,而要想对网页中各种元素的版式、颜色、大小等外观和整体页面布局进行设置,就需要以CSS为代表的表现标准来完成。

8.1 认识CSS

扫码听课

8.1.1 知识解析

CSS是英文Cascading Style Sheet的缩写,其中文名称为层叠样式表,是目前网页设计领域非常流行的用来控制网页中元素或区域的外观格式的技术。HTML与CSS的关系是“内容”与“形式”的关系,由HTML确定网页的内容,再通过CSS样式来决定网页的表现形式。CSS可以更加方便有效地布局网页结构,控制网页元素,使网站的整体风格趋于一致,大大提高了网页排版的效率。

在设计网页的时候,通常将页面内容存放在HTML文档中,而用于定义页面表现方式的CSS样式表存放在另一个文件中或HTML文档的文件头部分。CSS样式表采用“先定义,后使用”的原则,可以将多个样式同时应用于一个页面或网页中的同一个页面元素。通过这种方式将网页内容与表现形式分离,不仅可以使维护页面的外观更加容易,而且还可以在简化网页代码的同时,实现网页设计的标准化和结构化,缩短浏览器加载页面的时间。

8.1.2 知识应用

CSS是在HTML文档的基础上,对HTML页面中的文本内容(包括字体、大小、对齐方式等)、图片的外形(包括宽高、边框、边距等)以及这些内容在页面的布局等外观显示进行设置。

【例8-1】 利用CSS设置外观显示,如图8-1所示(example8_1.html)。

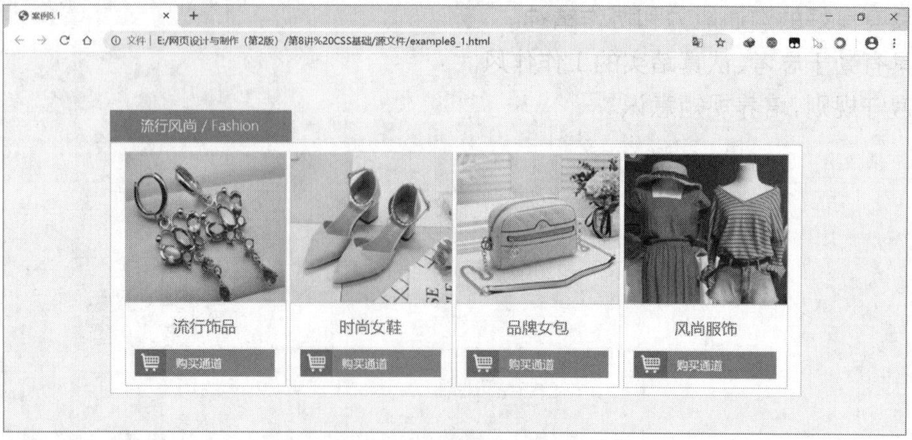

图8-1 利用CSS设置外观显示的页面

如果没有使用 CSS 样式表进行外观显示的设置，页面将会是什么样呢？图 8-2 所示的是该页面没有应用 CSS 样式的页面效果（example8_1_nocss. html）。

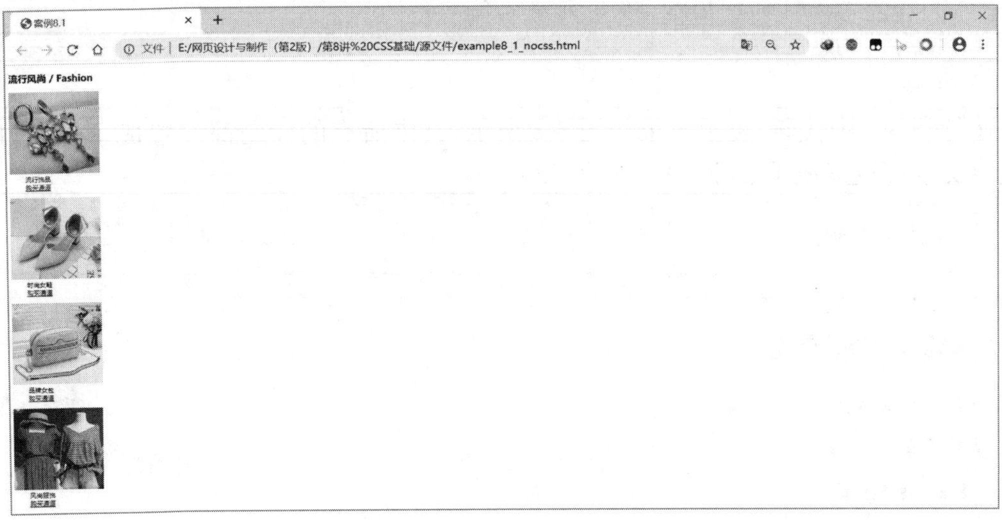

图 8-2　不使用 CSS 设置外观格式的页面

通过对比可以发现，虽然页面内容没有变化，但是没有经过 CSS 样式设置的页面从页面排版到页面显示效果都不尽如人意。

8.2　CSS 引入方式

扫码听课

8.2.1　知识解析

在 CSS 样式表被引入 HTML 之前，HTML 语言要实现页面格式设计是十分麻烦的，如例 8-2 中，要将内容标题设置成红色，并将段落字体设置为“黑体”，在没有使用 CSS 样式表时，需要通过引入<font>标记来完成页面格式设置。

【例 8-2】　通过<font>标记设置页面格式（example8_2. html）。

```
<! doctype html>
<html lang="en">
<head>
    <meta charset="utf-8">
    <title>使用标记设置页面格式</title>
</head>
<body>
    <h2><font color="#ff0000">第 8 讲 CSS 基础</font></h2>
    <p><font face="黑体">8.1 认识 CSS</font></p>
    <p><font face="黑体">8.2 CSS 引入方式</font></p>
    <p><font face="黑体">8.3 CSS 选择器</font></p>
    <h2><font color="#ff0000">第 9 讲 CSS 设置页面元素</font></h2>
```

```
    <p><font face="黑体">9.1 文本</font></p>
    <p><font face="黑体">9.2 背景</font></p>
    <p><font face="黑体">9.3 列表</font></p>
</body>
</html>
```

运行例 8-2 中代码，显示效果如图 8-3 所示，其中所有的标题都设置成了红色，所有的段落文字都设置成了黑体。

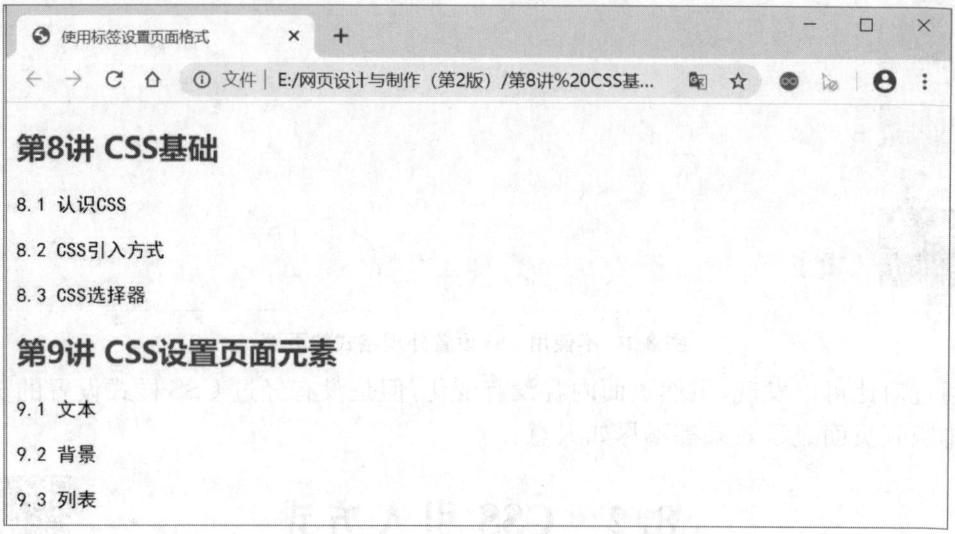

图 8-3　通过 HTML 格式标记设置外观的页面

观察源代码，可以看到代码中针对格式外观设置有较多的冗余代码。如果现在要修改标题颜色和段落字体，就需要对每一个<h2>标记和<font>标记进行改动。这样的改动对设计者来说增加了许多工作量。

通过这个案例可以发现 HTML 对于页面元素的外观设计存在缺陷。如果引入 CSS 样式表，则无需对每一处标记都进行代码设置。

【例 8-3】 使用 CSS 样式表完成和案例 8-2 相同的页面设置(example8_3. html)。

```
<! doctype html>
<html lang="en">
<head>
    <meta charset="utf-8">
    <title>使用 CSS 样式设置页面格式</title>
    <style type="text/css">
        h2 {
            color: #ff0000;
        }
        p {
            font-family: "黑体";
        }
```

```
    </style>
</head>
<body>
    <h2>第 8 讲 CSS 基础</h2>
    <p>8.1 认识 CSS</p>
    <p>8.2 CSS 引入方式</p>
    <p>8.3 CSS 选择器</p>
    <h2>第 9 讲 CSS 设置页面元素</h2>
    <p>9.1 文本</p>
    <p>9.2 背景</p>
    <p>9.3 列表</p>
</body>
</html>
```

运行例 8-3 中代码，显示效果如图 8-4 所示，和案例 8-2 的显示效果完全一样。但页面中所有的<font>标记都消失了，取而代之的是<head>标记中的一组<style>标记。<style>标记中的代码称为 CSS 样式规则。这组样式规则对标题和段落进行了统一的设置，比案例 8-2 中采用的设置标记属性的代码精简了很多。

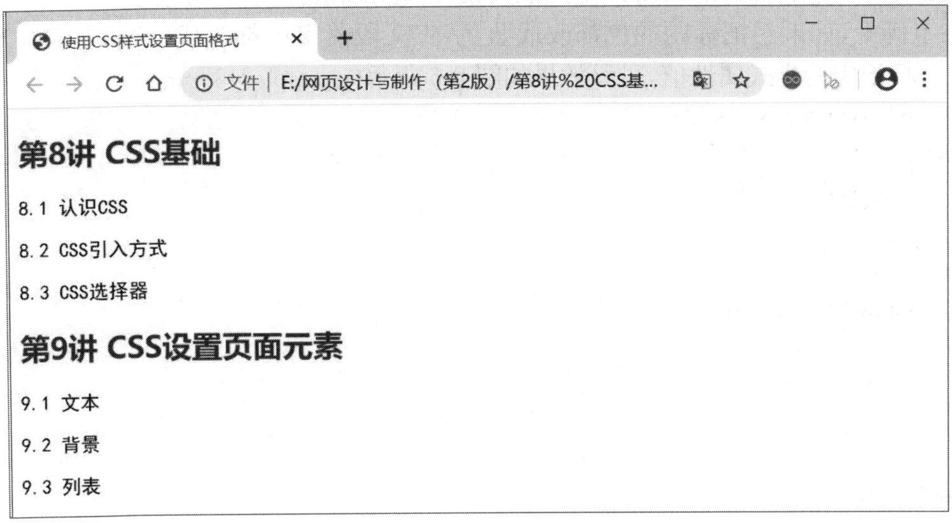

图 8-4 通过 CSS 样式设置外观的页面

CSS 样式表通过一个或多个 CSS 选择器来控制页面元素。和 HTML 一样，CSS 样式表语言也有自己的语法，通过设置不同的选择器添加各种样式规则，其语法结构如图 8-5 所示。

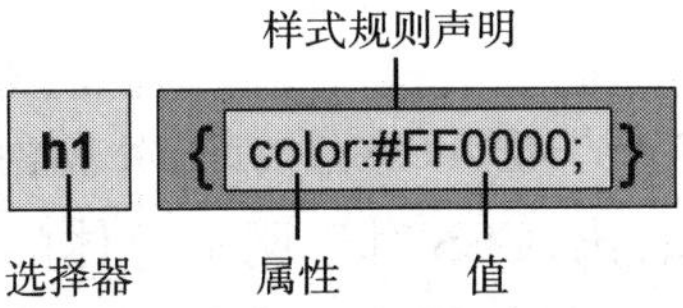

图 8-5 CSS 选择器语法

CSS样式规则的基本语法格式为：

选择器{属性1:属性值1;属性2:属性值2; ...}

在此语法中，选择器用来指定样式要作用的对象，样式规则的声明都放在一对{ }内，属性和属性值以“键值对”的形式出现。属性是针对不同对象设置的样式属性，例如字体属性、颜色属性、背景属性、布局属性等。属性和属性值之间用英文标点“:”连接，属性值以英文标点“;”结束。在一个选择器中，多个属性可以写在一行，但为了提高编辑时代码的可读性，建议每条属性单独写一行。

例如：

```
p{
  font-size:15px;          /*定义字体大小*/
  color:#ff0000;           /*定义文本颜色*/
}
```

其中，p为标记选择器，表示此样式规则作用的对象是HTML的段落标记<p>，font-size和color是CSS属性，分别表示字体的大小和文本的颜色，15px和#ff0000分别是它们的属性值。

CSS把HTML语言中用来进行格式设置的标记全部淘汰。HTML标记主要用于构建网页结构，至于页面格式设置则全部交由CSS来完成。

在上例中，如果想把标题颜色都改成蓝色，正文段落字体都改成幼圆，仅仅需要修改<style>标记中的样式属性值，显示效果如图8-6所示(example8_3_other.html)。

```
<style type="text/css">
h2 {
    color: #0000ff;
}
p {
    font-family: "幼圆";
}
</style>
```

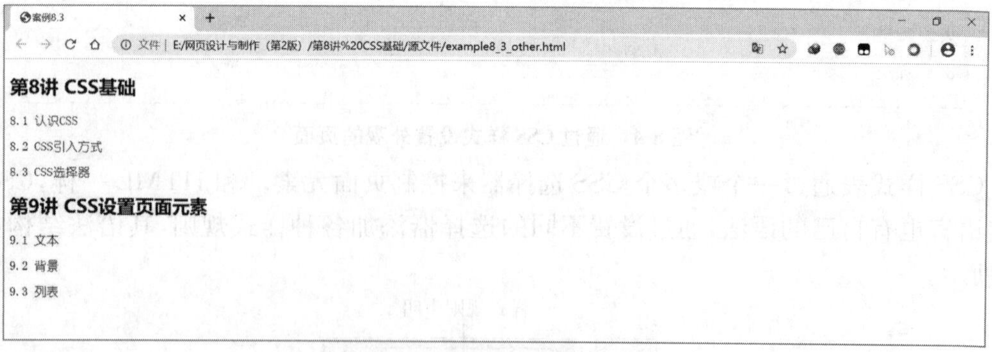

图8-6 使用CSS修改页面外观格式

从案例8-3中可以明显地看出，CSS对于网页整体的外观设置较HTML语言有了突破性的进展，并且后期的修改和维护都要比直接修改HTML语言更加方便。不仅如此，CSS还提供各种丰富的格式设置方法，可以轻松应对各种页面设置效果。

8.2.2　知识应用

由于 HTML 和 CSS 是两种作用不同的语言，在 HTML 文档中使用 CSS 样式表的时候就需要通过一些方法将 CSS 样式表引用到 HTML 文档中。在 HTML 中，引入 CSS 样式表的方法主要有行内式、嵌入式、链接式和导入式四种。

1. 行内式

行内式也称为内联样式，是在 HTML 标记内部利用 style 属性设置 CSS 样式，其基本语法格式为：

<标记名 style="属性 1:属性值 1； 属性 2:属性值 2； …"> 内容 </标记名>

语法中 style 是标记的属性，任何 HTML 标记都具有 style 属性，通过此属性设置该标记的行内式样式规则。其中，属性和属性值的书写规则与 CSS 样式规则相同。行内式样式仅对其作用的标记及嵌套在该标记中的子标记起作用。

【例 8-4】 使用行内式引入 CSS 样式(example8_4. html)。

扫码听课

```
<! doctype html>
<html lang="en">
<head>
    <meta charset="utf-8">
    <title>使用行内式引入 CSS 样式</title>
</head>
<body>
    <h1 style="color: #0000ff;font-style: italic;">使用行内式引入 CSS 样式</h1>
    <p style="color: #ff0000;font-family:黑体;font-size: 20px;">CSS 为 HTML 标记语言
      提供了一种样式描述，定义了其中元素的显示方式。</p>
    <p>CSS 能够对网页中元素位置的排版进行像素级精确控制，拥有对网页对象和模型样
      式编辑的能力。</p>
</body>
</html>>
```

运行例 8-4 中代码，显示效果如图 8-7 所示。

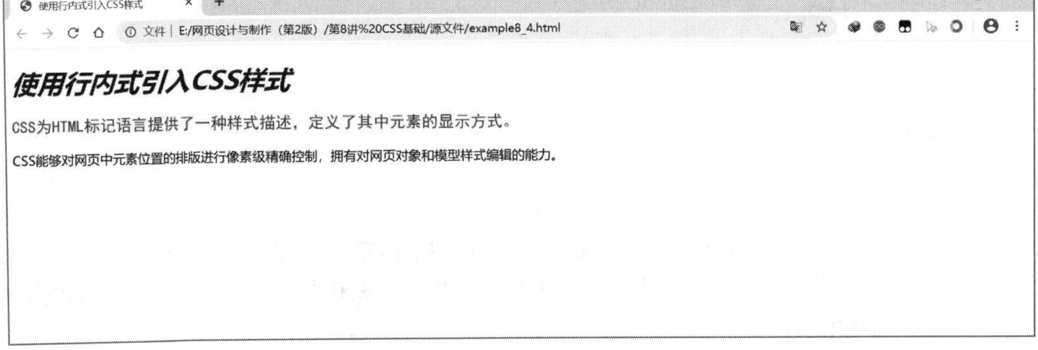

图 8-7　使用行内式引入 CSS 样式

通过案例 8-4 可以看出，采用行内式引入 CSS 样式规则，没有实现结构和表现的分离。这种方法本质上就是通过标记的 style 属性对某一个标记进行格式设置，没有设置 style 属性的同一标记就只能按照默认方式进行内容显示。所以，行内式引入 CSS 的方法没有体现出 CSS 的优势，一般不推荐使用，在实际工作中可以用来临时调试样式代码。

2. 嵌入式

嵌入式也称为内嵌式，是将对页面中各元素设置的 CSS 样式规则通过<style>标记集中写在<head>头部标记之中，其基本语法格式为：

```
<head>
<style type="text/css">
  选择器{属性 1:属性值 1; 属性 2:属性值 2;...}
</style>
</head>
```

在该语法中，<style>标记应位于<title>标记的后面。之所以要把<style>标记放在<head>头部标记之中，是因为这样浏览器在加载页面时可以提前解析 CSS 样式并应用于网页内容。

【例 8-5】 使用嵌入式引入 CSS 样式(example8_5. html)。

```
<! doctype html>
<html lang="en">
<head>
    <meta charset="utf-8">
    <title>使用嵌入式引入 CSS 样式</title>
<style type="text/css">
  h1{
    color:#0000ff;
    font-style:italic;
  }
  p{
    color:#ff0000;
    font-family:黑体;
    font-size:20px;
  }
</style>
</head>
<body>
    <h1>使用嵌入式引入 CSS 样式</h1>
    <p>CSS 为 HTML 标记语言提供了一种样式描述，定义了其中元素的显示方式。</p>
    <p>CSS 能够对网页中元素位置的排版进行像素级精确控制，拥有对网页对象和模型样
      式编辑的能力。</p>
</body>
</html>
```

运行例 8-5 中代码，显示效果如图 8-8 所示。

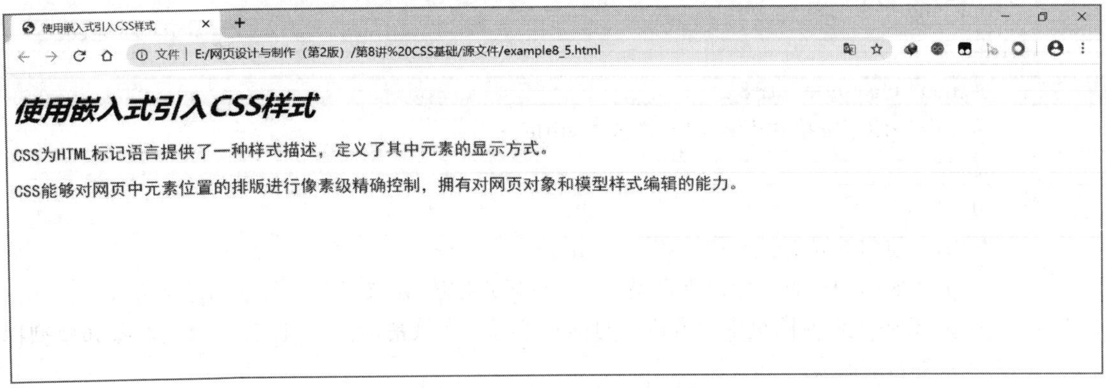

图 8-8　使用嵌入式引入 CSS 样式

在案例 8-5 中，通过<style>标记引入 CSS 样式规则代码，分别对页面正文中的标题和段落定义了统一的样式属性。通过嵌入式引入 CSS 的方法是初学 CSS 时较为常用的形式，适用于样式较少的单独页面。但是对于一个包含很多页面的网站，如果每个页面都通过嵌入式方法设置各自页面的 CSS 样式规则，就失去了 CSS 带来的巨大优势。因此，通常需要编写一个或多个独立的 CSS 样式表文件，通过导入式或链接式的方法将 CSS 样式规则引入 HTML 文档中。

3. 链接式

链接式也称为链入式，这种方法是将所有的样式规则代码写在一个或多个独立的 CSS 文件(. css)中，然后在页面的<head>头部标记中使用<link>标记链接外部样式表文件，其基本语法格式为：

```
<head>
    <link rel="stylesheet" type="text/css" href="CSS 文件的路径" />
</head>
```

在该语法中，<link>标记需要放在<head>头部标记中，<link>标记需要指定如下三个属性。

①rel：定义当前文档与被链接文档之间的关系，这里指定为“stylesheet”，表示被链接的文档是一个样式表文件。

②type：定义被链接文档的 MIME 类型，这里指定为“text/css”，表示链接的外部文件为 CSS 样式表。

③href：定义被链接文档的位置，可以是相对路径，也可以是绝对路径。

【例 8-6】 使用链接式引入 CSS 样式(example8_6. html)。

具体步骤如下。

①在网页编辑器 Dreamweaver CS6 中创建一个 HTML 文档，并将该文档命名为 example8_6. html，内容为：

```
<!doctype html>
<html lang="en">
<head>
    <meta charset="utf-8">
    <title>使用链接式引入 CSS 样式</title>
</head>
<body>
    <h1>使用链接式引入 CSS 样式</h1>
    <p>CSS 为 HTML 标记语言提供了一种样式描述,定义了其中元素的显示方式。</p>
    <p>CSS 能够对网页中元素位置的排版进行像素级精确控制,拥有对网页对象和模型样
      式编辑的能力。</p>
</body>
</html>
```

②在完成 HTML 文档编辑之后,接下来继续单击 Dreamweaver CS6 “文件”菜单,选择“新建”菜单项,在弹出的“新建文档”对话框中,选择新建“页面类型”为 CSS 的文件,如图8-9所示。

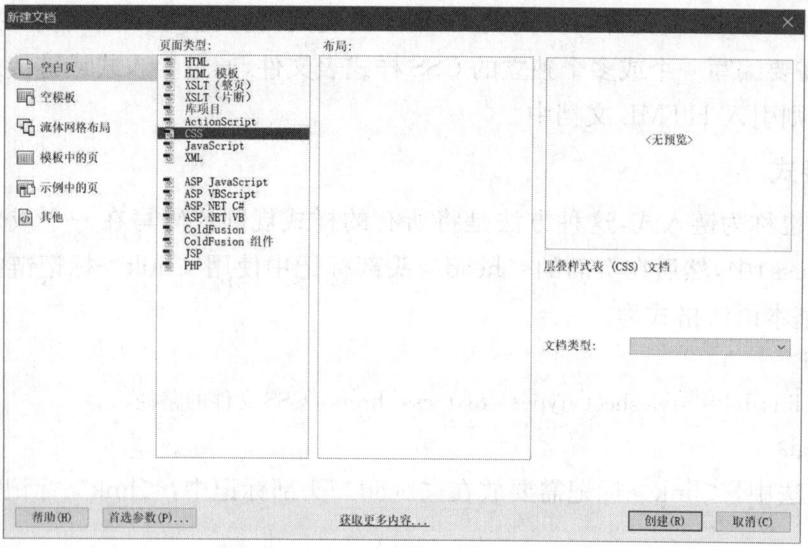

图 8-9　新建 CSS 文档

③单击“创建”按钮,即可打开 CSS 文档编辑窗口,在如图 8-10 所示的 CSS 文档编辑窗口中输入如下代码。

```
h1{
  color:#0000ff;              /* 设置标题文字颜色为蓝色 */
  font-style:italic;          /* 设置文字样式为斜体 */
  text-align:center;          /* 设置标题居中显示 */
}
p{
  color:#ff0000;              /* 设置段落文字颜色为红色 */
```

```
    font-family:黑体;              /* 设置段落字体为黑体 */
    font-size: 20px;               /* 设置文字大小为 20 像素 */
    text-decoration: underline;    /* 给段落文字加上下划线 */
}
```

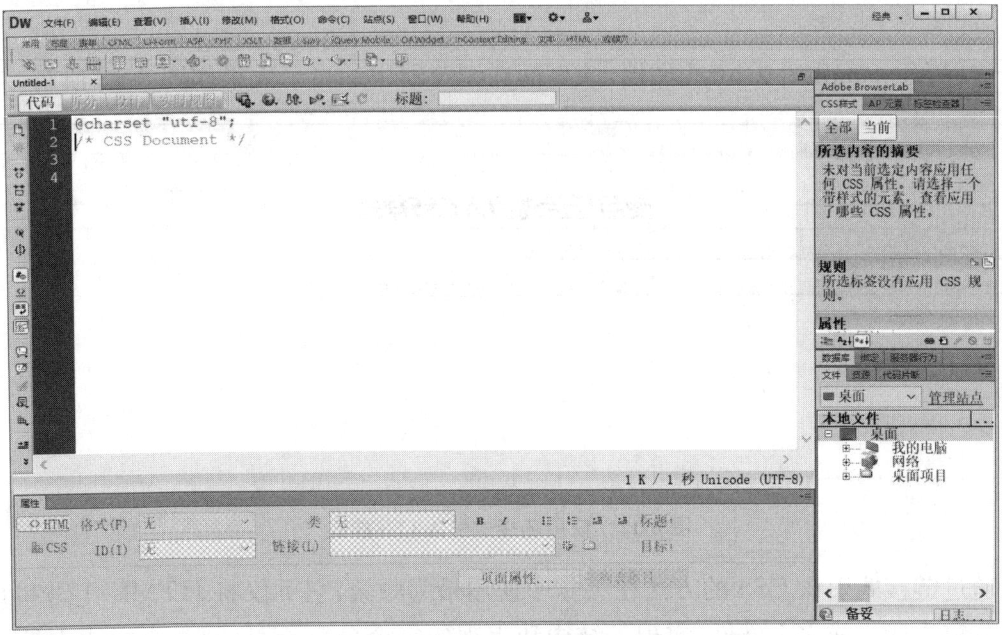

图 8-10　CSS 文档编辑窗口

④保存 CSS 文档。选择“文件”菜单中的“保存”菜单项，弹出“另存为”对话框，如图 8-11 所示。将 CSS 文档命名为 style8_6. css，与 example8_6. html 文件保存在同一文件夹中。

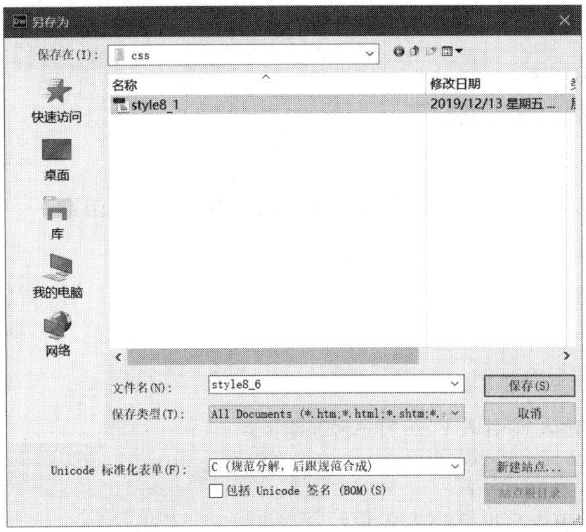

图 8-11　CSS 文档“另存为”对话框

⑤打开 example8_6. html 文档，在<head>头部标记中添加如下<link>标记，链接 style8_6. css 外部样式表文件。

```
<head>
    <meta charset="utf-8">
    <title>使用链接式引入 CSS 样式</title>
    <link rel="stylesheet" type="text/css" href="css/style8_6. css"/>
</head>
```

⑥保存 example8_6. html 文档,该页面在浏览器中的显示效果如图 8-12 所示。

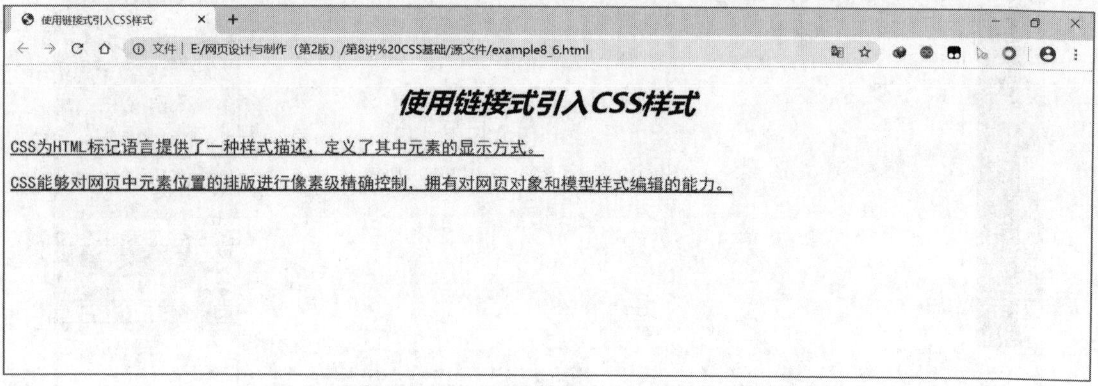

图 8-12 使用链接式引入 CSS 样式

通过链接式引入 CSS 的方法在工作中使用最为频繁,它不仅将 HTML 代码和 CSS 代码分离成两个或多个文件,实现了结构和表现的完全分离,而且同一个样式文件可以被多个网页调用,实现了最大限度地复用代码。

4. 导入式

导入式是通过<style>标记使用@import,将外部 CSS 文件引入 HTML 文档中,其基本语法格式如下。

```
<style type="text/css">
    @import url("css 文件路径");
</style>
```

【例 8-7】 使用导入式引入 CSS 样式(example8_7. html)。

```
<! doctype html>
<html lang="en">
<head>
    <meta charset="utf-8">
    <title>使用导入式引入 CSS 样式</title>
    <style type="text/css">
        @import url("css/style8_6. css");
        /* @import "css/style8_6. css"这种写法同样正确 */
    </style>
</head>
```

```
<body>
    <h1>使用导入式引入 CSS 样式</h1>
    <p>CSS 为 HTML 标记语言提供了一种样式描述，定义了其中元素的显示方式。</p>
    <p>CSS 能够对网页中元素位置的排版进行像素级精确控制，拥有对网页对象和模型样
      式编辑的能力。</p>
</body>
</html>
```

运行例 8-7 中代码，显示效果如图 8-13 所示。

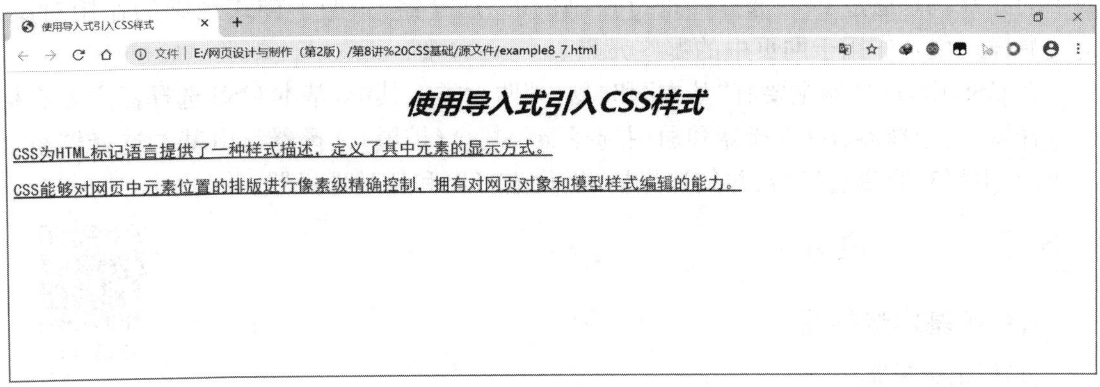

图 8-13　使用导入式引入 CSS 样式

链接式和导入式都属于引用外部样式的方法，区别在于链接式会在加载页面主体部分之前加载 CSS 文件。这样，显示的网页从一开始就是带有样式效果的。而导入式会在整个页面加载完成后再加载 CSS 文件。如果某个网页文件比较大，则会出现先显示无样式的页面，随后再出现设置样式后的效果。因此，就浏览体验来说，这是使用导入式的一个缺陷。

如果仅需要引入一个 CSS 文件，建议使用链接式方法。对于一些需要引入多个 CSS 文件的大型网站，为了便于日后维护，可以先通过链接式引入一个 CSS 目录文件，然后在这个 CSS 目录文件中使用导入式方法引入其他 CSS 文件。

在实际应用中，上述 4 种引入 CSS 的方法还有使用优先级别的问题，具体规则为：

①优先级别：行内式＞嵌入式＞外部样式（链接式、导入式）。

②在外部样式中，出现在后面的优先级高于出现在前面的。

③当<head>中存在多个<style>标记时，这些<style>标记和链接式之间由先后顺序决定优先级。

④在同一个<style>内部，内嵌式优先级高于导入式。

8.3 CSS 选择器

8.3.1 知识解析

在 CSS 基本语法中，"选择器"是一个很重要的概念。要想将 CSS 样式规则应用于 HTML 文档中特定的元素。首先需要找到这个页面元素。要使用 CSS 对 HTML 页面中的元素实现一对一、一对多或者多对一的控制，就需要用到 CSS 选择器。HTML 页面中的元素就是通过 CSS 选择器进行控制的。"选择器"指明了样式规则的作用对象，也就是样式规则作用于网页中的哪些元素。

在 CSS 中，选择器主要有"基本"和"复合"两大类。其中，基本 CSS 选择器主要有标记选择器、类选择器、ID 选择器和通用选择器。复合(扩展)选择器是由基本选择器组合而成的，主要有交集选择器、并集选择器、后代选择器和伪类选择器。

8.3.2 知识应用

扫码听课

1. CSS 基本选择器

(1)标记选择器

标记选择器使用 HTML 标记名称作为选择器，每一个 HTML 标记都可以作为相应的标记选择器的名称。其基本语法格式为：

```
标记名{
    属性 1:属性值 1;
    属性 2:属性值 2;
    属性 3:属性值 3;
}
```

p 选择器用于声明页面中所有＜p＞标记的样式，h1 选择器用于声明页面中所有＜h1＞标记的样式。如：

```
h1{
   color: #ff0000;
   font-size: 50px;
   text-align: center;
}
```

以上这段 CSS 代码声明了 HTML 页面中所有的＜h1＞标记，文字颜色采用红色，大小为 50 像素，标题居中对齐。如果希望所有的＜h1＞标记文字颜色不再采用红色，而是蓝色，则仅需要将属性 color 的值改为#0000ff。

标记选择器在使用时无需引用。网页加载时，标记选择器会自动影响所定义的标记。但是，如果想差异化地设计同一个标记样式，那么标记选择器就不能胜任了，需要引入类选择器。

(2)类选择器

类选择器使用“.”作为标识，后面紧跟可以自定义的类名。其基本语法格式为：

```
.类名{
    属性 1:属性值 1;
    属性 2:属性值 2;
    属性 3:属性值 3;
}
```

利用类选择器可以创建自定义名称的 CSS 样式，能够应用在网页中的任何标记上。例如：

```
.mystyle {
    font-size:12px;
    line-height:25px;
color:#0000FF;
}
```

在进行网页编辑时，可以在标记中使用 class 属性来引用“.mystyle”类。比如要对网页中某一个段落文字设置字体大小为 12px、行高为 25px、文字颜色为蓝色的外观效果，就可以在该段落的标记处应用如下的代码。

```
<p class="mystyle">...</p>
```

【例 8-8】 类选择器的使用(example8_8.html)。

```
<! doctype html>
<html lang="en">
<head>
    <meta charset="utf-8">
    <title>类选择器</title>
    <style type="text/css">
    h2{
        color:#ff0000;
        font-size: 30px;
    }
    .one{
        font-family:"楷体";
    }
    .two{
        color:#0000ff;
    }
    .three{
        text-decoration:underline;
    }
    </style>
</head>
```

```
<body>
    <h2>第8讲 CSS基础</h2><!--标题设为红色,30px-->
    <p class="one">8.1 认识CSS</p><!--文字设为楷体-->
    <p class="two">8.2 CSS引入方式</p><!--文字设为蓝色-->
    <p class="three">8.3 CSS选择器</p><!--文字加下划线-->
    <h2 class="two">第9讲 CSS设置页面元素</h2>
        <!--标题设为蓝色(覆盖标记样式中的红色),30px-->
    <p class="one two">9.1 文本</p>
        <!--文字设为楷体,蓝色,(同时使用2个类样式)-->
    <p class="two three">9.2 背景</p>
        <!--文字设为蓝色,加下划线(同时使用2个类样式)-->
    <p class="one two three">9.3 列表</p>
        <!--文字设为楷体,蓝色,加下划线(同时使用3个类样式)-->
</body>
</html>
```

运行例 8-8 中代码,显示效果如图 8-14 所示。

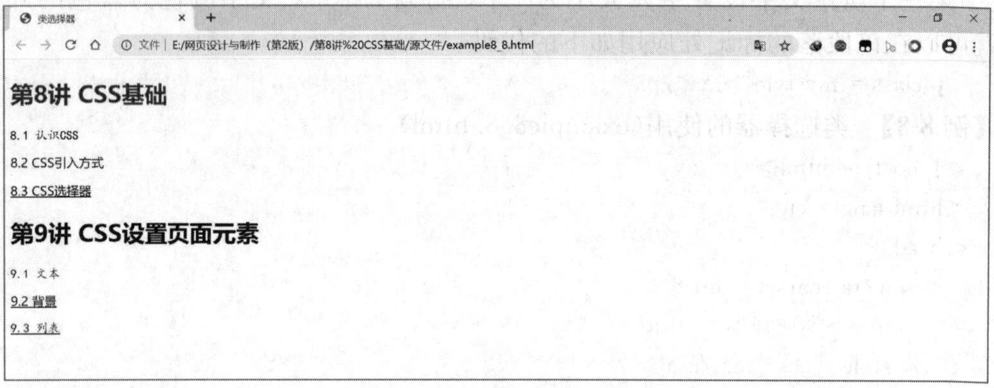

图 8-14 类选择器示例

(3)ID 选择器

ID 选择器的使用方法与类选择器基本相同,不同之处在于 ID 选择器只能在 HTML 页面中使用一次,因为 ID 选择器不仅可以被 CSS 调用,还可以被 JavaScript 等其他脚本语言调用,所以在使用时要保证其使用的唯一性。ID 选择器使用"#"进行标识,后面紧跟 id 名,其基本语法格式为:

```
#id名{
    属性1:属性值1;
    属性2:属性值2;
    属性3:属性值3;
}
```

例如:

```
#mystyle{
    font-size:12px;
```

```
    line-height:25px;
    color:#0000FF;
}
```

在进行网页编辑时，可以在标记中使用 id 属性来引用“#mystyle”。比如对网页中某一特定段落设置外观效果，就可以在该段落标记处应用如下的代码。

```
<p id="mystyle">...</p>
```

在使用 ID 选择器时，id 名的命名有如下规则。

①只能有字母、数字、下划线；

②必须以字母开头；

③不能和标记同名。比如 id 不能命名为 body、img、a；

④严格区分大小写，aa 和 AA 是两个不同的 id 名。

虽然同一个 id 可以应用于多个标记，但这种做法是不被允许的，因为 JavaScript 等标记语言在调用 id 时会出错。ID 选择器也无法像类选择器那样定义多个样式。例如，“id=one tow”的写法是完全错误的。

(4) 通用选择器

通用选择器又称为通配符选择器，它是所有选择器中作用范围最广的，可以匹配页面中所有的元素。通用选择器用“*”表示，其基本语法格式如下。

```
*{
    属性 1:属性值 1;
    属性 2:属性值 2;
    属性 3:属性值 3;
}
```

例如，使用通用选择器定义 CSS 样式规则，清除所有标记的默认边距，代码如下。

```
*{
    margin:0;
    padding:0;
}
```

在实际的网页开发中一般不建议使用通用选择器，因为它设置的样式对所有的标记都起作用，这样就降低了代码的执行速度。

扫码听课

2. CSS 复合选择器

(1)交集选择器

交集选择器是由两个基本选择器构成的，其结果是选中二者各自元素范围的交集，其中第一个必须是标记选择器，第二个必须是类选择器或者 ID 选择器。这两个选择器中间不能有空格。例如：

```
p.special{
color:#FF0000;
}
```

这种选择器用于对<p>标记进行特殊控制且只能在<p>标记中应用.special类样式。

【例 8-9】 交集选择器的使用(example8_9. html)。

```
<! doctype html>
<html lang="en">
<head>
    <meta charset="utf-8">
    <title>交集选择器</title>
    <style type="text/css">
    h2{
        color: #ff0000;
        font-size: 30px;
    }
    h2. special{
        color: #0000ff;
    }
    . one{
        font-weight: bold;
    }
    p. special{
        font-size:20px;

    }
    p#special2{
        text-decoration: underline;
    }
    </style>
</head>
<body>
    <h2 class="one">第 8 讲 CSS 基础</h2>
    <p class="one">8. 1 认识 CSS</p>
    <p class="one">8. 2 CSS 引入方式</p>
    <p class="special">8. 3 CSS 选择器</p>
    <h2 class="special">第 9 讲 CSS 设置页面元素</h2>
    <p class="one">9. 1 文本</p>
    <p class="one">9. 2 背景</p>
    <p id="special2">9. 3 列表</p>
</body>
</html>
```

上面的代码中定义了<h2>标记的样式,又定义了 h2. special 交集样式来对第二个标题设置特殊的颜色属性。针对<p>标记分别定义了 p. special 和 p#special2 两个交集样式,分别对两个<p>标记设置特殊的文本属性。

运行例 8-9 中代码，显示效果如图 8-15 所示。

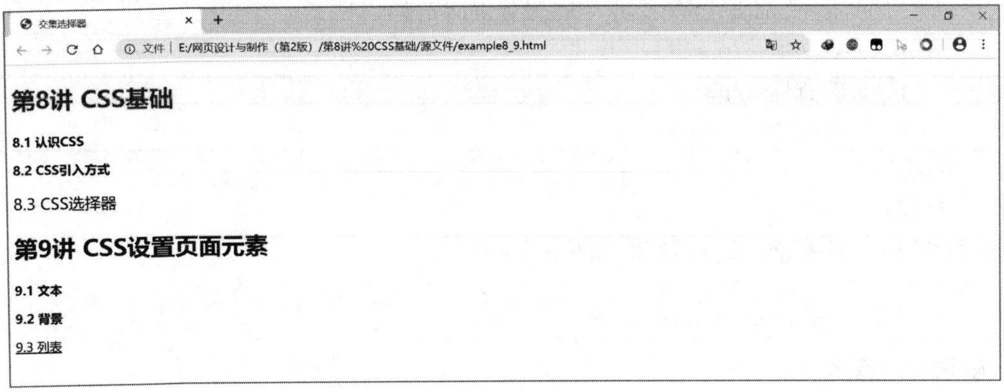

图 8-15　交集选择器示例

(2)并集选择器

并集选择器是由多个选择器通过逗号连接而成的，通常在多个选择器都设置了相同的样式规则时使用，可精简样式表文件代码，例如：

```
h1,p.special,#one,.mystyle{
color:#FF0000;
}
```

在这个样式规则中，h1 标记选择器、p. special 交集选择器、# one ID 选择器、. mystyle类选择器都设置了相同的样式规则属性。

【例 8-10】 并集选择器的使用(example8_10. html)。

```
<!doctype html>
<html lang="en">
<head>
    <meta charset="utf-8">
    <title>并集选择器</title>
    <style type="text/css">
    h1,h2,p{
        color:#0000ff;
    }
    .special,#one,h2.special{
        text-decoration:underline;
    }
    </style>
</head>
    <body>
    <h1>第 8 讲 CSS 基础</h1>
    <p>8.1 认识 CSS</p>
    <p>8.2 CSS 引入方式</p>
```

```
    <p class="special">8.3 CSS 选择器</p>
    <h2 class="special">第 9 讲 CSS 设置页面元素</h2>
    <p>9.1 文本</p>
    <p>9.2 背景</p>
    <p id="one">9.3 列表</p>
</body>
</html>
```

运行例 8-10 中代码,显示效果如图 8-16 所示。

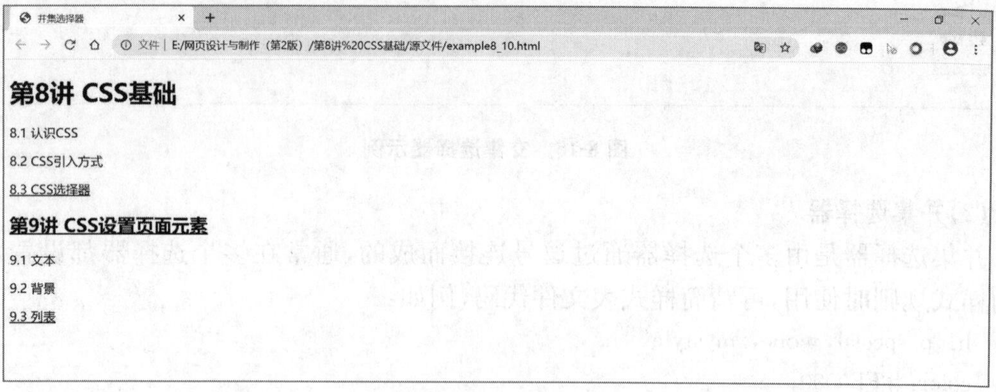

图 8-16　并集选择器示例

(3)后代选择器

后代选择器也称为包含选择器。在 CSS 选择器中,可以通过嵌套的方式对特殊位置的 HTML 标记进行声明。例如,当<p>与</p>之间包含<span></span>标记时,就可以使用后代选择器进行相应的控制。后代选择器的写法就是把外层的标记写在前面,内层的标记写在后面,之间用空格分隔。当标记发生嵌套时,内层的标记就成为外层标记的后代。

【例 8-11】　后代选择器的使用(example8_11. html)。

```
<! doctype html>
<html lang="en">
    <head>
    <meta charset="utf-8">
    <title>后代选择器</title>
    <style type="text/css">
    p span{
        font-weight: bolder;
        color: #ff0000;
        font-size: 25px;
    }
    </style>
    </head>
```

```
<body>
    <p>通过使用<span>CSS</span>我们可以大大提升网页开发的工作效率！</p>
</body>
</html>
```

在上面的网页代码中，只有<span>标记嵌套在<p>标记之中，设置的后代选择器样式属性才有效。

运行例 8-11 中代码，显示效果如图 8-17 所示。

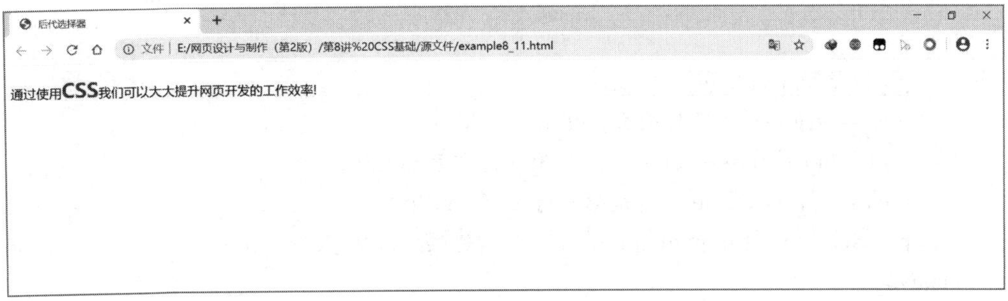

图 8-17　后代选择器示例

(4)伪类选择器

超链接标记<a>在访问时有四种不同的状态，如何设置这四种不同状态下的样式属性，就需要通过伪类选择器来进行分别设置。

超链接四种状态的伪类选择器分别为：

①a：link：设置正常状态下（未访问时）超链接的外观样式。

②a：visited：设置访问过后超链接的外观样式。

③a：hover：设置当鼠标移动到超链接上时（悬停状态）超链接的外观样式。

④a：active：设置当鼠标单击超链接时超链接的外观样式（一般可以不设置）。

在设置超链接标记的伪类样式时，要注意其设置的顺序性，即按照①②③④的顺序依次设置。如果顺序打乱，在浏览时，超链接的外观将不会按照设置样式显示。

3. CSS 的层叠性、继承性和优先级

CSS 的中文名为层叠样式表，所以层叠性、继承性和优先级是 CSS 的三大基本特性。

层叠性是指多种 CSS 样式的叠加，是浏览器处理冲突的一个能力。如果一个属性通过两个相同选择器设置到同一个元素上，那么这个时候一个属性就会将另一个属性层叠掉。层叠性只有在多个选择器选中"同一个标记"，而又设置了"相同的属性"时，才会发生。

【例 8-12】　CSS 的层叠性举例(example8_12. html)。

```
<! doctype html>
<html lang="en">
<head>
    <meta charset="utf-8">
```

```
        <title>CSS的层叠性</title>
        <style type="text/css">
            p{color:#ff0000;}
            .green{color:#00ff00;}
            .blue{color:#0000ff;}
            #line3{color:#ffff00;}
        </style>
    </head>
    <body>
        <p>这是第1行文字。</p>
        <p class="green">这是第2行文字。</p>
        <p id="line3" class="blue">这是第3行文字。</p>
        <p class="green blue">这是第4行文字。</p>
        <p style="color:orange;" id="line3">这是第5行文字。</p>
    </body>
    </html>
```

代码中共有5组<p>标记描述的文本,且在<head>头部声明了4个选择器,分别设置了不同的颜色。

第1行文字应用的是p标记选择器样式定义的颜色,文字显示为红色。

第2行文字应用的是.green类选择器样式定义的颜色。由于类选择器的优先级高于标记选择器,所以它层叠了之前定义的p标记文字的颜色,显示为绿色。

第3行文字同时应用了#line3 ID样式和.blue类样式。由于ID选择器优先级高于类样式选择器,所以它层叠了之前定义的文字颜色,显示为黄色。

第4行文字使用了两个类样式。由于.blue类选择器在.green类选择器之后,所以它层叠了.green类选择器设置的颜色和之前定义的文字颜色,显示为蓝色。

第5行文字应用了行内样式和ID样式。由于行内样式的优先级高于ID选择器,所以它层叠了之前定义的所有文字样式,显示为橙色。

运行例8-12中代码,显示效果如图8-18所示。

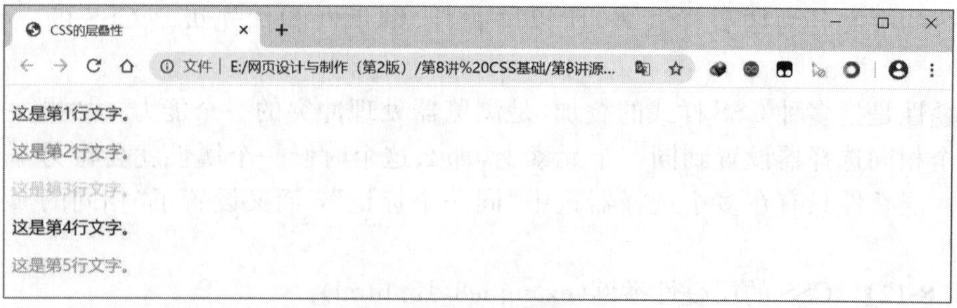

图8-18 CSS的层叠性

从上例的分析中可以看出CSS的优先级为:行内样式>ID样式>类样式>标记样式。

那什么是CSS的继承性呢?在使用CSS样式设置HTML元素样式时,可以将各个HTML标记视为一个个容器。其中,被包含的小容器会继承包含它的大容器的风格样式。所有的 CSS 样式都是基于各个标记之间的继承关系的。所谓 CSS 的继承性，是指子标记会继承父标记的所有样式风格，且可在父标记样式风格的基础上再加以修改，产生新的样式，而子标记的样式风格不会影响父标记。

恰当地运用 CSS 继承性可以简化代码，降低 CSS 样式的复杂度。

总　结

本讲重点介绍了如何将 CSS 引入 HTML 文档，CSS 的各种选择器，以及选择器的使用方法，并对 CSS 的层叠性、继承性和优先级进行了介绍。读者学习后，可对使用 CSS 样式格式化页面的操作有更加清晰的认识。在具体实施时，嵌入式和链接式样式表是常用的引用方法。

习　题 8

一、选择题

1. 使用嵌入式添加 CSS 样式，CSS 样式需要写在________。

   A. ＜title＞＜/title＞标记之间　　B. ＜head＞＜/head＞标记之间

   C. ＜body＞＜/body＞标记之间　　D. ＜style＞＜/style＞标记之间

2. 下面的选项中，CSS 样式规则的具体格式正确的是________。

   A. 选择器{属性 1:属性值 1；属性 2:属性值 2 属性 3:属性值 3}

   B. 选择器{属性 1:属性值 1，属性 2:属性值 2，属性 3:属性值 3;}

   C. 选择器{属性 1:属性值 1；属性 2:属性值 2；属性 3:属性值 3;}

   D. 选择器{属性 1:属性值 1 属性 2:属性值 2　属性 3:属性值 3}

3. 下面的选项中，CSS 样式书写正确的是________。

   A. p{font-size:12px;color:red;}　　B. p{font-size=12px;color=red}

   C. p{font:12px;}　　D. p{font-size:12;color:red;}

4. color 属性用于定义文本的颜色，以下写法正确的是________。

   A. h2{color: red;}　　B. h2{ color: "red";}

   C. h2{color: "＃F60";}　　D. h2{ color: "＃FF6600";}

5. 如果使用嵌入式 CSS 样式表定义＜p＞标记字号为 12 像素，链接式定义＜p＞标记颜色为红色，那么段落文本将显示为________。

   A. 只显示 12 像素　　B. 12 像素红色

   C. 只显示红色　　D. 以上都不正确

二、填空题

1. 在 CSS 中，设置 h1 标记字号为 16px 且颜色为红色的代码为________。
2. 行内式通过标记的________属性来设置元素的样式。
3. ID 选择器使用________进行标识。

综合实训

一、实训要求

在 Dreamweaver CS6 中，打开本讲实训文件 project8. html，按照实训内容要求，通过链接式引入 CSS 文件的方法为页面元素添加合适的样式属性，完成如图 8-19 所示的页面效果。

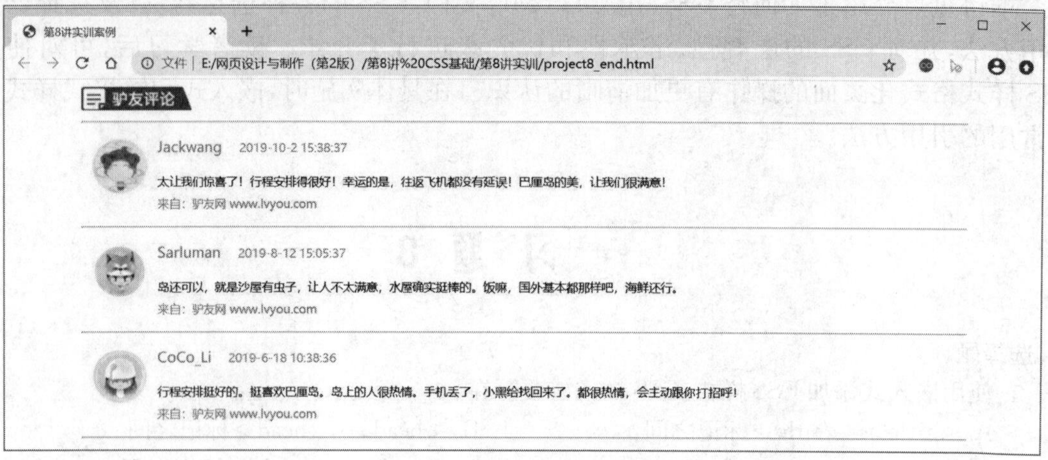

图 8-19　项目实训页面效果

二、实训步骤

1. 在 Dreamweaver CS6 中打开“project8. html”，分析其文档结构。

```
<! doctype html>
<html lang="en">
<head>
    <meta charset="utf-8">
    <title>第 8 讲 实训案例</title>
</head>
<body>
<div>
    <img src="images/icon. gif" alt=""/>
    <hr/>
    <div>
        <img src="images/img1. jpg" alt="" align="left" hspace="10" />
        <div>
            <p>Jackwang    
            <span>2019-10-2 15:38:37</span></p>
```

```
            <p>
              太让我们惊喜了！行程安排得很好！幸运的是，往返飞机都没有延误！巴厘
              岛的美，让我们很满意！<br />
              <span>来自：驴友网 www.lvyou.com</span>
            </p>
        </div>
        <hr />
    </div>
    <div>
        <img src="images/img2.jpg" alt="" align="left" hspace="10" />
        <div>
            <p>Sarluman    
            <span>2019-8-12 15:05:37</span></p>
            <p>
              岛还可以，就是沙屋有虫子，让人不太满意，水屋确实挺棒的。饭嘛，国外基
              本都那样吧，海鲜还行。<br />
              <span>来自：驴友网 www.lvyou.com</span>
            </p>
        </div>
        <hr />
    </div>
    <div>
        <img src="images/img3.jpg" alt="" align="left" hspace="10" />
        <div>
            <p>CoCo_Li    
            <span>2019-6-18 10:38:36</span></p>
            <p>
              行程安排挺好的。挺喜欢巴厘岛。岛上的人很热情。手机丢了，小黑给找回
              来了。都很热情，会主动跟你打招呼！<br />
              <span>来自：驴友网 www.lvyou.com</span>
            </p>
        </div>
        <hr />
    </div>
</div>
</body>
</html>
```

通过分析文档结构可知,页面内容主要由三个包含两个段落的内容区块构成,而这三个内容区块又被包含在一个大容器区块中。页面结构如图8-20所示。

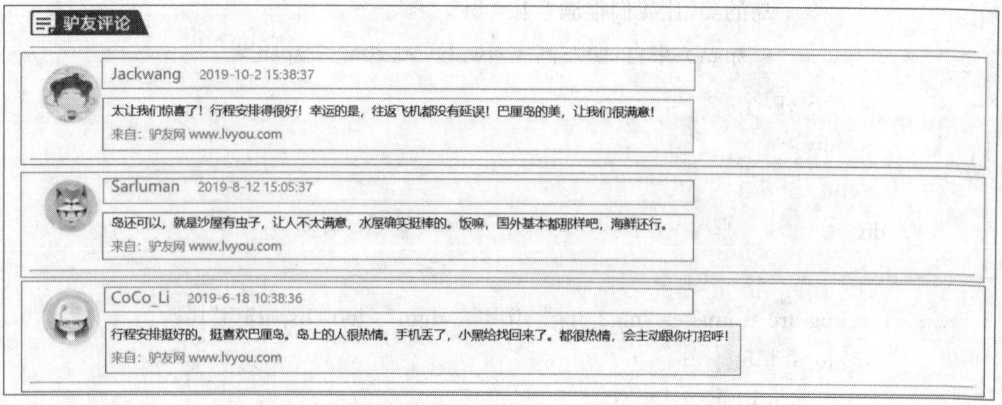

图 8-20 文档内容结构图

接下来,需要设置的页面样式主要包括:

(1)大容器区块的位置和大小属性;

(2)每个内容区块的文字大小和行间距属性;

(3)分割线的颜色属性;

(4)段落中特定位置文字的颜色和大小属性。

2. 在 Dreamweaver CS6 中新建一个 CSS 样式表文件,并将其命名为 style. css,保存在实训文件夹的 CSS 文件夹中。

(1)设置大容器区块的位置和大小属性,定义. container 类样式,代码为:

```
.container{
    width:980px;            /*定义页面内容宽度为 980 像素*/
    margin:0 auto;          /*定义页面内容在浏览器居中对齐*/
}
```

(2)设置每个内容区块的文字大小和行间距属性,定义. content 类样式,代码为:

```
.content{
    font-size:13px;         /*定义文字大小为 13 像素*/
    line-height: 25px;      /*定义文字行高为 25 像素*/
}
```

(3)设置分割线的颜色属性,定义 hr 标记样式,代码为:

```
hr{
    color: #ccc;            /*定义颜色值为#cccccc,可以简写为#ccc*/
}
```

(4)设置两处段落中特定位置的文字颜色和大小属性,定义后代选择器样式,代码为:

```
p span{
    font-size:13px;
    color: #999;
}
```

(5)定义并集选择器样式,代码为:

```
.name,span.special{
    color:#f60;
}
```

3. 在 HTML 文档中,采用链接式引入 CSS 文件的方法,在文档<head>头部标记内引入 style.css 文件。

```
<head>
    <meta charset="utf-8">
    <title>第 8 讲 实训案例</title>
    <link rel="stylesheet" type="text/css" href="css/style.css"/>
</head>
```

4. 将定义好的样式规则逐一应用于 HTML 正文文档相应元素。

```
<body>
<div class="container">
    <img src="images/icon.gif" alt="" />
    <hr/>
    <div>
        <img src="images/img1.jpg" alt="" align="left" hspace="10" />
        <div>
            <p class="name">Jackwang    
                <span>2019-10-2 15:38:37</span></p>
            <p class="content">
                太让我们惊喜了! 行程安排得很好! 幸运的是,往返飞机都没有延误! 巴厘
                岛的美,让我们很满意! <br />
                <span class="special">来自:驴友网 www.lvyou.com</span>
            </p>
        </div>
        <hr />
    </div>
    <div>
        <img src="images/img2.jpg" alt="" align="left" hspace="10" />
        <div>
            <p class="name">Sarluman    
                <span>2019-8-12 15:05:37</span>
            </p>
            <p class="content">
                岛还可以,就是沙屋有虫子,让人不太满意,水屋确实挺棒的。饭嘛,国外基
                本都那样吧,海鲜还行。<br />
                <span class="special">来自:驴友网 www.lvyou.com</span>
```

```
        </p>
      </div>
      <hr />
    </div>
    <div>
      <img src="images/img3.jpg" alt="" align="left" hspace="10" />
      <div>
        <p class="name">CoCo_Li    
          <span>2019-6-18 10:38:36</span>
        </p>
        <p class="content">
          行程安排挺好的。挺喜欢巴厘岛。岛上的人很热情。手机丢了,小黑给找回
          来了。都很热情,会主动跟你打招呼!<br />
        <span class="special">来自:驴友网 www.lvyou.com</span>
        </p>
      </div>
      <hr />
    </div>
  </div>
</body>
```

5. 保存 project8.html 页面文件,打开浏览器进行预览。

上机练习

在 Dreamweaver CS6 中,打开 practice8.html,根据要求,采用嵌入式引入 CSS 的方法,为该文档设置相应的 CSS 样式规则,使页面效果如图 8-21 所示。

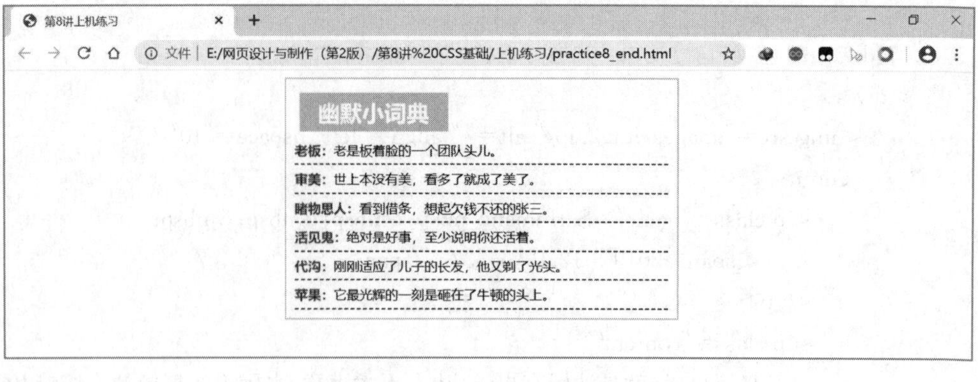

图 8-21 上机练习页面效果

具体设置要求为：

1. 区块＜div＞样式：宽度 400px，居中显示，内边距(padding)10px。

2. 边框(border)样式：线宽 1px，实线 solid，线色＃ccc。

3. 标题＜h2＞样式：宽度 150px，外边距(margin)5px，内边距 5px，颜色＃fff，背景色(background-color)＃fc0，文字对齐(text-align)居中。

4. 段落＜p＞样式：宽度 400px，外边距 0px，文字大小 14px，行高 30px。

5. 底边框(border-bottom)样式：线宽 1px，点划线 dashed，线色＃00f。

6. 段落内特定文字样式：文字粗体(font-weight)border，颜色＃f00。

思政小课堂

没有规矩，不成方圆

在这一讲的学习中，我们掌握了 CSS 的基本语法，引用方式和各种选择器的用法，通过学习，我们了解到在页面设计中使用 CSS 要遵循 CSS 标准的各项规则，否则浏览器就不能正确的解析，将样式应用在页面元素上。中国有句古话："没有规矩，不成方圆"，意思是说做什么事都得讲个规则。在网页设计中，我们要遵守 HTML 语言和 CSS 样式表语言的各项使用规则，同样的道理，我们学习、生活、工作的这个社会也是由各种社会规则集合而成的。人们活动的目的往往不同，如果没有一个规矩来约束，各行其是，社会就会陷入无秩序的混乱中。正是因为有规矩的约束，线段才不会偏离预想的轨道，才能刻下美好的痕迹。身为当代大学生，在学校要遵守学校的各项规章制度，做一名遵纪守法的好学生。今后走上工作岗位，也同样需要遵守企业的各项规章制度以及各种法律法规。如果不遵守规则，或许会给自己的工作、生活和家庭带来各种不良的影响。

第9讲　网页设计魔法师
——使用CSS设置页面元素

知识目标

- 掌握CSS字体样式属性。
- 掌握CSS文本外观属性。
- 掌握CSS背景样式属性。
- 掌握CSS列表样式属性。
- 熟悉CSS控制列表样式。
- 熟悉链接伪类控制超链接的方法。
- 掌握用CSS设置导航菜单样式的方法。

技能目标

- 熟悉CSS字体样式、文本外观、背景样式和列表样式的各类属性。
- 掌握应用各类样式属性设置页面元素的方法。

素质目标

- 具有运用科学技术和创新的理念。
- 具有自主学习、不断进取、理论联系实际的综合素养。
- 培养严谨细致的作风。

在 HTML 文档中，文字是页面内容最重要的组成部分。对文本内容进行描述的 HTML 标记大多没有格式化的功能，比如文本格式化标记<font>，其格式化属性功能较弱，不再推荐使用。目前，HTML 标记主要用于进行文档结构的描述，而对文本外观的描述任务则全部交给相关的 CSS 样式规则来处理。本讲主要针对在页面设计中常用的字体样式、文本外观、背景样式和列表样式进行详细的讲解。

9.1　文本样式

9.1.1　知识解析

在学习 HTML 标记语言时，可以使用文本格式标记及其属性控制文本的显示样式，但是这种方式繁琐且不利于代码的共享和移植。为此，CSS 提供了相应的文本样式属性。

扫码听课

1. 字体样式属性

(1)font-size

font-size 属性用于设置文字大小，可以使用多种长度单位，包括绝对长度单位和相对长度单位。绝对长度单位的含义如表 9-1 所示。

表 9-1　绝对长度单位

绝对长度单位	说　明
in	inch，英寸 ，1 in=2.54 cm=25.4 mm=72 pt=6 pc=96px
cm	厘米
mm	毫米
pt	point，点，1 pt=1/72 in
pc	picas，派卡，1 pc=12 pt

相对长度单位的含义如表 9-2 所示。

表 9-2　相对长度单位

相对长度单位	说　明
px	像素，最常用，推荐使用
em	相对于当前对象内文本的字体尺寸
ex	相对于字符“x”的高度，通常为字体高度的一半
%	百分比，相对于当前对象内文本的字体尺寸

(2)font-family

font-family 属性用于设置文字字体。在 HTML 中，文字字体可以通过<font>标记的 face 属性进行设置。而在 CSS 中，文字字体使用 font-family 属性设置。

【例 9-1】 font-family 属性的使用(example9_1. html)。

```
<style type="text/css">
```

```
    h1{
        font-family:"微软雅黑";
    }
    p{
font-family:Arial,"Times New Roman","幼圆","楷体";
    }
</style>
```

以上代码定义了 HTML 页面中 h1 标题字体为“微软雅黑”,p 段落字体定义了四个字体,分别是两个英文字体 Arial 和 Times New Roman,以及两个中文字体幼圆和楷体。其含义是告诉浏览器在浏览解析时对英文文本首先采用 Arial 字体,如果没有则采用 Times New Roman 字体;浏览中文文本时首先采用“幼圆”字体,如果没有则采用“楷体”字体。font-family 属性可以同时定义多个字体,字体之间用“,”分隔开。如果字体名称中有空格,则需要用英文双引号括起来。

运行例 9-1 中代码,显示效果如图 9-1 所示。

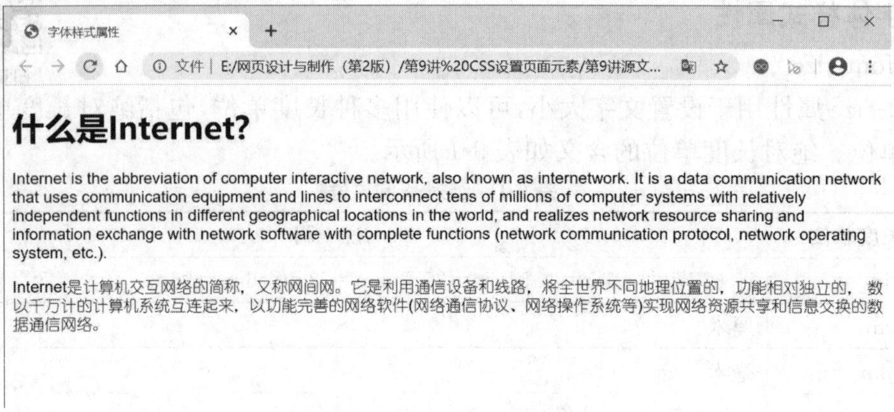

图 9-1 font-family 属性示例

(3) font-weight

font-weight 属性用于定义字体的粗细。在 HTML 中,可以使用<b>标记或者<strong>标记设置文字为粗体。在 CSS 中,可以使用 font-weight 属性对文字的粗细进行细致的划分。其属性值如表 9-3 所示。

表 9-3 font-weight 属性的设置值

设置值	说明
normal	默认值,正常的字体,相当于数字值 400
bold	定义粗体字符,相当于数字值 700
bolder	定义更粗的字符
lighter	定义更细的字符
100~900	用数字值表示字符粗细(100 的整数倍),值越大表示字体越粗

(4) font-variant

font-variant 属性用于设置变体(字体变化),一般用于定义小型大写字母,仅对英文字符有效。其属性值有如下两个。

• normal：默认值，浏览器会显示标准的字体。

• small-caps：浏览器会显示小型大写的字体，即所有的小写字母均会转换为大写字母。

【例 9-2】 font-variant 属性的使用(example9_2. html)。

```
<! doctype html>
<html lang="en">
<head>
    <meta charset="utf-8" />
    <title>font-variant 属性</title>
    <style>
    . test p {
        margin: 15px 0;
        border: 1px solid #000;
    }
    . small-caps span {
        font-variant: small-caps;
    }
    </style>
</head>
<body>
<ul class="test">
    <li>
        <strong>将文本转换为小型的大写字母</strong>
        <div>原　文: HOW DO YOU DO &<span>how do you do. </span></div>
        <div class="small-caps">转换后: HOW DO YOU DO &<span>how do you do.
          </span></div>
    </li>
</ul>
</body>
</html>
```

运行例 9-2 中代码，显示效果如图 9-2 所示。

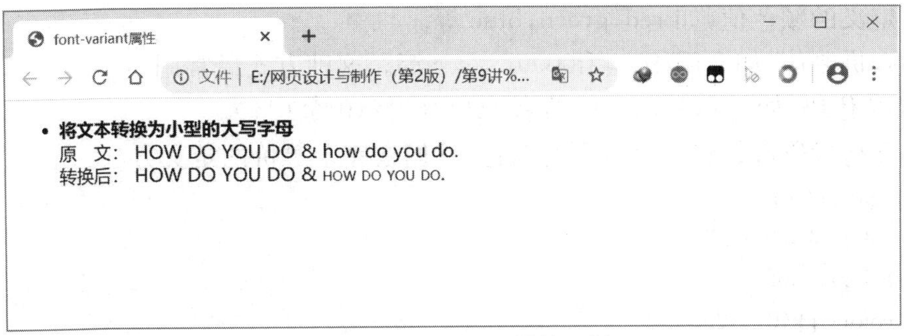

图 9-2　font-variant 属性示例

(5)font-style

font-style 属性用于定义字体风格,其属性值有如下三个。

• normal:默认值,显示正常的字体。

• italic:显示斜体的字体样式。

• oblique:显示倾斜的字体样式。

在 windows 操作系统中,并不能区分 oblique 和 italic,它们两者都是按照 italic 方式显示的。一般要设置字体为斜体,常用 italic 属性值。

(6) font

font 属性用于对字体样式进行综合设置,其基本语法格式为:

```
选择器{font: font-style font-variant font-weight font-size/line-height font-family;}
```

在使用 font 属性时,必须按照上面语法格式中的顺序书写,各属性之间用空格隔开。

下面是一组包含六个样式规则的字体样式。

```
p{
    font-family:Arial,"宋体";
    font-size:30px;
    font-style:italic;
    font-weight:bold;
    font-variant:small-caps;
    line-height:40px;
}
```

使用 font 属性,可以用一条规则进行样式设置,极大地精简了样式代码。例如,上述字体样式可以写为:

```
p{ font:italic small-caps bold 30px/40px Arial,"宋体";}
```

扫码听课

2. 文本外观属性

(1) color

color 属性用于定义文本的颜色。在 HTML 页面中,颜色统一采用 RGB 模式显示,即"红绿蓝"三原色模式。每种颜色按照明暗程度共分为 256 级,三原色可以构成的颜色共有 $256\times256\times256=2^{24}=16\ 777\ 216$ 种。颜色值的设置有如下三种方式。

• 预定义的颜色值,如 red,green,blue 等。

• 十六进制值,如 #ffffff,#ff0000,#ccc 等。这种方式最常用。

• RGB 代码,如 rgb(255,0,0)或者 rgb(100%,0%,0%)。

下面几行代码都是将文字设置为蓝色,它们是完全等价的定义方法。

```
h2{ color:blue; }
h2{ color:#0000ff; }
h2{ color:#00f; }
h2{ color:rgb(0,0,255); }
h2{ color:rgb(0%,0%,100%); }
```

第一行代码使用颜色名称 blue 作为属性值。

第二行代码使用完整的十六进制值 # 0000ff 作为属性值。

第三行代码使用简写的十六进制值 # 00f 作为属性值。形如 # aabbcc 的值可以简写为 # abc。

第四行代码使用 rgb 颜色分量的十进制值作为属性值。

第五行代码使用 rgb 颜色分量的百分比值作为属性值。

(2)letter-spacing

letter-spacing 属性用于定义字间距,其属性值有如下两种。

- normal:默认值,数值为 0。
- length:可以是不同单位的数值,允许使用负值。

【例 9-3】　letter-spacing 属性的使用(example9_3. html)。

```
<! doctype html>
<html lang="en">
<head>
<meta charset="utf-8" />
<title>letter-spacing 属性</title>
<style>
    . normal p{letter-spacing:normal;}
    . length1 p{letter-spacing:15px;}
    . length2 p{letter-spacing:-2px;}
</style>
</head>
<body>
<ul>
    <li class="normal">
        <strong>默认间隔</strong>
        <p>默认情况下的文字间隔 Hello world</p>
    </li>
    <li class="length1">
        <strong>自定义的间隔大小(正值)</strong>
        <p>自定义的文字间隔大小 Hello world</p>
    </li>
    <li class="length2">
        <strong>自定义的间隔大小(负值)</strong>
        <p>自定义的文字间隔大小 Hello world</p>
    </li>
</ul>
</body>
</html>
```

运行例9-3中代码,显示效果如图9-3所示。

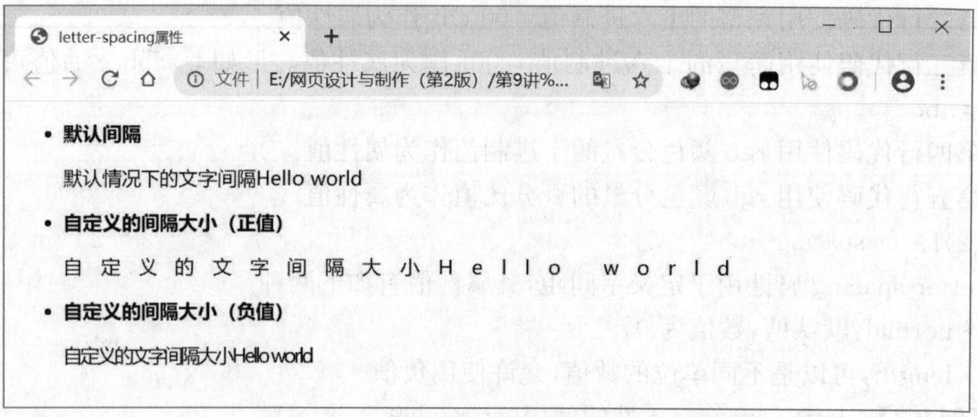

图9-3　letter-spacing属性示例

(3) word-spacing

word-spacing属性用于定义英文单词之间的间距,对中文字符无效。和letter-spacing一样,其属性值有如下两种。

• normal:默认值,数值为0。

• length:可以是不同单位的数值,允许使用负值。

(4) line-height

line-height属性用于设置行间距。所谓行间距,就是行与行之间的距离,即字符的垂直间距,一般称为行高。其属性值有如下三种。

• length:用长度值指定行高。常用px和em,不允许使用负值。

• percentage:用百分比指定行高,百分比基于文本的font-size换算。不允许使用负值。

• number:用乘积因子指定行高。不允许使用负值。

【例9-4】　line-height属性的使用(example9_4.html)。

```
<! doctype html>
<html lang="en">
<head>
<meta charset="utf-8" />
<title>line-height 属性</title>
<style>
    .test div{width:500px;margin:15px 0;}
    .test p{margin:0;font-size:30px;}
    .fixed div{line-height:20px;}
    .percentage div{line-height:130%;}
    .gene div{line-height:1.5;}
</style>
</head>
```

```
<body>
<ul class="test">
    <li class="fixed">
        <strong>固定值方式:</strong> - {line-height:20px;}
        <div>
            <p>使用固定值的方式定义 line-height,如设置行高为 20px 类似这样的固定数
            值,可能会引发文字重叠的现象。</p>
        </div>
    </li>
    <li class="percentage">
        <strong>百分比方式:</strong> - {line-height:130%;}
        <div>
            <p>使用百分比的方式定义 line-height,与使用固定数值方式一样,也可能会引
            发文字重叠的现象。</p>
        </div>
    </li>
    <li class="gene">
        <strong>因子方式:</strong> -{line-height:1.5;}
        <div>
            <p>使用因子方式定义 line-height 是非常安全的方式,可以避免文字重叠的现
            象。</p>
        </div>
    </li>
</ul>
</body>
</html>
```

运行例 9-4 中代码,显示效果如图 9-4 所示。

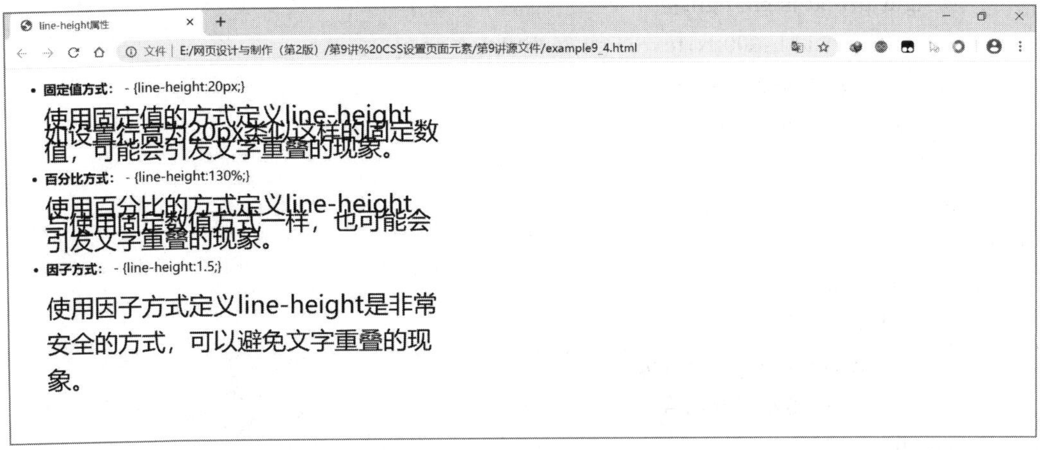

图 9-4　line-height 属性示例

(5) text-transform

text-transform 属性用于控制英文字符的大小写，其属性值有如下四种。

- none：不转换(默认值)。
- capitalize：首字母大写。
- uppercase：全部字符转换为大写。
- lowercase：全部字符转换为小写。

(6) text-align

text-align 属性用于设置文本内容的水平对齐，其属性值有如下六种。

- left：内容左对齐。
- center：内容居中对齐。
- right：内容右对齐。
- justify：内容两端对齐，但对于强制打断的行及最后一行不处理。
- start：内容对齐开始边界。
- end：内容对齐结束边界。

其中，justify、start、end 是 CSS 3.0 新增加的属性值。

【例 9-5】 text-align 属性的使用(example9_5.html)。

```
<! doctype html>
<html lang="en">
<head>
<meta charset="utf-8" />
<title>text-align 属性</title>
<style>
    .test p{border:1px solid #ccc;}
    .left p{text-align:left;}
    .center p{text-align:center;}
    .right p{text-align:right;}
    .justify p{width:300px;text-align:justify;}
    .start p{text-align:start;}
    .end p{text-align:end;}
</style>
</head>
<body>
<ul class="test">
    <li class="left">
        <strong>left</strong>
        <p>我是左对齐内容</p>
    </li>
    <li class="center">
        <strong>center</strong>
```

```
        <p>我是居中对齐内容</p>
    </li>
    <li class="right">
        <strong>right</strong>
        <p>我是右对齐内容</p>
    </li>
    <li class="justify">
        <strong>justify</strong>
        <p>这是一段可以两端对齐的文字，请仔细看看，文字的对齐方式都贴着容器左右的
        边缘。</p>
    </li>
    <li class="start">
        <strong>start</strong>
        <p>start 效果</p>
        </li>
    <li class="end">
        <strong>end</strong>
        <p>end 效果</p>
    </li>
    </ul>
</body>
</html>
```

该页面的显示效果如图 9-5 所示。

图 9-5　line-height 属性示例

(7) text-decoration

text-decoration 属性用于设置文本的下划线、上划线、删除线等修饰效果,其属性值有如下四种。

- none:指定文字无修饰(默认值)。
- underline:指定文字的修饰是下划线。
- overline:指定文字的修饰是上划线。
- line-through:指定文字的修饰是贯穿线(删除线)。

通常在设置超链接时,为了不显示默认的下划线,可以通过伪类样式设置 text-decoration 为 none。例如:

```
a:link,a:visited{ text-decoration:none;}
```

(8) text-indent

text-indent 属性用于设置首行文本的缩进,其属性值有如下两种。

- length:用长度值指定文本的缩进,可以为负值。
- percentage:用百分比指定文本的缩进,可以为负值。

在对中文段落进行首行缩进设置时,最常用的距离是“2em”。

在案例 9-1 中,如果对 p 标记样式增加“text-indent:2em;”规则,页面显示效果将如图 9-6 所示。

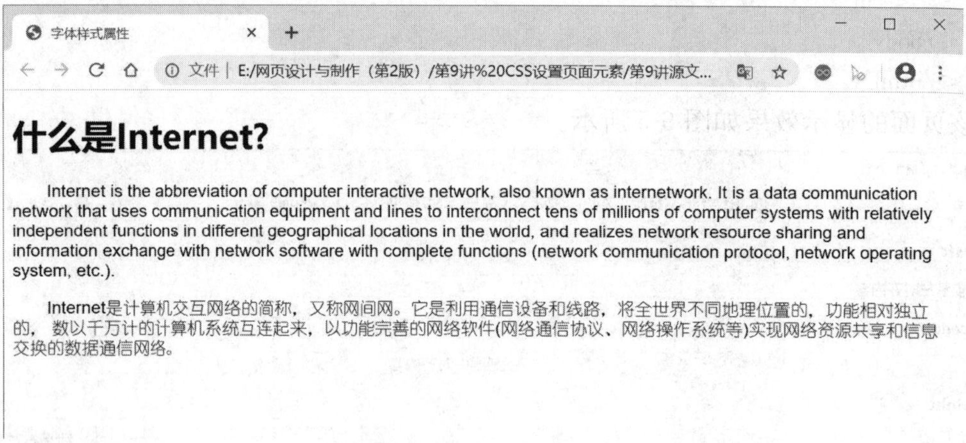

图 9-6　text-indent 属性示例

9.1.2　知识应用

扫码听课

通过上面的介绍,可以知道 CSS 中有非常丰富的字体样式和文本外观属性。利用这些样式属性可以很好地完成页面中文本内容的样式设置。下面通过一个案例详细介绍文本样式的具体应用。

【例 9-6】 制作如图 9-7 所示的介绍“专题栏目”的页面(example9_6. html)。

图 9-7　“专题栏目”页面效果

```
<! doctype html>
<html lang="en">
<head>
    <meta charset="utf-8">
    <title>文本样式案例</title>
</head>
<body>
<div>
    <img src="images/tekan. jpg" />
    <p>
        <em>导语</em>:技术更新促使<strong>人才</strong>需求大调整。大企业
        or 小公司,程序员该做何选择? 18 期《猎头特刊》为您讲述“小企业排头兵 VS 大企业螺
        丝钉”! 他们俩的思想碰撞,会迸发出怎样“竞争”的火花呢...<em>【详情】</em>
    </p>
    <p>
        <em>就业薪资</em>:月薪<strong>16000</strong>元
</p>
</div>
</body>
</html>
```

如图 9-8 所示,该页面由图像和文字两部分构成。其中,图像部分用<img />标记进行定义,文字部分用两个<p>标记定义。对于特殊显示的文本“导语”“人才”等,可

使用文本格式化标记<em>和<strong>进行定义。

图 9-8　文档结构图

根据文档结构,可以分析样式结构。该页面样式设置主要分为五个部分。

①控制页面内容的位置和显示大小。

②控制段落文本的字体(font-family)、字号(font-size)、行高(line-height)及首行文本缩进(text-indent)。

③控制特殊文本“导语”“详情”“就业薪资”的文本颜色(color)。

④控制特殊文本“人才”“16000”的文本颜色(color)。

⑤控制特殊文本“16000”的字号(font-size)。

根据上述分析,在 Dreamweaver CS6 中新建一个 CSS 文件,命名为 style9_6. css,并保存在 CSS 文件夹中。

样式代码为:

```
.container{
    width:533px;
    margin:0 auto;
    padding:5px;
    /*border:1px solid #ccc;*/
}
p{
    font-size:16px;                    /*设置段落文本的字号*/
    font-family:"微软雅黑";            /*设置段落文本的字体*/
    line-height:28px;                  /*设置段落文本的行高*/
    text-indent:2em;                   /*设置段落文本首行缩进*/
}
```

```
.blue{ color:#33F;}                          /*特殊的蓝色文本*/
.red{color:#F00;}                            /*特殊的红色文本*/
.money{ font-size:26px;}                     /*18000 的文本大小*/
```

在 example9_6.html 文档<head>头部标记中添加<link>标记链接外部 CSS 样式表文件。

```
<link rel="stylesheet" type="text/css" href="css/style9_6.css"/>
```

在<body>正文标记中，根据样式表中定义的样式分别进行样式引用。

```
<body>
<div class="container">
    <img src="images/tekan.jpg" />
    <p>
        <em class="blue">导语</em>:技术更新促使<strong class="red">人才
        </strong>需求大调整。大企业 or 小公司，程序员该做何选择？18 期《猎头特刊》为
        您讲述“小企业排头兵 VS 大企业螺丝钉”！他们俩的思想碰撞，会迸发出怎样“竞争”
        的火花呢…<em class="blue">【详情】</em>
    </p>
    <p>
        <em class="blue">就业薪资</em>:月薪
        <strong class="red money">16000</strong>元
    </p>
</div>
</body>
```

CSS 可在 HTML 文档的基础上，对 HTML 页面中的文本内容(包括字体、大小、对齐方式等)、图片的外形(包括宽高、边框、边距等)以及这些内容在页面的布局等外观显示进行设置。

9.2　背景样式

扫码听课

9.2.1　知识解析

编辑 HTML 文档时，可以通过<body>标记中的 bgcolor 属性和 background 属性设置网页的背景色和背景图片，但这两个属性在最新的 HTML 标准中已被废弃，取而代之的是采用 CSS 背景样式属性。

1. background-color

background-color 属性用来设置网页元素的背景颜色，其属性值与文本颜色的取值一样，有三种。

- 预定义的颜色值，如 red，green，blue 等。

- 十六进制值，#ffffff，#ff0000，#ccc 等。这种方式最常用。
- RGB 代码，如 rgb(255,0,0)或者 rgb(100%,0%,0%)

background-color 属性的默认值为 transparent，即背景透明，此时子元素会显示其父元素的背景。

在例 9-1 的基础上，分别对页面、标题和段落添加 background-color 属性。

```
<style>
body{
    background-color: #f1f1ff;
}
h1{
    background-color: #479ac7;
    color: #ffffff;
}
p{
    background-color: #f0dad2;
}
</style>
```

页面显示效果将如图 9-9 所示。

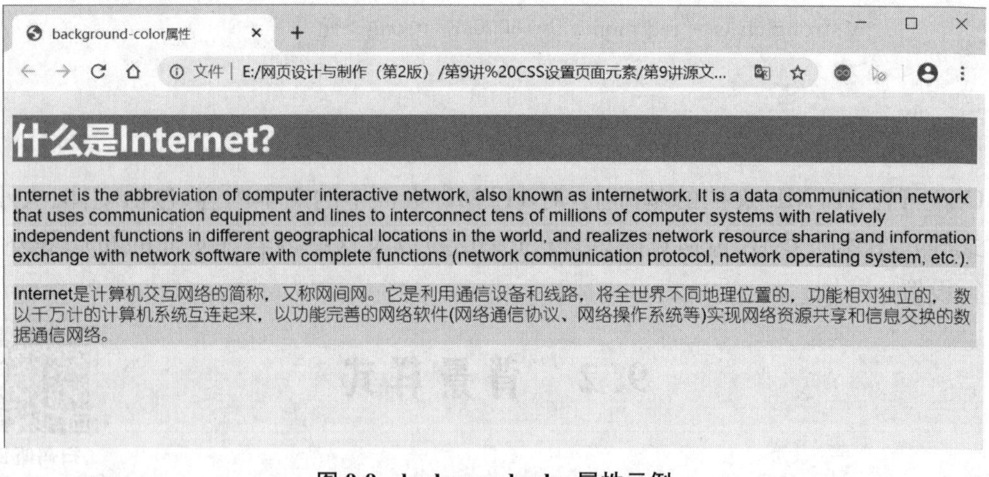

图 9-9 background-color 属性示例

2. background-image

background-image 属性用来设置网页元素的背景图片。其属性值有如下两种。

- none：无背景图，是默认值。
- url( )：使用绝对或相对路径指定背景图像文件。

在例 9-1 的基础上，对页面添加 background-image 属性，代码如下。

```
body{
    background-image: url(images/bg.jpg);
}
```

页面显示效果将如图 9-10 所示。

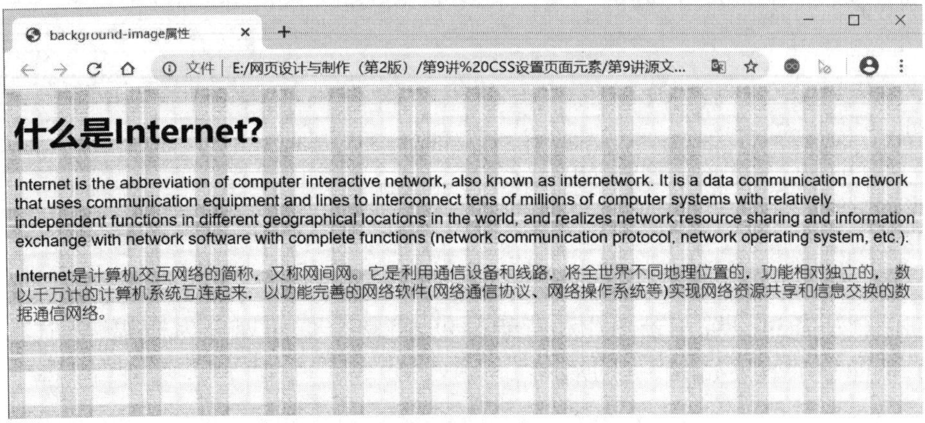

图 9-10　background-image 属性示例

3. background-repeat

background-repeat 属性用来设置背景图片平铺方式。在上例中，背景图片的文件尺寸为 132px * 132px，在浏览器显示时，背景图片会自动向水平和垂直两个方向平铺。如果不希望背景图片平铺，或者只沿着一个方向平铺，可以通过 background-repeat 属性来控制。其属性值有如下四种。

- repeat：沿水平和竖直两个方向平铺（默认值）。
- no-repeat：不平铺（图像位于元素的左上角，只显示一次）。
- repeat-x：只沿水平方向平铺。
- repeat-y：只沿竖直方向平铺。

【例 9-7】　text-align 属性的使用（example9_7. html）。

```
<! doctype html>
<html lang="en">
<head>
<meta charset="utf-8" />
<title>background-repeat 属性</title>
<style>
body{
    margin:0px;
    padding:0px;
    background-image: url(images/bg3. jpg);
    background-repeat: repeat-y;
    background-color: #ffebe5;
}
div{
    background-image: url(images/bg2. jpg);
    background-repeat:repeat-x;
```

```
}
</style>
</head>
<body>
<div>
    <img src="images/banner.jpg" />
</div>
</body>
</html>
```

上面的代码通过设置背景图片和背景颜色,将整个页面划分为横幅、导航和正文三个区块。页面显示效果如图 9-11 所示。

图 9-11　background-repeat 属性示例

横幅区图片 banner.jpg 的文件尺寸是 550px＊130px,其宽度不能占满整个浏览器的显示宽度,如图 9-12 所示。

如何才能实现 banner 内容能够自适应浏览器的显示宽度呢?方法是利用和 banner 图片同高的 bg2.jpg(如图 9-13)作为背景图片,并将其设置为横向平铺。

图 9-12　banner 图片

图 9-13　背景图片

导航区和正文区的色块划分是通过分别设置页面的背景图片和背景颜色完成的。代码如下。

```
body{
    background-image: url(images/bg3.jpg);
    background-repeat: repeat-y;
    background-color: #ffebe5;
}
```

由此可见,在 CSS 中,可以同时设置背景图片和背景颜色,且背景图片优先显示。

4. background-position

background-position 属性用来设置背景图片在不平铺的情况下出现在页面中的位置。该属性通常与“background-repeat：no-repeat；”同时使用。background-position 属性值可以用以下三种方法设置。

①使用不同单位(最常用的是像素 px)的数值，直接设置图像左上角在元素中的坐标。例如：

```
background-position:50px 50px;
```

②使用位置关键字，指定背景图像在元素中的对齐方式。

- 第一个值用于设置水平方向的位置：left(左)、center(中)、right(右)。
- 第二个值用于设置垂直方向的位置：top(上)、center(中)、bottom(下)。

例如，将背景图片设置在页面右下角显示，代码为：

```
background-position:right bottom;
```

③使用百分比，按照背景图片和元素的指定点对齐。

常见的设置值与对应位置如下。

0% 0%：表示图像左上角与元素的左上角对齐。

50% 50%：表示图像 50% 50%中心点与元素 50% 50%的中心点对齐。

20% 30%：表示图像 20% 30%的点与元素 20% 30%的点对齐。

100% 100%：表示图像右下角与元素的右下角对齐，而不是图像充满元素。

如果只有一个百分数，则此值将作为水平值，垂直值默认为 50%。

【例 9-8】 text-align 属性的使用(example9_8. html)。

```
<! doctype html>
<html lang="en">
<head>
    <meta charset="utf-8">
    <title>background-position 属性</title>
    <style type="text/css">
    body{
        background-color: #e9fbff;
    }
    . container{
        width:500px;
        margin:0 auto;
        background-image: url(images/bg4. jpg);
        background-repeat: no-repeat;
        background-position: right bottom;
    }
    </style>
```

```
</head>
<body>
<div class="container">
    <h4>旅程</h4>
    <p>夕阳 染红蓝天<br>带走 美好的一天<br>风 吹过大地<br>炫美的世界<br>
    <br>
    霞光 点亮星辰<br>燃起 辽远的梦幻<br>流星 划过夜空<br>忆起 逝夜的歌声<br>
    <br>
    是谁昨夜背上行囊<br>唱一首满载风尘的歌<br>今夜才又想起拥抱的时刻<br>
    <br>
    独自走的一段旅程<br>是否还装满苦涩<br>一路风雨飘摇 那坎坷对谁说<br>
    <br>
    来吧 看这远处亮起的点点星火<br>伸手触摸那写在匆匆旅程的歌<br>
    </p>
</div>
</body>
</html>
```

该页面显示效果如图 9-14 所示。

图 9-14　background-position 属性示例

5. background-attachment

background-attachment 属性用来设置背景图片是否随页面元素的滚动而滚动。其属性值有两种。

- scroll:图片随页面元素一起滚动(默认值)。
- fixed:图片固定在屏幕上,不随页面元素滚动。

6. background

background 属性是背景样式的复合属性，可以将背景设置的相关样式都综合定义在这个复合属性中。其语法格式为：

background：背景色 url("图像") 平铺 定位 固定；

在上面的语法格式中，各个样式的顺序可以任意调换，中间用空格隔开，不需要的样式可以省略。但在实际工作中通常按照背景色、url("图像")、平铺、定位、固定的顺序来书写。

例如在案例 9-8 中，设置背景属性用了三个背景样式，现在通过 background 属性可以合成为一条样式规则，代码为：

background：url(images/bg4.jpg) no-repeat right bottom；

9.2.2　知识应用

扫码听课

CSS 对元素背景的设置有以上六种属性，相比较 HTML 标记中对背景属性的设置，功能上有了非常大的提升。通过 CSS 背景样式，可以很好地控制背景颜色和背景图片在页面中的显示效果。

【例 9-9】 制作如图 9-15 所示的介绍“儿童摄影”的页面(example9_9.html)。

图 9-15　“儿童摄影”页面效果

```
<! doctype html>
<html lang="en">
<head>
    <meta charset="utf-8">
    <title>儿童摄影</title>
    <link rel="stylesheet" type="text/css" href="css/style9_9.css" />
</head>
<body>
```

```
<div class="bgcontent">
    <div class="pic">
        <img src="images/img1.jpg" />
        <img src="images/img2.jpg" />
        <img src="images/img3.jpg" />
        <img src="images/img4.jpg" />
    </div>
</div>
<div class="footer">小精灵儿童摄影 版权所有 2019-2020 皖 ICP 备 08001234 号  
 皖公网安备 110108007702</div>
</body>
</html>
```

该页面结构简单，由图片内容区和页脚版权区两部分构成。其中，图片内容区包括四幅图片，页脚版权区包括一段文字。这两个区域都设置了背景图片，其中图片内容区的背景图设置为不平铺，页脚版权区的背景图片设置为横向平铺。

该页面样式被定义在 style9_9.css 样式表文件中，通过 HTML<link>标记链接，具体样式代码为：

```
.bgcontent{
    width:980px;
    height:292px;
    background:url(../images/xinshang.jpg) no-repeat;
    margin:0 auto;
    padding-top:170px;
}
.bgcontent.pic{
    width:916px;
    height:260px;
    margin:0 auto;
}
img{
    margin-left:56px;
}
.footer{
    margin-top: 50px;
    width:100%;
    height:80px;
    background:url(../images/footer_bg.jpg) repeat-x;
    color: #fff;
    text-align:center;
    line-height:80px;
}
```

9.3　超链接和列表

9.3.1　知识解析

超链接是允许用户通过点击文本或图片等跳转到指定的网址或文档。在一个网站中，所有页面都是通过超链接相互连接在一起的，用户通过超链接就可以访问网站中的每个页面。在 HTML 中，超链接通常使用<a>标签来创建，其中 href 属性用于指定链接的目标地址。超链接可以是指向其他网页的 URL，也可以是指向同一网页中的特定部分(锚点)，甚至可以是指向文件下载或发送电子邮件的链接。超链接极大地增强了用户体验和信息的可访问性。

在网页设计中，超链接的颜色和样式可以通过 CSS 进行自定义，以适应网站的整体设计风格。在默认情况下，正常超链接的样式通常是文字为蓝色且有下划线，已被访问过的超链接的样式是文字为紫色且有下划线，鼠标悬停时，超链接的样式是文字为红色且有下划线。显然，这种传统的超链接样式无法满足广大用户的实际需求。通过 CSS 可以设置超链接各种状态的样式。

图 9-16 所示为设置超链接样式后比较美观的效果。

图 9-16　美观的超链接样式

列表是网页设计中使用频率非常高的元素。大多数网站设计中，无论是新闻列表，还是图像列表等，均可以以列表的形式来呈现。在 HTML 中，列表主要有无序列表、有序列表和自定义列表，每种列表都有自身的特性。引入 CSS 后，列表被赋予了很多新的属性，甚至超越了它最初设计时的功能。

对于一个成功的网站，导航菜单是不可缺少的。导航菜单的风格往往决定了整个网站的风格。因此，很多设计者都投入大量时间和精力来制作各式各样的导航菜单，从而体现网站的整体架构与风格。目前，大多数导航菜单都是基于列表结构的。

9.3.2 知识应用

扫码听课

1. 使用 CSS 设置超链接样式

在 CSS 中，设置超链接的样式可以使用伪类选择器来实现。使用以下四种伪类选择器可以设置超链接四种状态的样式。

a:link 设置正常超链接的样式；

a:visited 设置已被访问过的超链接的样式；

a:hover 设置鼠标悬停时超链接的样式；

a:active 设置鼠标单击时超链接的样式。

【例 9-10】 使用伪类选择器设置超链接样式(example9_10. html)。

```
<! doctype html>
<html>
<head>
<meta charset=″utf-8″>
<title>超链接</title>
<style type=″text/css″>
a:link{/ * 设置正常超链接的文字颜色为黑色，文字无下划线 * /
    color:black;
    text-decoration:none;
}
a:hover{/ * 设置鼠标悬停时超链接的文字颜色为红色，文字有下划线 * /
    color:red;
    text-decoration:underline;
}
</style>
</head>
<body>
<a href=″#″>超链接</a>
</body>
</html>
```

注意: 在设置超链接的四种伪类时，要按照 a:link、a:visited、a:hover、a:active 的顺序依次设置，即 LVHA。a:hover 必须位于 a:link 和 a:visited 之后，a:active 必须位于 a:hover 之后。另外，如果没有指定伪类，则默认为 a:link。

2. 使用 CSS 设置列表样式

扫码听课

下面主要介绍如何使用 CSS 设置列表的样式，包括列表项类型、列表项图像、列表项位置等。

(1)设置列表项类型

在 CSS 中，可以使用 list-style-type 属性来修改列表项的标志类型。例如，在一个无序列表中，默认情况下，每个列表项前会出现一个黑色的实心圆点，可以使用 list-style-type 属性来修改它。list-style-type 属性常用的属性值如表 9-1 所示。

表 9-1　常用的 list-style-type 属性值

属性值	显示效果
disc	默认值，实心的圆点
circle	空心圆
square	实心方块
decimal	数字
upper-alpha	大写英文字母，如 A、B、C……
lower-alpha	小写英文字母，如 a、b、c……
upper-roman	大写罗马字母，如Ⅰ、Ⅱ、Ⅲ……
lower-roman	小写罗马字母，如 i、ii、iii……
none	不显示任何符号

【例 9-11】 使用 list-style-type 属性设置列表项类型(example9_11. html)。

```
<! DOCTYPE html>
<html>
<head>
<style>
    ul {
        list-style-type: circle; /* 设置无序列表项类型为圆形 */
    }
    ol {
        list-style-type: upper-roman; /* 设置有序列表项类型为大写罗马数字 */
    }
</style>
</head>
<body>
<h2>自营图书</h2>
<ul>
    <li>《党的二十大报告辅导读本》</li>
    <li>《党的二十大与中国化时代化马克思主义理论创新》</li>
    <li>《党的二十大精神公开课》</li>
</ul>
<h2>当天发货</h2>
<ol>
    <li>《二十大精神精要解读》</li>
    <li>《党的二十大精神职工学习题库》</li>
    <li>《党的二十大报告学习辅导百问》</li>
</ol>
</body>
</html>
```

预览效果如图 9-17 所示。

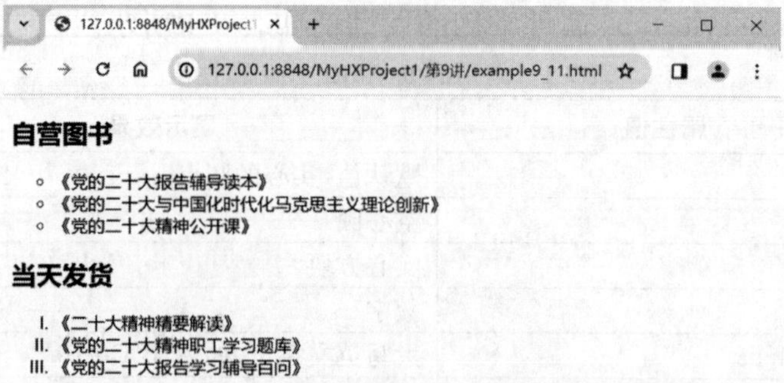

图 9-17　修改列表项类型后显示效果图

<ul>标记的默认编号是圆点符号,修改 list-style-type 属性值为 circle,此时项目列表显示为空心圆。

(2)设置列表项图像

在 CSS 中,可以使用 list-style-image 将列表项前的项目符号替换为任意图像。其语法格式为:

list-style-image:url(图片 url)|none;

说明:url 用于设置图像的地址(路径);none 为默认值,表示无图像显示。

【例 9-12】　使用 list-style-image 属性设置列表项图像(example9_12.html)。

```
<! doctype html>
<html>
<head>
<meta charset="utf-8">
<title>CSS设置列表</title>
<style type="text/css">
    li{
        list-style-type:none;
        line-height:2em;
        list-style-image:url(images/arrow.gif);
    }
</style>
</head>

<body>
<div id="list">
    <ul>
        <li>《二十大党章学习手册》</li>
        <li>《图解二十大精神》</li>
        <li>《党的二十大精神职工学习问答》</li>
    </ul>
</div>
```

```
</body>
</html>
```

预览效果如图 9-18 所示，每个项目符号都显示为小图标➤。

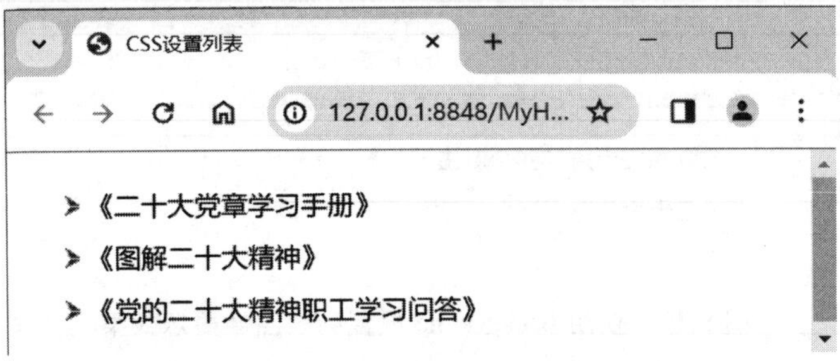

图 9-18　使用 list-style-image 设置列表项图像显示效果

这种设置列表项图像的方法比较简单，但是无法调整图像与列表文字之间的距离。如果希望项目符号采用图像的方式，一般是将 list-style-type 属性设置为 none，然后设置 li 标记的背景属性 background。

【例 9-13】 使用 background 属性设置列表项图像(example9_13. html)。

```
<! doctype html>
<html>
<head>
<meta charset="utf-8">
<title>CSS 设置列表</title>
<style type="text/css">
    li{
        list-style-type:none;
        line-height:2em;
        background:url(images/arrow. gif) no-repeat left center;
        padding-left:20px;/ * 设置 li 的左内边距为 20px,是为了调整图像和列表项文字之间的距离 * /
    }
</style>
</head>

<body>
<div id="list">
    <ul>
        <li>《党的二十大精神专题十二讲(融媒体书)》</li>
        <li>《党的二十大“四个诞生记”》</li>
        <li>《二十大关键词》</li>
    </ul>
</div>
</body>
</html>
```

预览效果如图9-19所示。

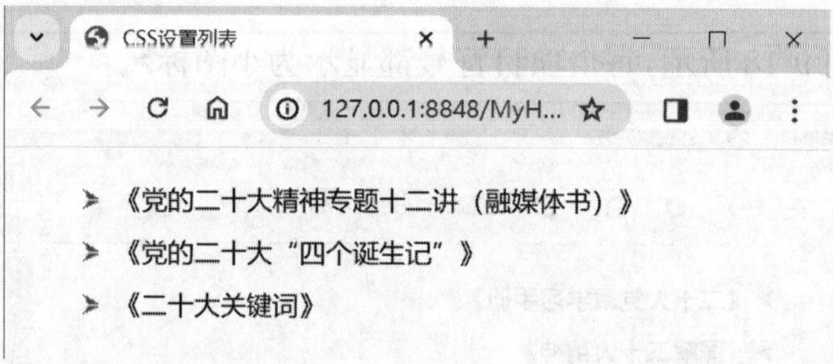

图9-19　使用background设置列表图像显示效果

从以上代码可以看出,通过设置background属性可以修改列表项图像,通过修改li的padding-left属性可以设置图像和列表项文字之间的距离。

(3)设置列表项位置

在CSS中,可以使用list-style-position属性控制列表项的位置,其语法格式为:

list-style-position:outside|inside;

- outside:列表项标记位于文本的左侧且放置在文本框以外,为默认值。
- inside:列表项项目符号放置在文本框以内。

【例9-14】　使用list-style-position属性设置列表项位置(example9_14.html)。

```
<! doctype html>
<html>
<head>
<meta charset="utf-8">
<title>CSS设置列表位置</title>
</head>
<style type="text/css">
    li{
        border:1px solid red;
    }
    .list1 li{
        list-style-position:outside;
    }
    .list2 li{
        list-style-position:inside;
    }
</style>
<body>
<ul class="list1">
    <li>《论学习贯彻党的二十大精神——人民日报评论文章合集》</li>
    <li>《学习贯彻党的二十大精神述评》</li>
    <li>《红厅论坛:读懂中国共产党二十大(中英双语)》</li>
```

```
</ul>
<ul class="list2">
    <li>《党代会历史上的 100 个第一——从一大到二十大》</li>
    <li>《党的二十大文件汇编》</li>
    <li>《解码新征程:深入学习贯彻党的二十大精神》</li>
</ul>
</body>
</html>
```

预览效果如图 9-20 所示。

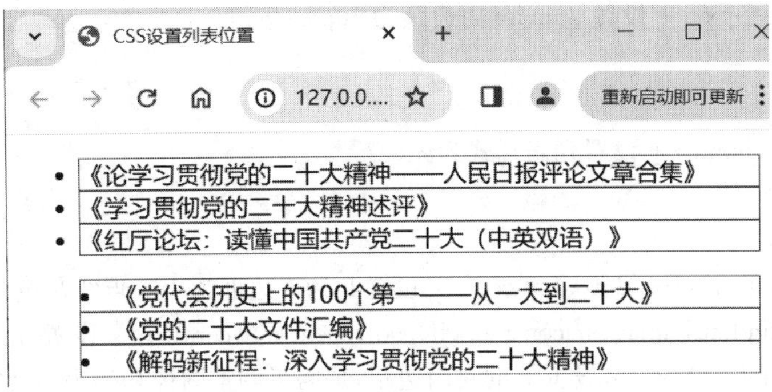

图 9-20　设置列表位置预览效果图

通过预览效果可以看出:列表项都加上了 1px 红色实线边框;将 list1 的 list-style-position 设置为 outside,列表项项目符号位于文本的左侧,且在文本框外;将 list2 列表项的 list-style-position 设置为 inside,列表项项目符号位于文本的左侧,且在文本框内。

注意:列表项类型、列表项图像、列表项位置三个属性可以用 list-style 属性简写,语法为:

```
list-style:type url(图像 url) position;
```

一般情况下,使用时直接将 list-style 属性设置为 none。

扫码听课

3. 使用 CSS 设置导航菜单样式

导航菜单大多基于列表。在制作时,可以将列表的 list-style-type 属性值设置为 none,即列表项前不显示任何项目符号,然后运用 CSS 技术来制作很多意想不到的导航效果。导航菜单一般有竖向和横向两种显示方式。将竖向导航菜单转换成横向导航菜单最重要的环节就是设置<li>标记为浮动(float)。

【例 9-15】　导航菜单制作方法举例(example9_15. html)。

```
<! doctype html>
<html>
<head>
<meta charset="utf-8">
<title>竖向导航菜单</title>
<style type="text/css">
*{
```

```
        margin:0;
        padding:0;/*设置所有元素内边距、外边距都为0*/
    }
    body{
        font-family:"微软雅黑";
        font-size:14px;
    }
    #menu{
        width:200px;
        padding:10px;/*设置#menu内边距为10px*/
    }
    #menu ul{
        list-style:none;/*设置列表样式为无*/
    }
    #menu ul li{
        border-bottom:1px dotted #ccc;/*设置li的下边框为1px点线灰色*/
        background:url(images/icon-red.gif) no-repeat left center;/*设置li的背景图像*/
        padding-left:40px;/*设置li的左内边距,是为了调整图像和列表项文字之间的距离*/
    }
    #menu ul li a{
        color:#f00;
        text-decoration:none;
        display:block;/*a显示为块元素*/
        padding:5px 10px;/*设置a的上下内边距5px,左右内边距10px*/
    }
    #menu ul li a:hover{
        color:#fff;
        background:#ff0000;
        text-align:right;
    }
    </style>
    </head>

    <body>
        <div id="menu">
            <ul>
                <li><a href="#">网站首页</a></li>
                <li><a href="#">聚焦二十大</a></li>
                <li><a href="#">学思践悟</a></li>
                <li><a href="#">主题征文</a></li>
                <li><a href="#">视频播报</a></li>
```

```
        </ul>
    </div>
</body>
</html>
```

显示效果如图 9-21 所示。

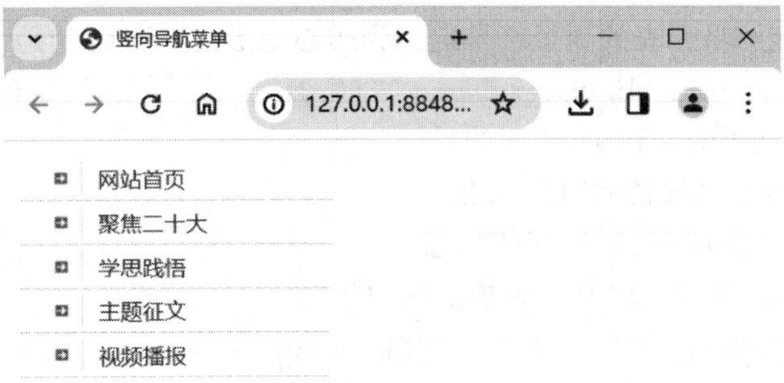

图 9-21　竖向导航菜单

将【例 9-15】中的＃menu ul li 样式修改为：

```
#menu ul li{
    border-bottom:1px dotted #ccc;
    background:url(images/icon-red.gif) no-repeat left center;
    padding-left:40px;
    float: left;
}
```

为<li>标签添加 float 属性，并将其设置为 left。

将【例 9-15】中的＃menu 的宽度(width)设置为 800px，竖向导航菜单就转变成了横向导航菜单，显示效果如图 9-22 所示。

图 9-22　横向导航菜单

总　　结

通过本讲的学习，读者可以重点掌握 CSS 设置超链接及列表样式的方法，在实际使用时，能够通过控制列表样式制作各种导航菜单。

习 题 9

一、选择题

1. 下列代码中,能够将列表的项目符号定义为实心矩形的CSS语句是________。

   A. list-type:square;　　B. type:square;　　C. type:2;　　D. list-style-type:square;

2. 下列关于链接伪类的描述中,错误的是________。

   A. a:link{}表示超链接访问时的状态

   B. a:visited{}表示访问后超链接的状态

   C. a:hover{}表示鼠标悬停其上时超链接的状态

   D. a:active{}表示鼠标点击不动时超链接的状态

3. 下列关于list-style-image属性的描述中,正确的是________。

   A. list-style-image属性只可以为无序列表的列表项设置项目图像

   B. list-style-image属性用于控制列表项显示符号的类型

   C. list-style-image属性可以为各个列表项设置列表项目图像

   D. 以上说法均正确

4. list-style-image属性的基本格式为________。

   A. list-style-image:(图像位置);

   B. list-style-image:url(图像位置);

   C. list-style-image:<img src="图像位置">;

   D. list-style-image:src(图像位置);

5. 下列代码中,可以使列表项目符号显示为"小圆圈"且位于列表文本以外的是________。

   A. list-style:circle inside;　　B. list-style:square inside;

   C. list-style:circle outside;　　D. list-style:square outside;

二、填空题

请阅读下面的代码,根据注释中的要求填写代码。

```
<! doctype html>
<html>
<head>
<meta charset="utf-8">
<title>无标题文档</title>
<style>
li{
width:80px;
font-size:18px;
________________;/*设置列表样式为数字*/
float:left;
}
a{
```

```
____________;/＊设置超链接无下划线＊/
}
____________{/＊设置鼠标悬停时超链接颜色为＃F60＊/
color:＃F60;
}
</style>
</head>
<body>
<div>
<ul>
<li><a href="＃">登录</a></li>
<li><a href="＃">注册</a></li>
<li><a href="＃">帮助</a></li>
</ul>
</div>
</body>
</html>
```

综合实训

扫码听课

一、实训要求

利用 CSS 样式设置超链接、列表等页面元素，实现如图 9-23 所示的“热门推荐榜”页面效果。

图 9-23　“热门推荐榜”效果图

二、实训步骤

1.“热门推荐榜1”制作。

(1)建立站点及素材准备。在Dreamweaver中新建站点,把素材拷贝到images文件夹中,新建主页index.html、样式表文件style/style.css。

(2)分析页面内容结构,编写HTML文档。打开index.html并链接样式表文件style/style.css,在文档body中输入如下HTML结构代码。

```
<!--hot1 sart-->
<div id="hot1" class="box">
<h1>热门推荐榜 1</h1>
<ul>
<li><a href="#">告别,无声的等待</a></li>
<li><a href="#">春天的味道</a></li>
<li><a href="#">海棠花儿开</a></li>
<li><a href="#">父亲的野蜂情缘</a></li>
<li><a href="#">禅,是开在寂的枝头最美的花</a></li>
<li><a href="#">今夜星空灿烂</a></li>
<li><a href="#">一剪心事,何处诉说</a></li>
<li><a href="#">踏六洋山 五绝海棠花</a></li>
<li><a href="#">你是一段最特别的留白</a></li>
<li><a href="#">独守的悲伤 </a></li>
</ul>
</div>
<!--hot1 end-->
```

预览效果如图9-24所示。

图9-24 “热门推荐榜1”效果图

(3)CSS 样式美化。需要设置的页面样式主要包括：

- 页面文字整体样式；
- . box 类选择器宽度、边框、边距样式；
- 标题 h1 文字、下边框、边距样式；
- 列表下边框、边距样式；
- 超链接下划线、颜色样式。

具体样式设置如下。

①定义 body 选择器样式。

```
body{
font-family:"微软雅黑";
font-size:13px;
line-height:2em;
}
```

②定义. box 类选择器样式：宽度 220px，边框 1px 灰色实线，外边距 10px，内边距 10px，并应用于＃hot1。

```
.box
{
width:220px;
border:1px solid #ccc;
margin:10px;
padding:10px;
}
```

③定义 h1 标记选择器样式：字体大小 18px，颜色＃F30，下边框 1px 灰色实线，下内边距 5px，上外边距 0。

```
h1{
font-size:18px;
color:#F30;
border-bottom:1px solid #ccc;
padding-bottom:5px;
margin-top:0;}
```

④定义 ul 标记选择器样式：左内边距 15px。

```
ul{
padding-left:15px;
}
```

⑤定义 li 标记选择器样式：下边框 1px 灰色点线。

```
ul li{
border-bottom:1px dotted #ccc;
}
```

⑥定义 a 标记选择器样式:颜色＃222,无下划线。

```
a{
color:#222;
text-decoration:none;
}
```

⑦定义 a:hover 伪类选择器样式:颜色＃f60。

```
a:hover
{
color:#f60;
}
```

预览效果如图 9-25 所示。

图 9-25 “热门推荐榜 1”效果图

2.“热门推荐榜 2”制作。

(1)编写 HTML 内容结构。

body 内复制＜！－－hot1 start－－＞...＜！－－hot1 end－－＞代码,并把 hot1 改为 hot2,h1 内文字改为“热门推荐榜 2”。

```
<!-- hot2 start-->
<div id="hot2" class="box">
<h1>热门推荐榜 2</h1>
<ul>
<li><a href="#">告别,无声的等待</a></li>
<li><a href="#">春天的味道</a></li>
<li><a href="#">海棠花儿开</a></li>
<li><a href="#">父亲的野蜂情缘</a></li>
<li><a href="#">禅,是开在寂的枝头最美的花</a></li>
<li><a href="#">今夜星空灿烂</a></li>
```

```
<li><a href="#">一剪心事,何处诉说</a></li>
<li><a href="#">踏六洋山 五绝海棠花</a></li>
<li><a href="#">你是一段最特别的留白</a></li>
<li><a href="#">独守的悲伤 </a></li>
</ul>
</div>
<!-- hot2 end-->
```

(2) CSS 样式美化。

①定义#hot2 下的 li 样式:列表图像为“images/icon1. png”。

```
#hot2 ul li
{
list-style-image:url(../images/icon1.png);
}
```

②设置. box 类选择器左浮动。

```
float:left;
```

预览效果如图 9-26 所示。

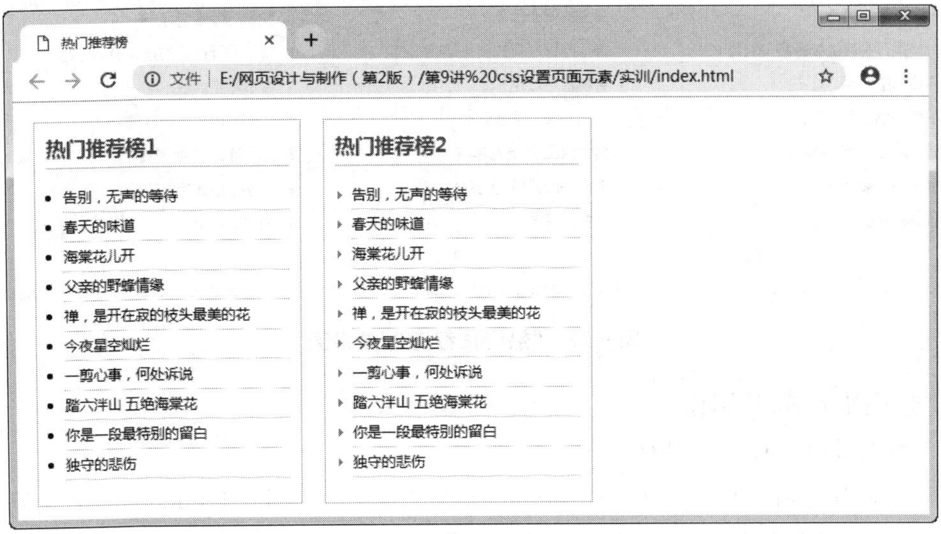

图 9-26 “热门推荐榜 2”效果图

3.“热门推荐榜 3”制作。

(1)编写 HTML 内容结构。

在 body 内复制<!——hot1 start——>...<!——hot1 end——>代码,并把 hot1 改为 hot3,h1 内文字改为“热门推荐榜 3”。

(2) CSS 样式美化。

①定义#hot3 下的 ul 样式:左内边距 0px。

```
#hot3 ul{
padding-left:0px;
}
```

②定义＃hot3下的li样式：背景图像为“images/icon2. png”，不平铺，背景图像位置分别为左、中，列表样式“无”，左内边距15px。

```
#hot3 ul li{
background:url(../images/icon2.png) no-repeat left center;
list-style:none;
padding-left:15px;
}
```

预览效果如图9-27所示。

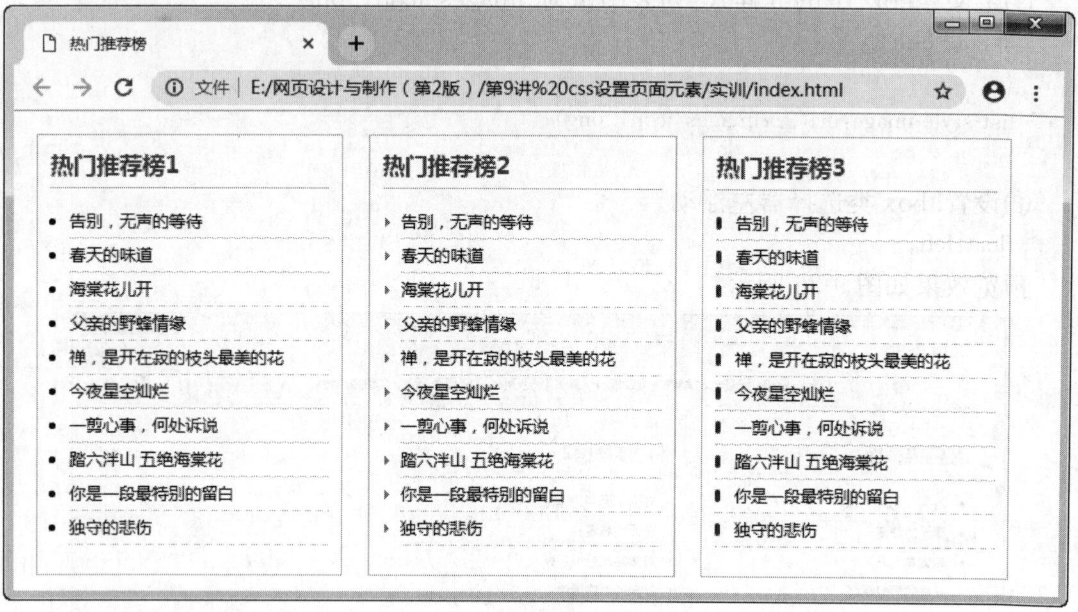

图9-27 “热门推荐榜3”效果图

4.“热门推荐榜4”制作。

(1) 编写HTML内容结构。

在body内复制＜！ ——hot1 start——＞…＜！ ——hot1 end——＞代码，并把hot1改为hot4，h1内文字改为“热门推荐榜4”。

(2) CSS样式美化。

定义＃hot3下的ul样式：背景图像为“images/icon3. gif”，不平铺，背景图像位置分别为0px—579px，列表样式为“无”，左内边距为25px。

```
#hot3 ul
{
background:url(../images/icon3.gif) no-repeat 0px—579px;
list-style:none;
padding-left:25px;
}
```

预览效果如图 9-28 所示。

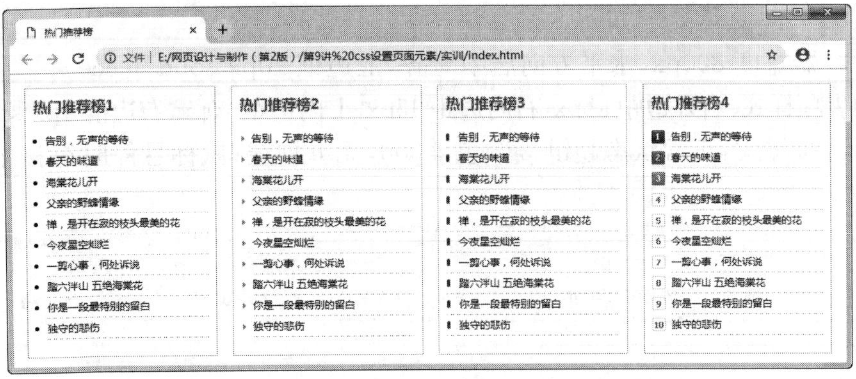

图 9-28 “热门推荐榜 4”效果图

上机练习

1. 利用 CSS 样式设置超链接、列表等页面元素，制作“云音乐飙升榜”页面，效果如图 9-29 所示。具体要求如下。

（1）大容器宽度 300px，边框 1px solid #ccc。

（2）图像样式：宽度 80px，左右外边距 10px，与后面文字处于同一行。

（3）列表样式：数字 1～3 颜色红色，奇数行背景颜色 #F4F4F4，偶数行背景颜色 #E8E8E8，最后一行文字右对齐。

（4）超链接样式：正常状态文字字体微软雅黑，大小 14px，颜色 #333，无下划线；鼠标悬停时文字颜色 #F30，有下划线。

图 9-29 “云音乐飙升榜”页面效果图

2. 利用 CSS 样式设置超链接、列表等页面元素，制作基于列表的横向导航菜单，效果如图 9-30 所示，具体要求如下。

(1)大容器宽度 800px，水平方向居中对齐，上边框 10px solid ＃eee。

(2)列表项样式：右外边距 15px，右内边距 15px，上内边距 20px，右边框 1px solid ＃eee。

(3)超链接样式：正常状态超链接颜色＃000，无下划线；鼠标悬停时链接上边框 1px solid ＃000。

图 9-30　横向导航菜单页面效果图

思政小课堂

形成严谨细致的好作风

在这一讲的学习中，我们了解并掌握了很多设置页面元素的 CSS 属性，每一种属性都可以根据实际的页面需求选择采用不同的属性值。这些属性值的设置对最终页面的呈现效果起到了决定性的作用。有时即使是 1 个像素的误差也会破坏页面显示的效果。今后，我们在实际的网页开发过程中，需要根据应用场景，灵活地选用适合的 CSS 样式属性，并为其设置合适的属性值。力争对每个页面都能做到精益求精的设计，并把这种严谨细致的做事态度保持下去。严谨细致反映的是一种工作作风，是对一切事情都有认真负责的态度，一丝不苟的精神，于细微之处见精神，于细微之处见境界，于细微之处见水平。在我们进行网页设计和制作的过程中要把严谨细致的好作风放在每一个页面元素的设计环节和每一个页面元素的制作步骤上，不心浮气躁，不好高骛远；从一件一件的具体工作做起，从最简单、最平凡、最普通的事情做起，只有这样，我们才能把页面效果做精做细，做得出彩，做出成绩。

第 10 讲　百变盒子
——CSS 盒子模型

知识目标

➢ 了解盒子模型的概念。
➢ 掌握盒子模型的相关属性。
➢ 理解块元素与行内元素的区别。

技能目标

➢ 能够使用盒子模型相关属性控制网页元素。
➢ 能够进行元素类型转换。

素质目标

➢ 具有精益求精的工匠精神。
➢ 培养规范编写代码的职业素养。

盒子模型是CSS控制页面时一个很重要的概念。只有很好地理解和掌握了盒子模型以及其中每个组成部分的含义和用法,才能真正地控制好页面中的各个元素。接下来,本讲将对盒子模型的概念、盒子模型相关属性及元素的类型和转换进行详细讲解。

10.1 盒子模型概述

扫码听课

10.1.1 知识解析

CSS盒子模型是网页布局的基础,它定义了页面元素如何显示,以及相邻元素之间如何相互影响。所谓盒子模型就是把网页中的每个元素视为一个矩形的盒子,也就是一个盛装内容的容器。这个盒子从内到外由元素的内容(content)、内边距(padding)、边框(border)和外边距(margin)四个部分组成,如图10-1所示。

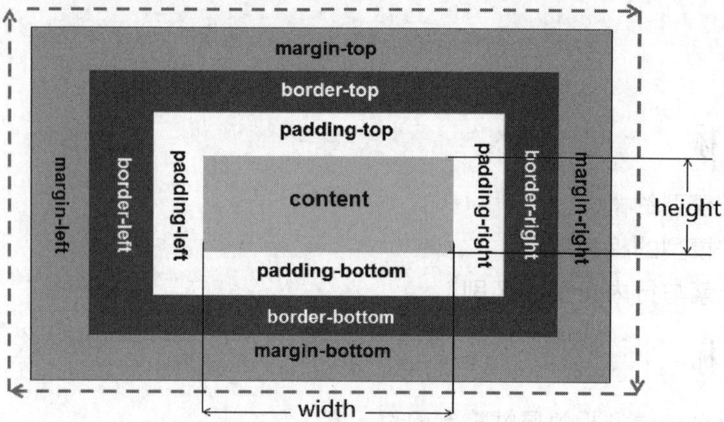

图10-1 盒子模型

如果将盒子模型比作展馆中的一幅幅画作,那么content就是画面本身,padding就是画与画框之间的留白,border就是画框,而margin就是画与画之间的距离,其效果如图10-2所示。

图10-2 盒子示意图

10.1.2　知识应用

一个页面由很多盒子排列组成，每个盒子都有固定的大小。在 CSS 中，使用宽度 width 和高度 height 对盒子的大小进行控制，如图 10-3 所示。

图 10-3　页面中的盒子排列

所有页面中的元素都可以看成是一个盒子，占据着一定的页面空间。因为还需要考虑盒子的边框、边距等参数，这些元素所占据的空间往往都要比其单纯的内容大。一般来说，盒子实际占的宽度和高度计算方式如下。

盒子实际占的宽度＝盒子宽度＋左右内边距＋左右边框＋左右外边距

盒子实际占的高度＝盒子高度＋上下内边距＋上下边框＋上下外边距

【例 10-1】　盒子模型及其宽度、高度的设置(example10_1. html)。

```
<! doctype html>
<html>
<head>
<meta charset="utf-8">
<title>盒子模型</title>
<style type="text/css">
    . box1{
            width:200px;/ * 设置宽度为 200px * /
            height:100px;/ * 设置高度为 100px * /
            background-color:red;
            border:5px solid blue;/ * 设置边框样式 * /
            padding:10px;/ * 设置内边距 * /
            margin:20px;/ * 设置外边距 * /
            }
```

```
</style>
</head>
<body>
<div class="box1">盒子模型</div>
</body>
</html>
```

预览效果如图10-4所示。在Google浏览器中,按下F12键打开前端调试工具,选择box1可以看出:盒子的宽度为200px,高度为100px,内边距为10px,边框为5px,外边距为20px,盒子实际宽度为270px,盒子实际高度为170px。

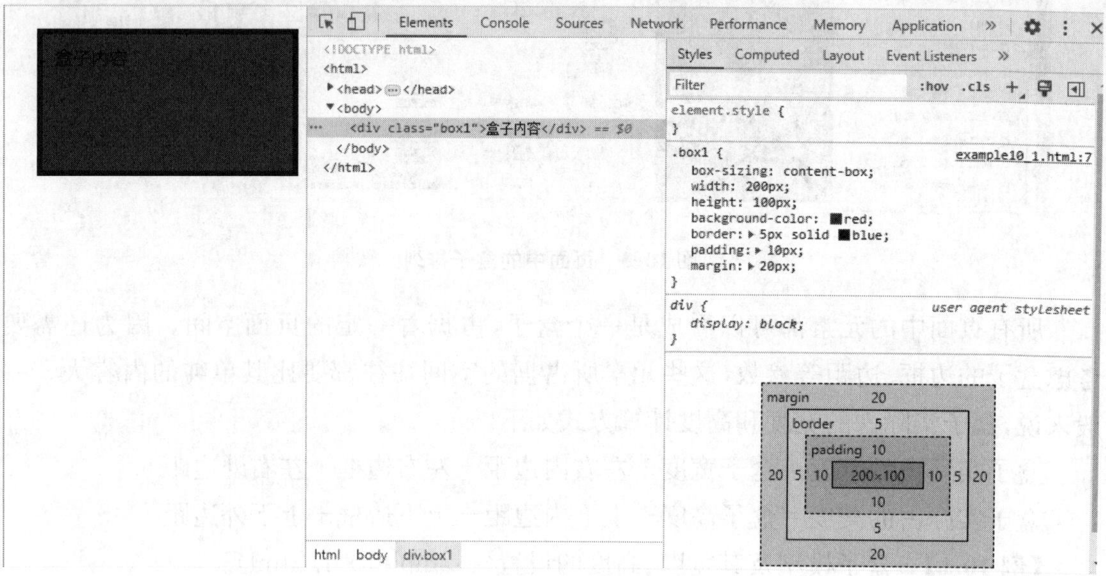

图10-4 盒子模型

10.2 盒子模型相关属性

10.2.1 知识解析

盒子模型是CSS布局的基石,它规定了网页元素如何显示以及元素间的相互关系。CSS为HTML文档中的每个盒子定义了一系列相关属性,通过对这些属性的设置可以丰富盒子的表现效果。

内容是盒子模型的中心,它呈现了盒子的主要信息,这些内容可以是文本、图像等多种类型。边框(border)是盒子的边,边框的属性有border-style、border-width和border-color及综合属性border。内边距(padding)是内容区和边框之间的空间,内边距的属性有padding-top、padding-right、padding-bottom、padding-left及综合属性padding。

外边距(margin)位于盒子的最外围,添加在边框周围的空间,外边距的属性有 margin-top、margin-right、margin-bottom、margin-left 及综合属性 margin。外边距使盒子之间不会紧凑地连接在一起,是 CSS 布局的一个重要手段。

另外,CSS3 中新增了一些与盒子模型有关的属性,如 border-radius 用于设置圆角边框,box-shadow 用于对盒子添加阴影,box-sizing 用于定义盒子的宽度值和高度值是否包含元素的内边距和边框。本节我们对 CSS 盒子模型的相关属性进行详细讲解。

10.2.2　知识应用

扫码听课

1. 边框属性

在网页设计中,常常要给内容元素设置边框效果。CSS 边框属性包括边框样式、边框宽度、边框颜色以及边框的综合属性,可以分别使用 border-style、border-width、border-color、border 来设置。下面对边框属性及其设置方法进行具体讲解。

(1)border-style

border-style 用于设置边框样式,定义页面中边框的风格。

border-top-style:上边框样式;

border-right-style:右边框样式;

border-bottom-style:下边框样式;

border-left-style:左边框样式;

border-style:上边框样式 [右边框样式　下边框样式　左边框样式];

border-style 取值有 none(无)、dotted(点线)、dashed(虚线)、solid(实线)、double(双实线)、groove(凹槽)、ridge(凸起)、inset(内陷)和 outset(外凸)等。

边框样式具体效果如图 10-5 所示。

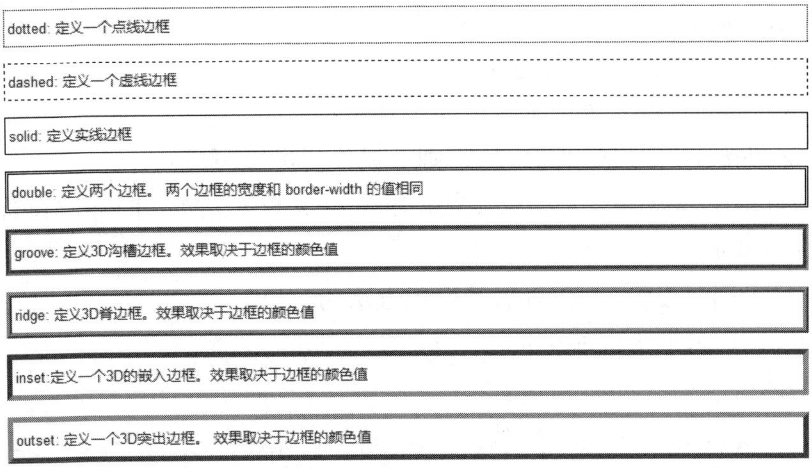

图 10-5　border-style 样式效果

使用 border-style 属性综合设置四边样式时，必须按上、右、下、左的顺时针顺序。省略时，采用值复制的原则，即一个值为四边，两个值为上、下/左、右，三个值为上/左、右/下。

例如，分别设置上、右、下、左四边的边框样式，代码为：

```
border-top-style: solid;/*上边框:实线*/
border-right-style:dotted;/*右边框:点线*/
border-bottom-style:solid;/*下边框:实线*/
border-left-style: dotted;/*左边框:点线*/
```

若用 border-style 属性综合设置，则上述代码可以写成：

```
border-style: solid dotted solid dotted;/*上实线,右点线,下实线,左点线*/
```

由于本例中上下边框样式一样，左右边框样式一样，因此上述代码可以简写为：

```
border-style: solid dotted;/*上下实线,左右点线*/
```

(2)border-width

border-width 用于设置边框宽度，一般以像素为单位。设置边框宽度的方法为：

border-top-width:上边框宽度；

border-right-width:右边框宽度；

border-bottom-width:下边框宽度；

border-left-width:左边框宽度；

border-width:上边框宽度 [右边框宽度　下边框宽度　左边框宽度]；

使用 border-width 综合设置四边宽度必须按上、右、下、左的顺时针顺序。省略时，采用值复制的原则，即一个值为四边，两个值为上、下/左、右，三个值为上/左、右/下。

例如，分别设置上、右、下、左四边的边框宽度，代码为：

```
border-top-width:1px;/*上边框:1px*/
border-right-width:2px;/*右边框:2px*/
border-bottom-width:3px;/*下边框:3px*/
border-left-width:2px;/*左边框:2px*/
```

如果用 border-width 属性综合设置，则上述代码可以写成：

```
border-width:1px 2px 3px; /*上边框宽度1px,左右边框宽度2px,下边框宽度3px*/
```

(3)border-color

border-color 用于设置边框颜色，其设置方法为：

border-top-color:上边框颜色；

border-right-color:右边框颜色；

border-bottom-color:下边框颜色；

border-left-color:左边框颜色；

border-color:上边框颜色[右边框颜色　下边框颜色　左边框颜色]；

其取值与 color 属性完全一样，可以为预定义的颜色值、十六进制、rgb(r,g,b)或 rgb(r%,g%,b%)，实际工作中最常用的是十六进制。

综合设置四边颜色必须按顺时针顺序采用值复制，即一个值为四边，两个值为上、下/左、右，三个值为上/左、右/下。

例如，分别设置上、下边框和左、右边框的颜色，代码为：

```
border-color: #333 red; /* 设置上下边框颜色为#ccc,左、右边框颜色为 red */
```

注意：设置边框颜色时，必须设置边框样式属性。如果未设置样式或将样式设置为 none，则边框颜色、边框宽度无效。

(4)综合设置边框

使用 border-style、border-width、border-color 虽然可以实现丰富的边框效果，但是这种书写方式繁琐且不便于阅读。因此，在 CSS 中经常使用 border 属性综合设置边框的样式，其语法格式为：

```
border: border-width border-style border-color;
```

上面的设置方式中，border-width、border-style、border-color 的顺序不分先后，可以只设置指定的属性，省略的部分将取默认值(border-style 不能省略)。

例如：

```
border: 1px dashed red; /* 设置边框样式,各个值不分顺序 */
```

要注意的是，使用 border 属性一次性设置边框的样式，仅适用于四个方向的边框效果都一样的情况。若各边框效果要求不同，则可通过单侧边框综合属性 border-top、border-right、border-bottom、border-left 分别进行设置。

例如，单独定义上边框样式，代码为：

```
border-top: 1px solid red; /* 设置上边框样式 */
```

像 border、border-top 等，能够用一个属性定义元素的多种样式，这种属性在 CSS 中被称为复合属性。常用的复合属性有 font、border、margin、padding 和 background 等。实际工作中常使用复合属性，因为它可以简化代码，提高页面的运行速度。但是，如果只有一项值，那么最好不要应用复合属性。

【例 10-2】 边框 border 属性的使用(example10_2. html)。

```
<! doctype html>
<html>
<head>
<meta charset="utf-8">
<title>设置 border 属性</title>
<style type="text/css">
    div{
        width: 200px;
```

```
        height: 100px;
        line-height: 100px;
        text-align: center;
        border:2px solid #ff0000;           /*设置 div 边框样式为 2px 实线红色*/
        margin-bottom:10px;
    }
    #box2
    {
        border-top:3px dotted #ff00ff; /*设置 box2 的上边框样式为 3px 点线 颜色值#ff00ff*/
        border-right:3px dashed #ff8800;
                              /*设置 box2 的右边框样式为 3px 虚线 颜色值#ff8800*/
        border-bottom-width:5px;     /*设置 box2 的下边框宽度为 5px*/
        border-left-color:#000000;          /*设置 box2 的左边框颜色为黑色*/
    }
</style>
</head>
<body>
    <div id="box1">box1</div>
    <div id="box2">box2</div>
</body>
</html>
```

运行上例中代码,显示效果如图 10-6 所示。其中,box1、box2 的宽度为 200px,高度为 100px,内联高度为 100px,文字水平居中,它们的边框样式均为 2px、实线、红色边框;对于 box2,重新设置其上边框为 3px、点线,颜色值为#ff00ff,其右边框为 3px、虚线,颜色值为#ff8800,其下边框宽度为 5px,左边框为黑色。

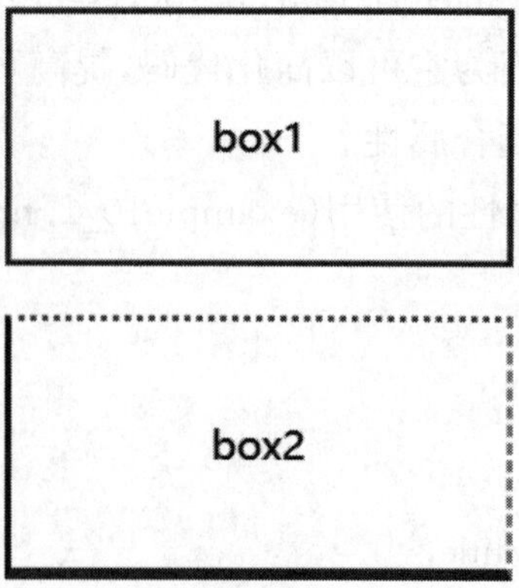

图 10-6 设置边框 border 属性

(5)圆角边框

扫码听课

在网页设计中，经常需要设置圆角边框，此时可以使用 CSS3 中的 border-radius 属性将矩形边框圆角化，其基本语法格式为：

border-radius：参数 1/参数 2；

“参数 1”表示圆角的水平半径，“参数 2”表示圆角的垂直半径，参数 1 和参数 2 以“/”分隔，取值可以为像素或百分比。仅设置一个参数，表示水平半径与垂直半径相等。如果水平半径、垂直半径分别大于等于盒子宽度、高度的一半，宽度与高度一致时就显示为圆形，不一致时就显示为椭圆形。

参数 1、参数 2 都可以同时设置一到四个值。

如果设置一个值，则表示四个圆角都使用这个值。

如：border-radius：10px 表示设置 div 对象盒子四个角均为 10px 圆角。

如果设置两个值，则表示左上角和右下角使用第一个值，右上角和左下角使用第二个值。

如：border-radius：0 30px；表示设置 div 对象盒子左上角和右下角为直角，其他两个角为 30px 圆角。

如果设置三个值，则表示左上角使用第一个值，右上角和左下角使用第二个值，右下角使用第三个值。

如：border-radius：0 30px 50px；表示设置 div 对象盒子左上角为直角，右上角和左下角为 30px 圆角，右下角为 50px 圆角。

如果设置四个值，则依次对应左上角、右上角、右下角、左下角(顺时针顺序)。

如：border-radius： 5px 10px 30px 40px；设置 div 对象盒子左上角为 5px 圆角，右上角为 10px 圆角，右下角为 20px 圆角，左下角为 40px 圆角。

border-radius 还可以用斜杠设置第二组值。第一组值表示水平半径,第二组值表示垂直半径。第二组值也可以同时设置一到四个值,应用规则与第一组值相同。

如:border-radius:20px/50px;表示设置 div 对象盒子四个角的水平半径均为 10px,垂直半径均为 50px。

除了同时设置四个圆角以外,还可以单独对每个角进行设置。对应四个角,CSS3 提供四个单独的属性:

①border-top-left-radius;

②border-top-right-radius;

③border-bottom-right-radius;

④border-bottom-left-radius。

这四个属性都可以同时设置一到两个值。如果设置一个值,则表示水平半径与垂直半径相等。如果设置两个值,则第一个值表示水平半径,第二个值表示垂直半径。

如:border-top-left-radius:20px 40px;表示设置 div 对象盒子左上角水平半径为 20px,垂直半径为 40px。

【例 10-3】 圆角边框的使用(example10_3.html)。

```
<! doctype html>
<html>
<head>
<meta charset="utf-8">
<title>动物</title>
<style type="text/css">
ul{
    list-style-type:none;              /*列表样式为无*/
}
ul li{
    float:left;                        /*左浮动,列表水平排列*/
    margin-right:30px;
}
ul li img{
```

```
        width:120px;
        height:120px;
        border:1px solid #ccc;                /*设置图像边框样式*/
        border-radius:100px;                  /*圆角半径为 100px*/
    }
    ul li span{
        display:block;                        /*span 转换为块元素,在下一行显示*/
      text-align:center;
    }
    </style>
    </head>
    <body>
    <div>
    <ul>
    <li><img src="images/pic001.jpg"><span>大熊猫</span></li>
    <li><img src="images/pic002.jpg"><span>松鼠</span></li>
    <li><img src="images/pic003.jpg"><span>企鹅</span></li>
    <li><img src="images/pic004.jpg"><span>大象</span></li>
    </ul>
    </div>
    </body>
    </html>
```

运行例 10-3 中的代码,显示效果如图 10-7 所示。图像的宽度、高度都是 120px,4 个角的圆角半径都是 100px,大于图像宽度、高度的一半,显示为圆形。

大熊猫　　松鼠　　企鹅　　大象

图 10-7　图像圆角边框设置

扫码听课

2. 内边距属性

在网页设计中,为了调整内容在盒子中的显示位置,常常需要给元素设置内边距。所谓内边距,指的是元素内容与边框之间的距离,也称为填充。在 CSS 中,padding 属性用于设置内边距,同边框属性 border 一样,padding 也是复合属性。其相关设置方法为:

padding-top:上内边距;

padding-right:右内边距;

padding-bottom:下内边距;

padding-left:左内边距;

padding:上内边距[右内边距,下内边距,左内边距];

同边框相关属性一样,使用复合属性 padding 定义内边距时,必须按照顺时针顺序采用值复制,一个值对应四边,两个值对应上、下/左、右,三个值对应上/左、右/下。

例如:使用 padding-top、padding-right、padding-bottom 和 padding-left 分别设定上、右、下、左内边距为 5px、10px、5px、10px,代码如下。

```
padding-top:5px;/*上内边距*/
padding-right:10px;/*右内边距*/
padding-bottom:5px;/*下内边距*/
padding-left:10px;/*左内边距*/
```

也可以用 padding 复合属性一次设定,代码如下。

```
padding:5px 10px;
```

注意:padding 属性不允许为负值。

【例 10-4】 内边距的设置(example10_4.html)。

```
<!doctype html>
<html>
<head>
<meta charset="utf-8">
<title>设置内边距 padding 属性</title>
<style type="text/css">
#father{
    width: 200px;
    border: 1px solid #ccc;
    padding: 10px;                    /*设置四个方向内边距都为 10px*/
}
#son{
    border: 1px solid red;
    padding: 5px 10px 15px 20px;      /*设置上、右、下、左四个方向内边距*/
}
</style>
</head>
<body>
<div id="father">
<div id="son">设置内边距 padding 属性</div>
</div>
</body>
</html>
```

上面的代码中定义了页面中的两个 div,id 分别为 father、son,通过 CSS 样式分别定义了两个 div 的样式。其中,father 内边距为 10px, son 的上、右、下、左四个方向内边距分别为 5px、10px、15px、20px。该页面在浏览器中的显示效果如图 10-8 所示。

图 10-8　设置内边距 padding 属性

3. 外边距属性

外边距(margin)用于控制元素与元素之间的距离，其属性有 margin-top、margin-right、margin-bottom、margin-left 及综合属性 margin。其相关设置方法如下。

margin-top：上外边距；

margin-right：右外边距；

margin-bottom：下外边距；

margin-left：左外边距；

margin：上外边距 [右外边距　下外边距　左外边距]；

外边距(margin)具体的设置方法同内边距(padding)，这里不再赘述。下面具体介绍 margin 的使用。

(1)清除元素默认内、外边距

为了更方便地控制网页中的元素，制作网页时，通常先清除元素的默认内、外边距。

```
*{
    padding:0;            /*清除内边距*/
    margin:0;             /*清除外边距*/
}
```

(2)盒子水平居中

margin 属性的取值可以是 auto 值，这一特性的重要应用是在 CSS 布局中使宽度已定的盒子在页面中水平居中显示。

【例 10-5】　盒子在水平方向居中的使用(example10_5. html)。

```
<!doctype html>
<html>
<head>
<meta charset="utf-8">
<title>box1 水平方向居中显示</title>
<style type="text/css">
#box1{
  width: 400px;
  margin:0 auto;                 /*设置水平方向为 auto,box1 在水平方向居中显示*/
  border: 2px solid #ff0000;
  padding: 10px;
}
```

```
</style>
</head>
<body>
<div id="box1">
  通过 margin:0 auto;设置 box1 水平方向居中显示
</div>
</body>
</html>
```

运行例 10-5 中代码,显示效果如图 10-9 所示。

图 10-9　设置 box1 水平方向居中显示

(3)margin 控制元素之间的距离

在使用 margin 属性控制元素与元素之间的距离时,在水平方向,紧邻的两个元素之间的距离为第一个元素的 margin-right 加上第二个元素的 margin-left。但在垂直方向,紧邻的两个元素之间的距离就不再是上面元素的 margin-bottom 和下面元素的 margin-top 之和,而是两者中的较大者。

下面通过案例 10-6(example10_6. html)来说明如何使用 margin 属性控制两个垂直方向紧邻的元素之间的距离。

在例 10-2 中,设置了 box1 的 margin-bottom 为 10px,通过设计视图下预览可以看出上、下盒子之间的距离为 10px,如图 10-10 所示。

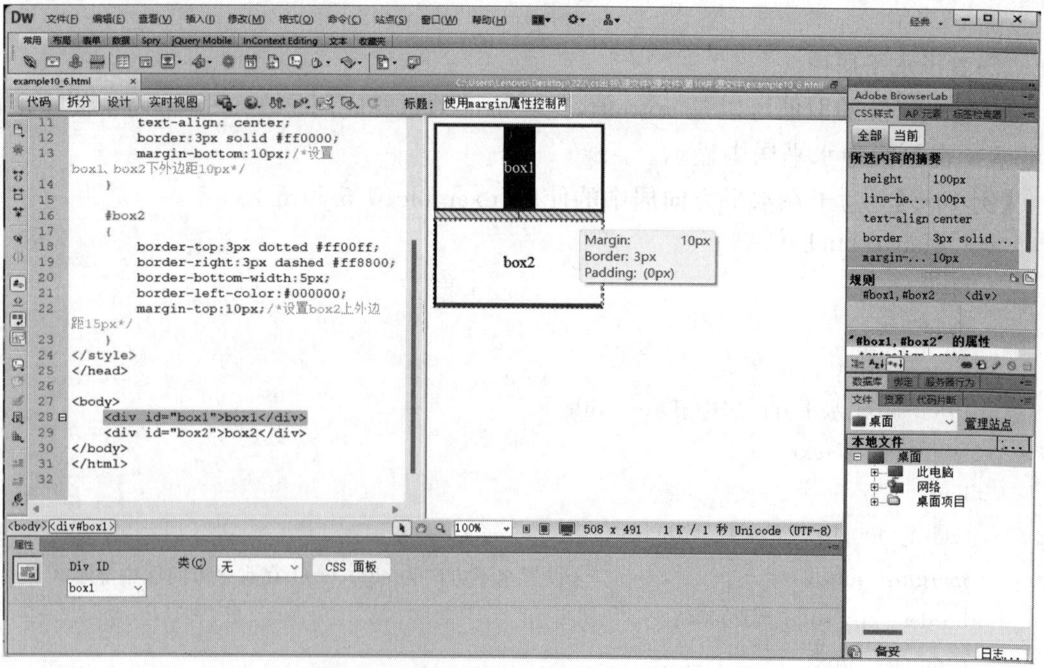

图 10-10　垂直方向两个元素之间的距离为 10px

现在设置 box2 的 margin-top 为 20px，上、下两个盒子之间的距离则为上边盒子的 margin-bottom 与下面盒子的 margin-top 中的较大者，即 20px，代码如例 10-6 所示，效果图如 10-11 所示。

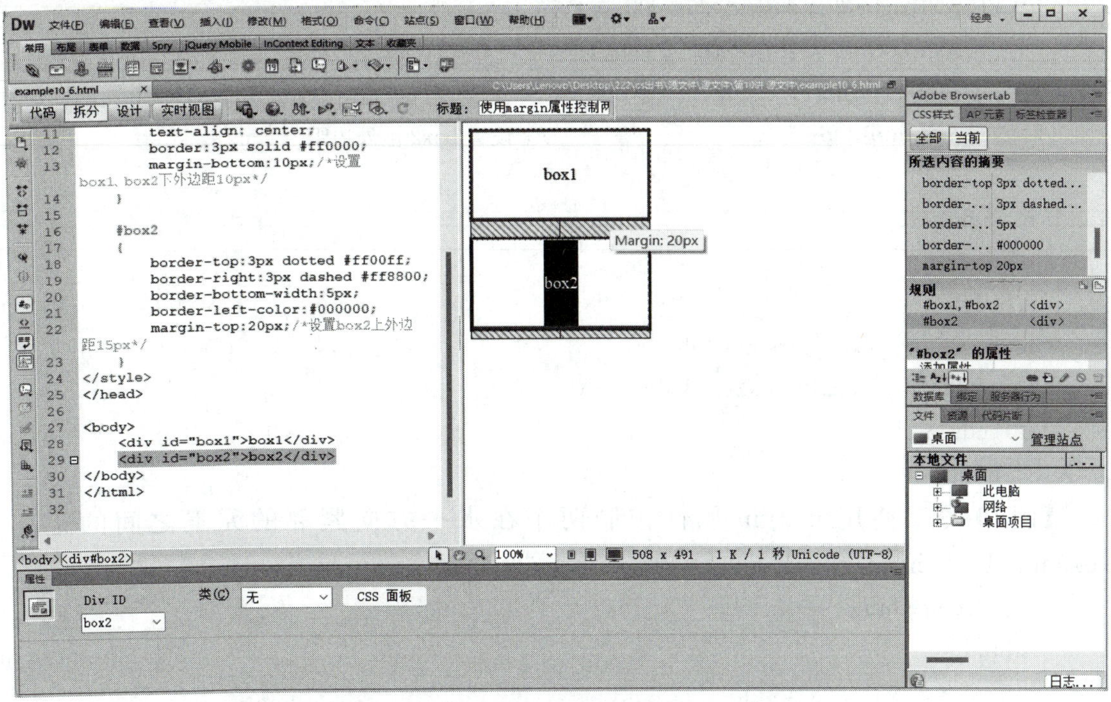

图 10-11　两个在垂直方向紧邻的元素之间的距离为 15px

【例 10-6】　使用 margin 属性控制两个在垂直方向紧邻的元素之间的距离（example10_6. html）。

```
<! doctype html>
<html>
<head>
<meta charset="utf-8">
<title>使用 margin 属性控制两个在垂直方向紧邻的元素之间的距离</title>
<style type="text/css">
#box1,#box2{
    width: 200px;
    height: 100px;
line-height: 100px;
    text-align: center;
    border:3px solid #ff0000;
#box{margin-top:20px;}
span{background-color: #ff0000;color: #ffffff;padding:10px;
    margin-bottom:10px;                    /*设置 box1、box2 下外边距 10px*/
}
```

```
#box2
{
    border-top:3px dotted #ff00ff;
    border-right:3px dashed #ff8800;
    border-bottom-width:5px;
    border-left-color:#000000;
    margin-top:20px;                    /*设置 box2 上外边距为 20px*/
}
</style>
</head>
<body>
    <div id="box1">box1</div>
    <div id="box2">box2</div>
</body>
</html>
```

【例 10-7】 使用 margin 属性控制两个在水平方向紧邻的元素之间的距离(example10_7.html)。

```
<! doctype html>
<html>
<head>
<meta charset="utf-8">
<title>使用 margin 属性设置两个在水平方向紧邻的元素之间的距离</title>
<style type="text/css">
#box{margin-top:20px;}
    span{background-color: #ff0000;color: #ffffff;padding:10px;
}
#span1{margin-right: 20px;}
#span2{margin-left: 15px;}
</style>
</head>
<body>
    <span id="span1">左边元素 span1</span>
    <span id="span2">右边元素 span2</span>
</body>
</html>
```

运行例 10-7 中代码,显示效果如图 10-12 所示。在 Google 浏览器中,按下 F12 键打开前端调试工具,选择 span1 元素,可以看到 span1 的右外边距为 20px,选择 span2 元素,可以看到 span2 的左外边距为 15px,所以两个水平方向紧邻的元素之间的距离等于

span1 元素的 margin-right(等于 20px)和 span2 元素的 margin left(等于 15px)之和,即 35px。

图 10-12　两个在水平方向紧邻的元素之间的距离

扫码听课

4. box-shadow 属性

在网页制作中,经常需要对盒子添加阴影效果。CSS3 中的 box-shadow 属性可以实现阴影的添加,其基本语法格式为:

box-shadow: offset-x offset-y blur spread color inset;

offset-x:水平阴影的位置,必选,可以为负值。

offset-y:垂直阴影的位置,必选,可以为负值。

blur:阴影模糊半径,可选;只能取正值;0 即无模糊效果,值越大阴影边缘越模糊。

spread:阴影扩展半径,可选。正值阴影扩大,负值阴影缩小。

color:阴影的颜色,可选。如果不设置,浏览器会取默认颜色,通常是黑色,但各浏览器默认颜色有差异,建议不要省略。

inset:关键字,内部阴影 inset/外部投影 outset(默认),可选。

【例 10-8】 box-shadow 属性设置方法(example10_8. html)。

```
<! doctype html>
<html>
<head>
<meta charset="utf-8">
<title>盒子阴影</title>
<style type="text/css">
    div{
    width:100px;
    height:100px;
    line-height:100px;
    text-align: center;
    border:3px solid #ff8800;
    margin-right:30px;
    float:left;                    /*通过 float 设置左浮动,使 div 水平排列*/
}
.box1{
    box-shadow:5px 10px;           /*设置水平阴影的位置为 5px,垂直阴影的位置为 10px*/
}
.box2{
    box-shadow:5px 10px 5px;       /*设置阴影模糊半径为 5px*/
}
```

```
.box3{
    box-shadow:5px 10px 5px 5px;        /*设置阴影模糊半径为 5px,阴影扩展半径为 5px*/
}
.box4{
    box-shadow:5px 10px 5px 5px #ff0000;   /*设置阴影模糊半径为 5px,阴影扩展半径为
                                            5px,阴影颜色为红色*/
}
.box5{
    box-shadow:5px 10px 5px 5px #ff0000 inset;   /*设置阴影模糊半径为 5px,阴影扩展半径为
                                                  5px,阴影颜色为红色,阴影为内部阴影*/
}</style>
</head>
<body>
<div class="box1">1</div>
<div class="box2">2</div>
<div class="box3">3</div>
<div class="box4">4</div>
<div class="box5">5</div>
</body>
</html>
```

运行例 10-8 中代码,显示效果如图 10-13 所示。box1 水平方向阴影半径为 5px,垂直方向阴影半径为 10px;box2 增加了模糊半径 5px;box3 增加了扩展半径 5px;box4 设置阴影颜色为红色;box5 通过 inset 设置阴影为内部阴影。

图 10-13　box-shadow 阴影效果

5. box-sizing 属性

在进行网页布局时,通常需要设置盒子的宽度。当一个盒子的总宽度确定之后,要想给盒子添加边框或内边距,就需要更改 width 属性值,以保证盒子总宽度不变,操作起来繁琐且容易出错。运用 CSS3 中的 box-sizing 属性可以解决这个问题。CSS3 中的 box-sizing 属性用于定义盒子的宽度值和高度值是否包含元素的内边距和边框,其语法格式为:

```
box-sizing:content-box|border-box;
```

- content-box 定义宽度和高度时,它的参数值不包括 padding 和 border。
- border-box 定义宽度和高度时,它的参数值包括了 padding 和 border。

【例 10-9】 box-sizing 属性设置(example10_9.html)。

```
<! doctype html>
```

```
<html>
<head>
<meta charset="utf-8">
<title>box-sizing 属性设置</title>
<style type="text/css">
    div{
        width:300px;
        height:100px;
    }
    .box1 {
        padding: 50px;
        border: 3px solid #ff0000;
    }
    .box2 {
        border: 5px solid #000000;
        box-sizing: content-box;            /* 参数值不包括 padding 和 border */
    }
    .box3 {
        padding: 50px;
        border: 10px solid #ff8800;
        box-sizing: border-box;             /* 参数值包括了 padding 和 border */
    }
</style>
</head>
<body>
<div class="box1">box1 这个盒子实际宽度 406px</div>
<div class="box2">box2 这个盒子实际宽度 310px</div>
<div class="box3">box3 这个盒子实际宽度 300px</div>
<br/>
<div class="box4" style="width:300px ! important;height:100px;background: #cccccc;">
box4 这个盒子实际宽度 300px</div>
<div class="box5" style="width:310px ! important;height:100px;background: #ff0000;">
box5 这个盒子实际宽度 310px</div>
</body>
</html>
```

运行例 10-9 中的代码，显示效果如图 10-14 所示。

box1 没有设置 box-sizing 属性，默认情况下，其实际宽度＝宽度 300px＋左、右边框 6px＋左、右内边距 100px＝406px。

box2 设置了 box-sizing 为 content-box，其实际宽度＝宽度 300px＋左、右边框 10px＝310px。

box3 设置了 box-sizing 为 border-box,其实际宽度＝宽度 300px＝300px。

注意:我们可以对比参考 box4(宽度 300px),box5(宽度 310px)。

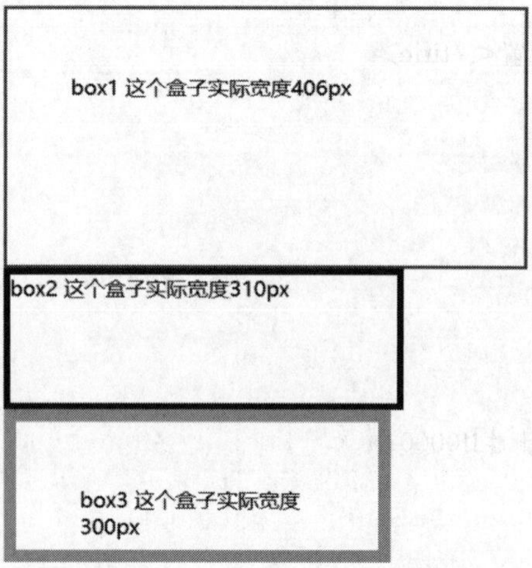

图 10-14　box-sizing 属性设置效果

10.3　元素类型与转换

扫码听课

10.3.1　知识解析

块元素在页面中以区域块的形式出现,其特点是每个块元素会独占一行,其宽度自动填满其父元素宽度,可以对其设置宽度、高度等属性,其内可以容纳行内元素和其他块元素,常用于网页布局和网页结构的搭建。

常见的块元素有:div、p、form、ul、ol、l、dl, dt、h1～h6、table、form、menu 等。

行内元素也称为内联元素或内嵌元素,其特点是不会独占一行。相邻的行内元素会排列在同一行里,直到一行排不下才会换行,不能设置宽度、高度属性,仅仅靠自身的字体大小和图像尺寸来支撑结构,其内只能容纳文本或者其他行内元素,不能容纳块元素。行内元素常用于控制页面中文本的样式。

常见的行内元素有:span、a、em、strong、b、lable、img、input 等。

注意:其中 img、input 比较特殊,它们虽然属于行内元素,但是可以设置宽度和高度,有些资料里称它们为行内块元素。

【例 10-10】 块元素与行内元素的特点举例(example10_10. html)。

```
<! doctype html>
<html>
<head>
<meta charset="utf-8">
<title>块元素与行内元素</title>
<style type="text/css">
```

```
h1{
    background:#cccccc;
}
p{
    background:#ff0000;
    width:600px;
}
a{
    background:#ff8800;
}
span{
    background:#90ff00;
    width:100px;
}
img{
    width:200px;
}
</style>
</head>

<body>
<h1>标题</h1>
<p>正文</p>
<a href="#">超链接</a><span>文字</span><img src="images/pic04.jpg">
</body>
</html>
```

运行例10-10代码，显示效果如图10-15所示 。

图10-15　块元素与行内元素显示效果

h1、p是块元素，在页面内分别独占一行，p设置宽度为600px，在页面内有效果。a、span、img是行内元素，三个元素在一行显示。span虽然设置了宽度为100px，但是不起作用。img设置宽度为200px，有效果，因为img是行内块元素。

10.3.2　知识应用

行内元素和块元素都不是绝对的，可以用display属性进行转换设置。

display:none;不显示该元素，也不会保留该元素原先占有的文档流位置。

display:block;转换为块元素。

display:inline;转换为行内元素。

display:inline-block;转换为行内块元素,可以对其设置宽高等属性,但是该元素不会独占一行。

【例 10-11】 行内元素转换为行内块元素的应用(example10_11.html)。

```
<! doctype html>
<html>
<head>
<meta charset="utf-8">
<title>行内元素转换为行内块元素应用</title>
<style type="text/css">
 *{
     padding:0;
     margin:0;
}
body{
     font-family:"微软雅黑";
     line-height:2em;
     font-size:0;
}
#tag{
     width:520px;
     margin:0 auto;
}
h1{
     font-size:16px;
     line-height:30px;
     border-bottom:2px solid #dddddd;
     margin-bottom:10px;
     color:#ff0000;
}
a{
     font-size:12px;
     width:100px;
     height:45px;
     line-height:45px;
     display:inline-block;                    /*将a转换为行内块元素*/
     background:#F1F1F1;
     text-decoration:none;
     color:#555;
     margin-right:4px;
     margin-bottom:4px;
     text-align:center;
```

```
}
a:hover
{
    color:#fff;
    background-color:#1487F4;
}
</style>
</head>
<body>
    <div id="tag">
      <h1>热门标签</h1>
    <a href="#">健康生活</a> <a href="#">物联网</a><a href="#">计算机技术</a><a href="#">散文</a><a href="#">工作</a>
    <a href="#">读后感</a><a href="#">毕业论文</a><a href="#">科学探索</a><a href="#">对联</a><a href="#">流行音乐</a>
    <a href="#">成长礼仪</a><a href="#">编程技术</a><a href="#">实习报告</a><a href="#">大学</a><a href="#">星座</a></div>
</body>
</html>
```

运行例10-11代码,显示效果如图10-16所示。通过display:inline-block;将a转化成行内块元素,可使a的宽度、高度设置起作用。

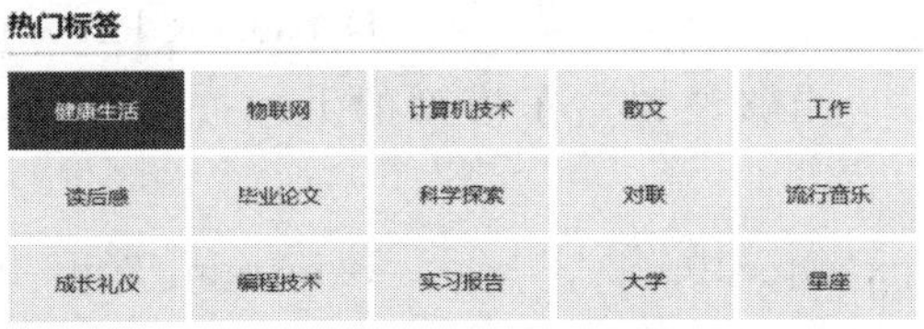

图10-16　行内元素转换为行内块元素应用

注意:当行内元素之间有"回车""tab""空格"时就会出现间隙,可以通过以下两种方法解决:①去掉行内元素之间的换行;②对行内元素的父元素设置font-size为0,再对行内元素设置font-size值。比如,本例中先对body设置"font-size:0;",再设置a的font-size值。

总　结

通过本讲的学习,读者可以明确、清晰地认识CSS盒子模型及其相关属性,能够理解块元素与行内元素的区别并进行类型转换。读者应重点掌握CSS边框、内边距padding、外边距margin以及CSS3中新增的box-shadow、box-sizing等属性的使用方法,在实际应用中能够使用这些属性熟练地控制网页元素。

习 题 10

一、选择题

1. 下列选项中,不属于盒子模型主要属性的是________。

A. padding　　B. margin　　C. type　　D. border

2. 盒子模型有多个属性,其中元素内容与边框之间的距离通常被称为________。

A. padding　　B. margin　　C. width　　D. height

3. 想拉开盒子与盒子之间的距离,合理地布局网页,就需要为盒子设置________,即元素边框与相邻元素之间的距离。

A. padding　　B. margin　　C. width　　D. height

4. 下列代码中,设置"右边框"宽度的代码是________。

A. border-top:10px;　　B. border-left:10px;

C. border-bottom:10px;　　D. border-right:10px;

5. 关于边框属性,以下写法错误的是________。

A. border-width　　B. border-height　　C. border-style　　D. border-color

6. 下列选项中,________可以设置网页中某个标记的左内边距为5px。

A. padding-left:5px;　　B. margin-left:5px;

C. padding:0 0 5px;　　D. padding-left: 5px 0 0 0;

7. 下列选项中,________能够设置盒子模型的上、右、下、左外边距分别为10px、20px、30px、40px。

A. margin: 20px 30px 40px 10px;　　B. margin: 20px 10px 30px 40px;

C. margin:10px 20px 30px 40px;　　D. padding: 10px 20px 30px 40px;

8. 如果有两个上下并列的盒子,上面盒子的下外边距是10px,下面盒子的上外边距是20px,那么这两个盒子之间的间距是________。

A. 10px　　B. 20px　　C. 50px　　D. 30px

9. 如果有两个左右并列的盒子,左面盒子的右外边距是10px,右面盒子的左外边距是20px,那么这两个盒子之间的间距是________。

A. 10px　　B. 20px　　C. 50px　　D. 30px

10. 下列样式代码中,用于定义盒子上边框为1像素、红色、虚线的是________。

A. border-top:1px solid red;　　B. border:1px solid red;

C. border-top:1px dashed red;　　D. border:1px dashed red;

11. 下列选项中,用于设置圆角边框的属性是________。

A. border-style　　B. border-height　　C. border-radius　　D. border-color

12. 下列选项中,用于给盒子添加阴影效果的属性是________。

A. box-shadow　　B. box-sizing　　C. shadow　　D. sizing

13. 下列关于 box-sizing 属性的描述中，不正确的是________。

A. box-sizing 属性用于定义盒子的宽度值和高度值是否包含内边距和边框

B. 其基本语法格式为：box-sizing：content-box/border-box；

C. box-sizing 属性的取值可以为 content box 或 border box

D. 以上说法都不对

14. 下列选项中，不属于 display 属性常用的属性值的是________。

A. inline　　B. block　　C. inline-block　　D. no

二、填空题

1. 请阅读下面的代码，并根据注释中的要求填写代码。

```
<! doctype html>
<html>
<head>
<meta charset="utf-8">
<title>边框属性</title>
<style type="text/css">
. box{
width:400px;
height:200px;
______________________；  /*设置 box 水平方向居中对齐*/
______________________；  /*设置顶部边框线为 1px、实线、红色*/
______________________；  /*设置右侧边框线为 2px、虚线、绿色*/
______________________；  /*设置底部边框线为 3px、实线、蓝色*/
______________________；  /*设置左侧边框线为 4px、点线、黑色*/
}
</style>
</head>
<body>
<div class="box">我是带边框的盒子</div>
</body>
</html>
```

2. 请阅读下面的代码，并根据注释中的要求填写代码。

```
<! doctype html>
<html>
<head>
<meta charset="utf-8">
<title>内边距属性</title>
<style type="text/css">
    div{
        width:300px;
        height:100px;
```

```
        border:2px solid #ff0000;
    }
    .box1{
    ______________________;/* 盒子四个方向的内边距相同,均为 10px */
    ______________________;/* 盒子下外边距为 30px */
    }
    .box2{
________________________;/* 盒子上内边距为 10px,左右内边距为 20px,下内边距为
30px */
}
</style>
</head>
<body>
    <div class="box1">box1</div>
    <div class="box2">box2</div>
</body>
</html>
```

综合实训

扫码听课

一、实训要求

完成"古诗"页面制作,效果如图 10-17 所示,要求如下。

1. 准备素材,自由选取文字、图片,配图符合页面意境。

2. 设置各个元素的内、外边距,内、外边框,文字等样式,使页面中各元素达到间距合理、页面美观的效果。

图 10-17 "古诗"页面效果图

二、实训步骤

1. 页面内容结构分析。页面内容主要由三个盒子构成，外层盒子 id 为 father，内层上面盒子 id 为 son，下面是一张图片。页面结构如图 10-18 所示。

图 10-18　内容结构图

2. 编写 HTML 结构代码。在页面文档 body 中输入如下 HTML 结构代码。

```
<div id="father">
    <div id="son">
        <h1>早发白帝城</h1>
        <h2>(唐)李白</h2>
        <p>朝辞白帝彩云间,千里江陵一日还。</p>
        <p>两岸猿声啼不住,轻舟已过万重山。</p>
    </div>
    <img src="images/pic01.png"/>
</div>
```

预览效果如图 10-19 所示。

图 10-19　预览效果图

3. CSS 样式美化。通过效果图分析,需要设置的页面样式主要包括:

(1)页面内的文字属性;

(2)#father 的盒子大小、位置、边框样式属性;

(3)#son 的大小、边框、边距属性;

(4)img 的大小、边框、边距属性;

(5)标题文字样式、下边框属性。

具体样式设置如下。

①定义 body 选择器样式:字体为微软雅黑,字大小为 14px,body 内元素水平方向居中对齐。

```
body
{
    font-family:"微软雅黑";
    font-size:14px;
    text-align:center;
}
```

②定义 #father 选择器样式:宽度为 322px,边框为 3px 实线、颜色是 #dddddd,内边距为 15px,#father 内元素水平方向居中对齐。

```
#father
{
    border:3px solid #dddddd;
    padding:15px;
    width:322px;
    margin:0 auto;
}
```

③定义 #son 选择器样式:宽度为 300px,边框为 2px 实线、颜色是 #ff8800,内边距为 10px,下外边距为 10px。

```
#son
{
    width:300px;
    border: 2px solid #ff8800;
    padding:10px;
    margin-bottom:10px;
}
```

④定义 img 标记选择器样式:宽度为 300px,边框为 2px 实线、颜色是 #dddddd,内边距为 10px。

```
img
{
    width: 300px;
```

```
    border：2px solid #dddddd;
    padding：10px;
}
```

⑤定义 h1 标记选择器样式：字大小为 16px，颜色为＃090，背景颜色为＃eee，边框为 1px 灰色虚线，上下内边距都是 10px。

```
h1
{
    font-size:16px;
    color:#090;
    background-color:#eee;
    border:1px dotted #ccc;
    padding-top:10px;
    padding-bottom:10px;
}
```

⑥定义 h2 标记选择器样式：字大小为 12px，颜色为＃ff8800，宽度为 100px，下边框为 1px 灰色虚线，下内边距为 5px，左外边距为 150px。

```
h2
{
    font-size:12px;
    color:#ff8800;
    width:100px;
    border-bottom:1px dotted #ccc;
    padding-bottom:5px;
    margin-left:150px;
}
```

上机练习

完成商城“猜你喜欢”区块制作，设置各个元素的内、外边距、边框、文字等各种样式，使页面达到图 10-20 所示的效果。其中，页面内容结构如图 10-21 所示，具体要求如下。

①recommend 样式：宽度为 990px。

②标题样式：字大小为 24px，个性推荐图片为 images/gexing. png，高度为 20px，外边距为 4px、0、0、6px。

③img-wrapper 图片样式大小（宽度为 150px，高度为 150px，）

```
position: absolute;
width: 150px;
height: 150px;
overflow: hidden;
```

④价格颜色为＃ff5000，商品标题字体大小为16px，字体颜色为＃333。

⑤tb-recommend-content-item默认样式为左浮动，具体css定义如下。

position：relative；
float：left；
width：372px；
height：174px；
margin：0 0 18px 18px；
overflow：hidden；
color：＃333；
background-color：＃f7f9fa；
border：1px solid ＃f7f9fa；
border-radius：12px；
cursor：pointer；

⑥tb-recommend-content-item激活样式，有边框，有阴影。

background-color：＃fff；
border-color：＃ff915e；
/＊ 激活有阴影 ＊/
box-shadow：0 8px 12px 0 rgba(255，80，0，0.06)；

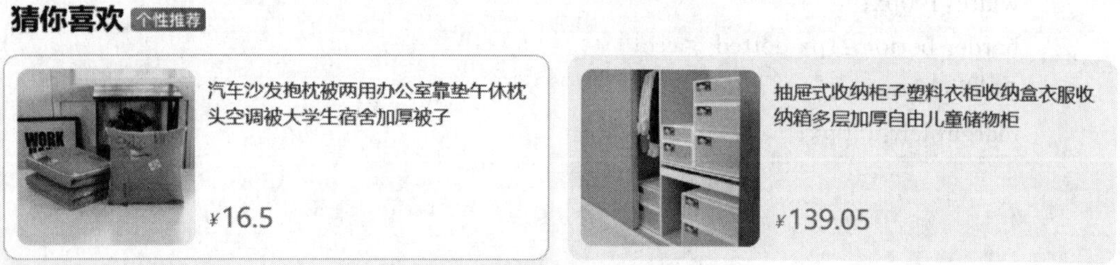

图 10-20 “猜你喜欢”效果预览图

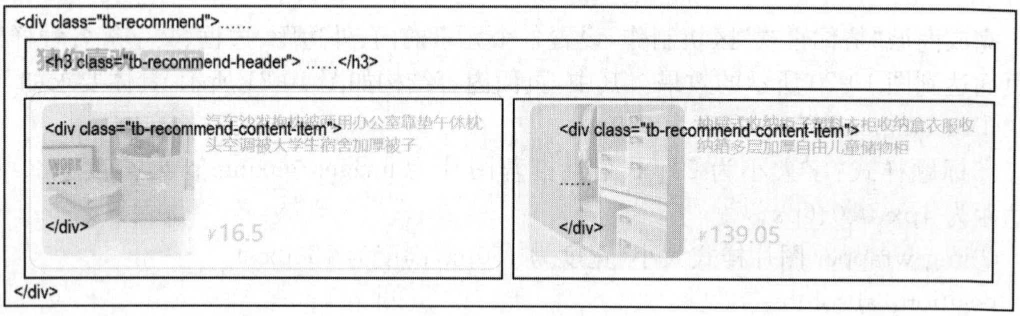

图 10-21 内容结构图

思政小课堂

工匠精神

在网页页面排版中，边距设置决定了版面之间的留白，边框样式决定了版块边框的美观，页面元素的样式设置决定了页面整体的视觉感受，版块宽度的计算更要精益求精，一个像素的差距可能就会造成页面布局的混乱，所以我们在制作页面中，要计算好版块的宽度，设置合适的边距，不断美化页面，注重细节，追求完美，积极创新，这也体现了精益求精的工匠精神。

工匠精神是一种职业精神，它是职业道德、职业能力、职业品质的体现，是从业者的一种职业价值取向和行为表现。“工匠精神”的基本内涵包括敬业、精益、专注、创新等方面的精神内涵。

1. 敬业。敬业是从业者基于对职业的敬畏和热爱而产生的一种全身心投入的认认真真、尽职尽责的职业精神状态。中华民族历来有“敬业乐群”“忠于职守”的传统，敬业是中国人的传统美德，也是当今社会主义核心价值观的基本要求之一。早在春秋时期，孔子就主张人在一生中始终要“执事敬”“事思敬”“修己以敬”。“执事敬”，是指行事要严肃认真不怠慢；“事思敬”，是指临事要专心致志不懈怠；“修己以敬”，是指加强自身修养，保持恭敬谦逊的态度。

2. 精益。精益就是精益求精，是从业者对每件产品、每道工序都凝神聚力、精益求精、追求极致的职业品质。所谓精益求精，是指已经做得很好了，还要求做得更好，“即使做一颗螺丝钉也要做到最好”。正如老子所说，“天下大事，必作于细”。能基业长青的企业，无不是精益求精才获得成功的。

3. 专注。专注就是内心笃定而着眼于细节的耐心、执着、坚持的精神，这是一切“大国工匠”所必须具备的精神特质。从中外实践经验来看，工匠精神都意味着一种执着，即一种几十年如一日的坚持与韧性。“术业有专攻”，一旦选定行业，就一门心思扎根下去，心无旁骛，在一个细分产品上不断积累优势，在各自领域成为“领头羊”。在中国早就有“艺痴者技必良”的说法，如《庄子》中记载的游刃有余的“庖丁解牛”、《核舟记》中记载的奇巧人王叔远等。

4. 创新。“工匠精神”还包括追求突破、追求革新的创新内蕴。古往今来，热衷于创新和发明的工匠们一直是世界科技进步的重要推动力量。新中国成立初期，我国涌现出一大批优秀的工匠，如倪志福、郝建秀等，他们为社会主义建设事业作出了突出贡献。改革开放以来，“汉字激光照排系统之父”王选、“中国第一、全球第二的充电电池制造商”王传福、从事高铁研制生产的铁路工人和从事特高压、智能电网研究运行的电力工人等都是“工匠精神”的优秀传承者，他们让中国创新重新影响了世界。

第 11 讲　去你想去的地方——浮动与定位

知识目标

- 理解元素的浮动。
- 掌握使用 float 属性排版网页元素的方法。
- 掌握使用 clear 属性清除浮动的方法。
- 掌握各种不同定位方式的特点。

技能目标

- 会使用 float 属性创建横向多列布局。
- 会使用 clear 属性清除浮动产生的影响。
- 掌握使用 position 属性定位网页元素的方法。

素质目标

- 养成良好的代码编写习惯，树立职业规范化意识。
- 培养严谨细致、精益求精的工匠精神。
- 培养正确的自我认知。

在标准文档流中，页面元素会按照默认的显示规则排版布局，即从上到下或从左到右依次排列。如果按照这种默认的方式进行排版，网页将会单调、混乱。为了使网页的排版更加丰富、合理，在 CSS 中可以对元素设置浮动和定位样式，本讲将对元素的浮动和定位进行详细讲解。

11.1　元素的浮动

11.1.1　知识解析

按照默认的排版方式，将页面中的元素从上到下罗列，这种方式远不能满足我们对页面布局的需要，那么如何才能实现如图 11-1 所示的横向多列布局呢？这就需要为元素设置浮动。

图 11-1　横向多列布局

使用浮动布局网页是目前网页制作中最为常用的方式。应用了浮动的元素全部都会成为块元素，且会脱离原来的标准文档流。应用了浮动的元素可以向页面的左边或右边移动，直到其边缘接触到其父元素的边界或者另外一个浮动元素的边界。

下面介绍元素的浮动。

要实现浮动，需要在 CSS 中设置 float 属性，它包含三个属性值，如表 11-1 所示。

表 11-1　float 属性值

属性值	说　明
left	元素向左浮动
right	元素向右浮动
none	默认值。元素不浮动

浮动的应用非常灵活多变。

【例 11-1】　元素的浮动实现(example11_1. html)。

首先制作一个基础的页面，具体代码如下所示。

扫码听课

```
<! doctype html>
```

```
<html>
<head>
<meta charset="utf-8">
<title>元素的浮动</title>
<link href="css/style11_1.css" rel="stylesheet" type="text/css">
</head>
<body>
<div id="father">
<div class="img01"><img src="images/image01.jpg"></div>
<div class="img02"><img src="images/image02.jpg"></div>
<div class="img03"><img src="images/image03.jpg"></div>
<div class="text">在标准文档流中，一个块元素在水平方向会自动伸展，直到包含它的元素
  的边界，在竖直方向和其他的块元素依次排列，要实现上述的国字型或拐角型网页布局，就需要
  使用浮动属性。
  使用浮动布局网页是目前网页制作中最为常用的方式。应用了浮动的元素全部都会成为块元
  素，并会脱离原来的标准文档流。运用了浮动的元素可以向页面的左边或右边移动，直到其边
  缘接触到其父元素的边界或者另外一个浮动元素的边界。</div>
</div>
</body>
</html>
```

在这段代码中定义了五个<div>，其中最外层的<div>的 id 为 father，另外四个<div>是它的子块。为了便于观察，使用 CSS 设置所有<div>都有一个外边距和内边距，并且设置最外层<div>为实线边框，内层的四个<div>为不同颜色的虚线边框，CSS 代码如下所示。

```
<!--style11_1.css-->
@charset "utf-8";
* {
margin: 0;
padding: 0;
}
div {
margin: 10px;
padding: 5px;
}
#father {
border: 1px solid #000;
}
.img01 {
border: 1px dashed #F00;
}
```

```
.img02 {
border: 1px dashed #0F0;
}
.img03 {
border: 1px dashed #00F;
}
.text {
border: 1px dashed #F0F;
font:14px "微软雅黑";
line-height: 24px;
}
```

在浏览器中查看页面效果,如图 11-2 所示。由于没有设置浮动,三张图片和文本所在的<div>各自向右伸展,并在纵向从上到下依次排列。

图 11-2 没有设置浮动效果

在下面的学习中,为了描述方便,分别以 father、img01、img02、img03、text 来表示这五个<div>,并分别设置他们的浮动方式,然后查看浮动效果。

1. 设置 img01 左浮动

在上面代码的基础上,通过 float 属性设置 img01 左浮动,在类样式 img01 中增加左浮动代码,如下所示。

```
.img01{
  border:1px dashed #F00;
  float:left;
  }
```

在浏览器中查看 img01 左浮动后的页面效果,如图 11-3 所示,可以看到 img01 向左浮动,并且它不再向右伸展,宽度为仅能够容纳内部图片的最小宽度。

图 11-3　设置 img01 左浮动效果

从图 11-3 可以发现，img02 的左边框和上边框分别与 img01 的左边框和上边框重合。由此可知，设置完左浮动的 img01 已经脱离标准文档流，所以标准文档流中的 img02 顶到原来 img01 的位置，img03 和 text 也随着 img02 的移动而向上移动。

2. 设置 img02 左浮动

在上面代码的基础上，通过 float 属性设置 img02 左浮动，在类样式 img02 中增加左浮动的代码，如下所示。

```
.img02{
  border:1px dashed #0F0;
  float:left;
  }
```

在浏览器中查看设置完 img02 左浮动后的页面效果，如图 11-4 所示，可以看到 img02 向左浮动，并且它不再向右伸展，而是根据里面的图片宽度确定本身的宽度。

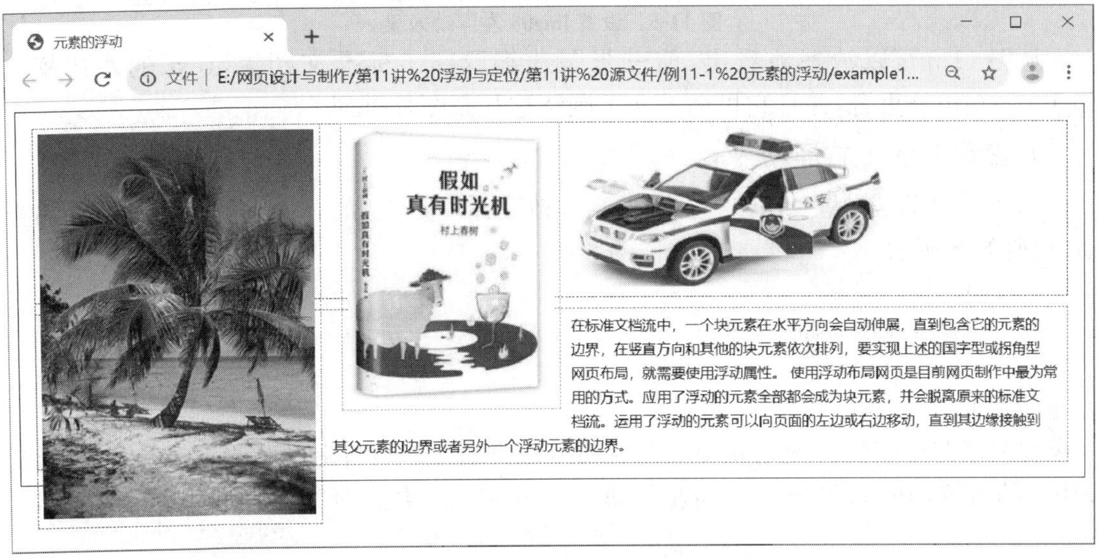

图 11-4　设置 img02 左浮动效果

从图 11-4 可以看出，由于 img02 左浮动后脱离了标准文档流，img03 的左边框与 img01 的左边框重合，text 中的文本上移，并围绕这几张图片显示。

3. 设置 img03 左浮动

在上面代码的基础上，通过 float 属性设置 img03 左浮动，在类样式 img03 中增加左浮动的代码，如下所示。

```
.img03{
  border:1px dashed #00F;
  float:left;
  }
```

在浏览器中查看设置完 img03 左浮动后的页面效果，如图 11-5 所示，可以看到 img03 向左浮动，并且它也不再向右伸展，而是根据里面的图片宽度确定本身的宽度。

图 11-5　设置 img03 左浮动效果

从图 11-5 可以清楚地看出，前三张图片都脱离了标准文档流，text 的左边框与 img01 的左边框重合，并且它里面的文字围绕这几张图片排列。

4. 设置 img01 右浮动

以上代码都是设置<div>左浮动，现在改变浮动方向，把 img01 的左浮动改为右浮动，代码如下所示。

```
.img01{
    border:1px dashed #F00;
    float:right;
    }
```

在浏览器中查看设置完 img01 右浮动后的页面效果，如图 11-6 所示，img01 浮动到 father 的右侧，img02 和 img03 向左移动，text 中的文本依然环绕着这几张图片。

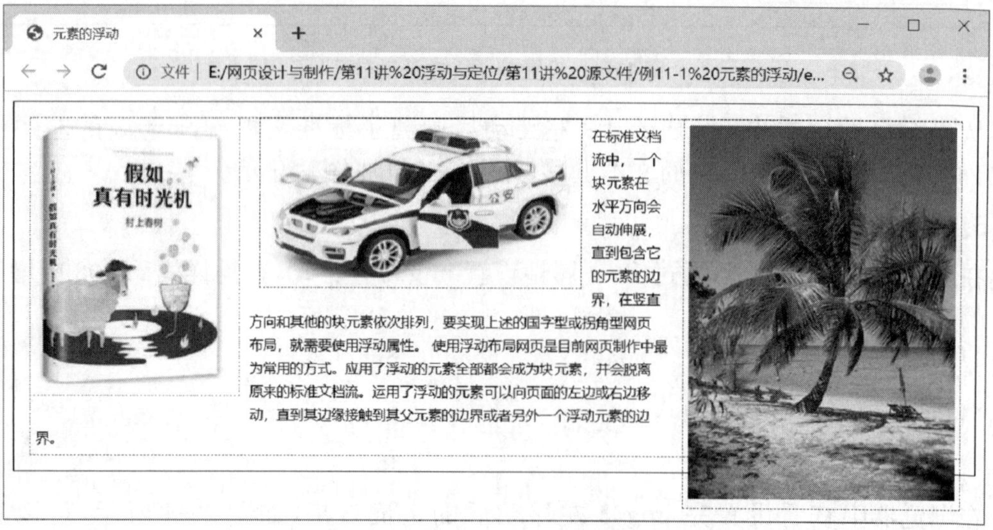

图 11-6　设置 img01 右浮动效果

5. 设置 img02 右浮动

在上面代码的基础上，改变 img02 的浮动方向，把 img02 的左浮动改变为右浮动，代码如下所示。

```
.img02{
  border:1px dashed #0F0;
  float:right;
  }
```

在浏览器中查看设置 img02 右浮动后的页面效果，如图 11-7 所示，img01 的位置没有改变，img02 向右浮动靠近 img01 的边界，img03 向左移动，text 中的文本依然环绕着这几张图片。

图 11-7　设置 img02 右浮动效果

到这里，大家可以看到，无论如何改变 img01、img02 和 img03 的浮动情况，text 中的文本总是环绕图片显示，而没有移动到浮动元素的下面被遮住。这就是最初创造浮动的目的。

6. 设置 text 右浮动

在上面代码的基础上，设置 text 右浮动，代码如下所示。

```
.text {
border: 1px dashed #F0F;
font:14px "微软雅黑";
line-height: 24px;
float: right;
}
```

在浏览器中查看设置完 text 右浮动后的页面效果，如图 11-8 所示。

图 11-8　text 右浮动效果

从图 11-8 中可以看出，设置 text 右浮动后，text 并没有浮动到右浮动 img02 的后面，而是显示在最下方。这是因为浮动的文字段落在没有设置宽度的时候会占满一行。下面我们给 text 添加宽度，代码如下所示。

```
.text {
border: 1px dashed #F0F;
font:14px "微软雅黑";
line-height: 24px;
float: right;
width: 200px;
   }
```

在浏览器中查看显示效果，如图 11-9 所示。text 设置宽度和右浮动后就自然地排列在右浮动 img02 的后面。

图 11-9　text 添加宽度后效果

设置浮动后引发了一个新的问题：父盒子 father 的边框缩上去，包不住里面的子元素了，即父元素的高度塌陷了。该如何解决这个问题呢？这就需要用到后面 11.2 节中要介绍的清除浮动了。

11.1.2　知识应用

元素的浮动在页面中随处可见，下面我们使用 float 属性及盒子模型相关知识创建如图 11-1 所示的横向多列布局页面。

【例 11-2】　布局歌单推荐页面(example11_2.html)。

首先，分析设计页面基本结构，代码如下。

扫码听课

```
<! doctype html>
<html>
<head>
<meta charset="utf-8">
<title>歌单推荐</title>
<link href="css/style11_2.css" rel="stylesheet" type="text/css">
</head>
<body>
<section>
<h2>歌单推荐</h2>
<nav>
<a href="#"class="item1">为你推荐</a>
<a href="#">官方歌单</a>
<a href="#">情歌</a>
<a href="#">网络歌曲</a>
<a href="#">经典</a>
<a href="#">KTV 热歌</a>
</nav>
<div class="content">
<ul>
<li><a href="#">
<img src="images/image01.jpg">
<h4>甜系韩语：一刻也不能离开你</h4>
</a>
<p>播放量：24.7 万</p>
</li>
...
<li><a href="#">
<img src="images/image05.jpg">
<h4>80 后美好的童年记忆</h4>
</a>
```

```
<p>播放量:21.8 万</p>
</li>
</ul>
</div>
</section>
</body>
</html>
```

在浏览器中查看显示效果,如图 11-10 所示。

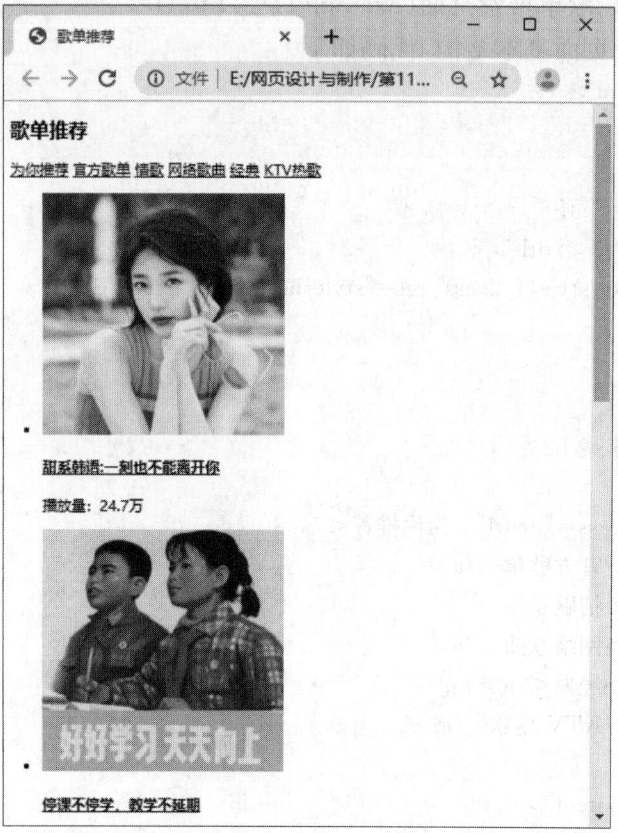

图 11-10 未添加样式效果

其次,定义页面基本样式。

```
@charset "utf-8";
/* CSS Document */
* {
margin: 0;
padding: 0;
}
body {
font: 13px "微软雅黑";
color: #999;
```

```
background-color: #eee;
}
ul {
list-style: none;
}
a {
text-decoration: none;
color: #000;
}
a:hover {
color: #31c27c;
}
```

然后，定义页面宽度、标题和导航栏样式。

```
section{
width: 1020px;
margin: 20px auto;
text-align: center;
}
h2 {
font-family: poppin, Tahoma, Arial, sans-serif;
font-size: 2em;
line-height: 3em;
color: #000;
letter-spacing: 15px;
}
nav a {
display: inline-block;
font-size: 15px;
line-height: 3em;
margin-right: 20px;
}
nav a.item1 {
color: #31c27c;
}
```

最后，定义页面主体内容样式。

```
.content img {
width: 180px;
height: 180px;
}
.content ul li {
width: 180px;
```

```
float：left；/ * 设置<li>左浮动，实现横向多列布局 * /
margin：5px 10px；
line-height：2em；
}
. content h4 {
font-weight：normal；
}
```

在浏览器中查看显示效果，如图 11-11 所示。

图 11-11 歌单推荐页面

11.2 清除浮动

扫码听课

11.2.1 知识解析

前文中全面地剖析了 CSS 中的浮动属性。某些元素设置浮动后，在页面排版时会影响其他元素的位置。为使其后面标准文档流中的元素不受影响，CSS 提供了 clear 属性，用来清除浮动元素对其他元素造成的影响。

在 CSS 中，clear 属性用于规定元素的哪一侧不允许出现浮动元素，它的常用值如表 11-2 所示。

表 11-2 clear 属性值

属性值	说 明
left	在左侧不允许浮动元素
right	在右侧不允许浮动元素
both	在左、右两侧不允许浮动元素
none	默认值，允许浮动元素出现在两侧

clear 属性常用于清除浮动带来的影响。下面以图 11-7 对应的代码为例进行演示，介绍 clear 属性。

1. 清除左侧浮动

现在使用 clear 属性清除文本左侧的浮动内容，设置类样式 text 的代码如下所示。

```
.text{
border:1px dashed #F0F;
font:14px "微软雅黑";
line-height:24px;
clear:left;
}
```

在浏览器中查看设置了清除文本左侧浮动内容后的页面效果，如图 11-12 所示。对比图 11-7 可以看出，清除文本左侧浮动后，text 显示在 img03 的下方，不再环绕 img03 显示。

图 11-12　清除文本左侧浮动

2. 清除右侧浮动

由于文本左侧浮动的内容只有 img03，清除了 text 左侧浮动的内容后，右侧浮动的内容不受影响，文本在 img03 下方显示，但是还是环绕着另两张图片显示。下面修改代码，清除 text 右侧浮动内容，代码如下所示。

```
.text{
border:1px dashed #F0F;
font:14px "微软雅黑";
line-height:24px;
clear:right;
}
```

在浏览器中查看设置了清除文本右侧浮动内容后的页面效果,如图11-13所示。

图11-13　清除文本右侧浮动

由于文本右侧浮动的内容有img01和img02,清除了text右侧浮动的内容后,文本在最高的图片下方显示,与希望的文本在所有图片下方显示的效果一致。但这样做不能保证任何时候文本都在所有浮动的内容下方显示。若将img01再设置为左浮动,则修改后代码如下所示。

```
.img01{
border:1px dashed #F00;
float:left;
}
```

重新在浏览器中查看将img01再设置为左浮动后的页面效果,如图11-14所示。

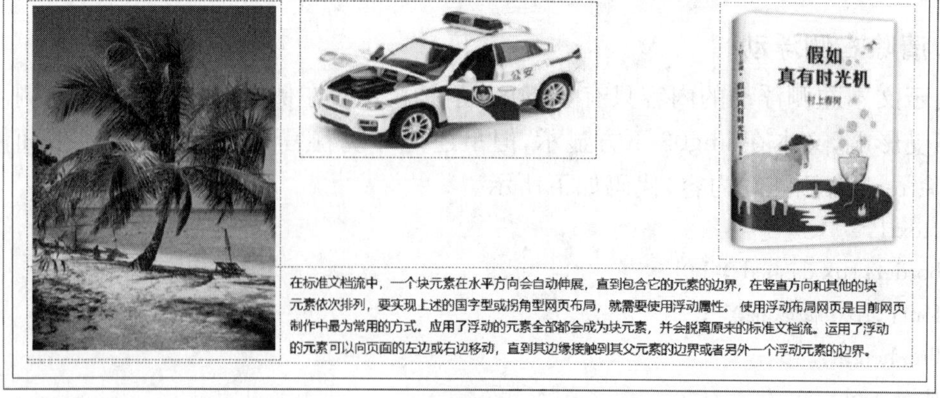

图11-14　重设img01为左浮动的效果

从图 11-14 可以看出,仅清除了右侧浮动,左侧浮动是不受影响的,并且左侧的图片高于右侧浮动的图片,所以文本依然环绕左侧比较高的图片显示。因此,要确保文本总是在所有图片下方显示,就需要将两侧的浮动全部清除。

3. 清除两侧浮动

当某个盒子两侧都有浮动元素时,并且需要清除元素两侧的浮动,就需要使用 clear 的属性值 both 了。代码如下所示。

```
.text{
border:1px dashed #F0F;
font:14px "微软雅黑";
line-height:24px;
clear:both;
}
```

在浏览器中查看清除了文本两侧浮动的页面效果,如图 11-15 所示。

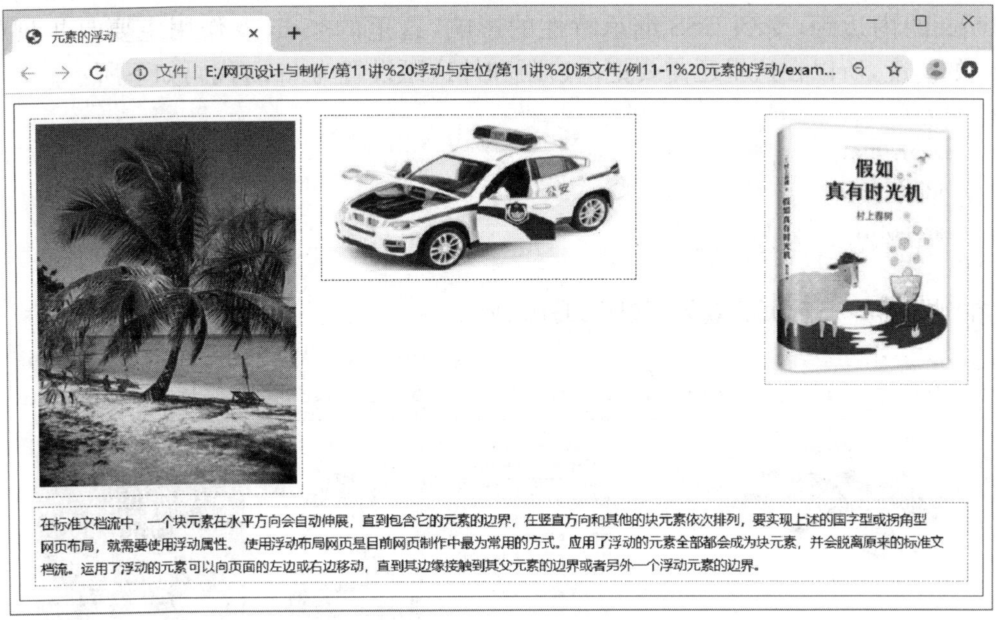

图 11-15 清除文本两侧浮动的页面效果

11.2.2 知识应用

上面介绍了 clear 属性的使用方法。但需要注意的是,clear 属性只能清除元素左右两侧浮动的影响。在制作网页时,经常会遇到一些特殊的浮动影响。例如,对子元素设置浮动时,如果不对其父元素定义高度,就会引起父元素的高度塌陷,如图 11-8 和图 11-9所示。那么如何清除这种影响呢?下面介绍几种解决父元素高度塌陷的方法。

1. 使用空标记清除浮动

在浮动元素之后添加空标记,并对该标记应用“clear:both”样式,可清除元素浮动所产生的影响，这个空标记可以为<div>、<p>、<hr />等任何标记。下面以图 11-9 对应的代码为例，在所有浮动的<div>后面再添加一个<div>，HTML 代码如下所示。

```
…
<body>
<div id="father">
<div class="img01"><img src="images/image01. jpg"></div>
<div class="img02"><img src="images/image02. jpg"></div>
<div class="img03"><img src="images/image03. jpg"></div>
<div class="text">在标准文档流中……</div>
<div class="clear"></div>
</div>
</body>
</html>
```

在 CSS 增加类样式 clear，由于前面代码设置了所有<div>都有一个 10px 的外边距和 5px 的内边距，受到 CSS 继承特性的影响，这里的<div>作用主要是扩展外层 father 的高度，所以在这里还需要把内边距和外边距设置为 0px，代码如下所示。

```
. clear{
margin:0px;
padding:0px;
clear:both;
}
```

在浏览器中查看页面效果，如图 11-16 所示。

图 11-16　设置空标记后效果

从上面的代码可以看出，虽然使用 clear 属性达到了想要的效果，但是 HTML 却不完美，产生了冗余的代码，因此在实际工作中不建议使用。

2. 设置父元素的高度

对子元素设置浮动以后，子元素会脱离标准文档流，无法撑起父元素的高度，导致父元素的高度塌陷，因此可以为父元素添加一个高度。下面仍以图 11-9 对应的代码为例，修改 father 样式。修改后的代码如下所示。

```
#father {
border: 1px solid #000;
height: 450px;
}
```

在浏览器中查看页面效果，如图 11-17 所示。

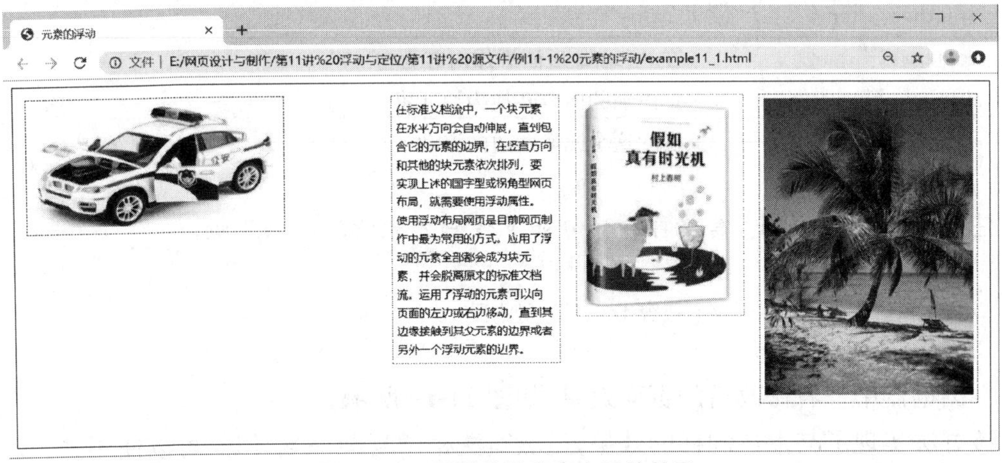

图 11-17　设置父元素高度后的效果

在需要设置固定高度的情况下，这种方法可以很好地解决我们的问题。但在不需要设置固定高度的情况下，则会影响元素的可扩展性。

3. 为父元素添加 overflow 属性

对父元素应用"overflow: hidden"样式，也可以清除浮动对父元素的影响。下面仍以图 11-9 对应的代码为例，修改 father 样式代码，如下所示。

```
#father {
border: 1px solid #000;
overflow: hidden;
}
```

在浏览器中查看页面效果，如图 11-18 所示。

图 11-18　为父元素添加 overflow 属性后的效果

从图 11-18 可以看出,该方法解决了父元素高度塌陷的问题,并且可以自动衡量高度,可扩展性更强。但该方法在有鼠标移入、弹出下拉列表框的场景中不能使用。

4. 为父元素添加伪类 after

使用伪元素:after 也可以清除浮动的影响。下面仍以图 11-9 对应的代码为例为父元素添加 after 代码,如下所示。

```
#father:after {
content:"";                /*在#father后面添加内容为空*/
display:block;             /*把添加的内容转换为块元素*/
clear:both;                /*清除这个元素两边的浮动*/
}
```

注意:在 IE6、IE7 中,需要再加一句如下代码才能清除浮动影响。

```
#father{
zoom:1;                    /*兼容IE6、IE7浏览器*/
}
```

在浏览器中查看修改后的页面效果,如图 11-19 所示。

该方法实现了与上述同样的效果,虽然写法稍微复杂一点,但是可以使用。

图 11-19 为父元素添加伪类 after 后的效果

11.3 元素的定位

11.3.1 知识解析

CSS 中有三种基本的定位机制,分别是标准流、浮动和定位。通常情况下,除非专门指定某种元素的定位,否则网页中所有元素都在标准流中定位。在前面的章节中,我们已经学习了标准流和浮动。使用浮动的方式可以定位网页元素。但是,仅使用浮动一种方式完成不了网页中很多更为复杂的网页效果。如图 11-20 和图 11-21 所示的下拉菜单、吸顶导航和固定右侧导航等，需要使用定位的布局方式来实现。

图 11-20　下拉菜单效果

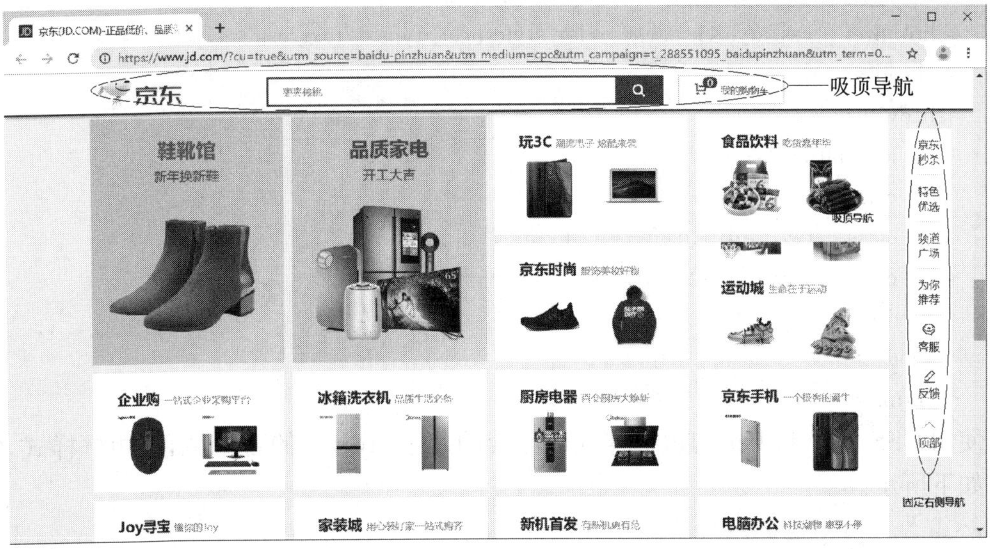

图 11-21　吸顶导航和固定右侧导航

CSS 提供了 position 属性用于定位。position 属性与 float 属性一样,都是 CSS 排版中非常重要的概念。使用 position 定位可以定义元素相对其父元素或者其他元素的精确位置。position 属性共有四个属性值,这四个值分别代表着不同的定位类型。

- static:静态定位,默认值,没有定位,元素按照标准流进行布局。
- relative:相对定位。相对定位的盒子位置常以标准流的排版方式为基础,相对于它原本的标准位置偏移指定的距离。相对定位的盒子仍在标准流中。
- absolute:绝对定位。绝对定位的盒子位置以包含它的盒子为基准进行偏移。绝对定位的盒子会从标准流中脱离。
- fixed:固定定位。固定定位和绝对定位类似,但以浏览器窗口为基准进行定位。也就是说,当拖动浏览器窗口的滚动条时,可以保持对象位置不变。

下面通过实例讲解 position 属性在网页中的应用。

1. 静态定位

static 为默认值,它表示盒子保持在原有的位置上,没有任何移动的效果。前面章节讲解的例子实际上都是 static 方式。

为了介绍后面其他比较复杂的定位方式,现制作一个基础的页面,讲解其他定位方式时在此基础上进行修改。

【例 11-3】 页面中有一个 id 为 father 的<div>,里面嵌套三个<div>,利用元素定位,实现图 11-22 所示效果(example11_3. html)。

```
<! doctype html>
<html>
<head>
<meta charset="utf-8">
<title>定位</title>
<link href="css/style11_3. css" rel="stylesheet" type="text/css">
</head>
<body>
<div id="father">
<div class="one">第一个盒子</div>
<div class="two">第二个盒子</div>
<div class=" three ">第三个盒子</div>
</div>
</body>
</html>
```

扫码听课

使用 CSS 设置 father 的边框样式和嵌套的几个<div>的背景颜色、边框样式,CSS 代码如下所示。

```
<! --style11_3. css-->
@charset "utf-8";
/* CSS Document */
```

```
div {
margin: 10px;
padding: 10px;
}
#father {
border: 1px solid #000;
}
.one {
border: 1px dashed #F00;
background-color: #CCC;
}
.two {
border: 1px dashed #00F;
background-color: #CCC;
}
.three {
border: 1px dashed #F0F;
background-color: #CCC;
}
```

在浏览器中查看页面效果，如图 11-22 所示。

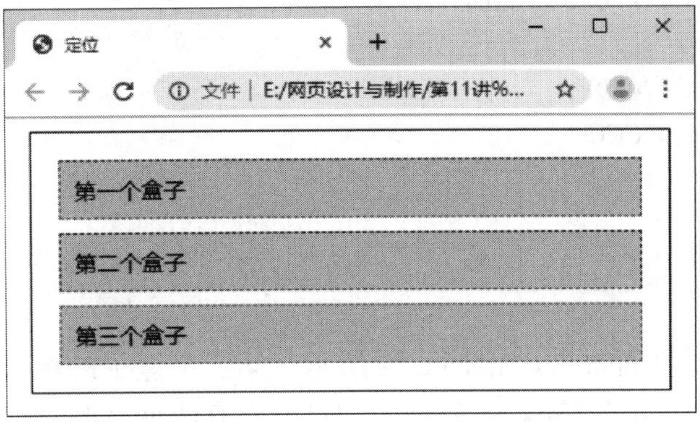

图 11-22　例 11-3 运行效果图

2. 相对定位

使用 relative 属性值设置元素的相对定位时，除了将 position 属性设置为 relative 之外，还可以借助 top、bottom、left 和 right 属性来指定偏移量。例如，将第一个盒子的 position 属性值设置为 relative，并设置 left 和 bottom 均为 30px，代码如下所示。

```
.one{
border:1px dashed #F00;
background-color:#CCC;
position:relative;
left:30px;
bottom:30px;
}
```

在浏览器中查看页面效果，如图 11-23 所示。可以看出，第一个盒子的新位置与原来的位置相比，分别向上和向右移动了 30px。也就是说，“left：30px”使盒子在原来位置的基础上向右移动了 30px，“bottom：30px”使盒子在原来位置的基础上向上移动了 30px。

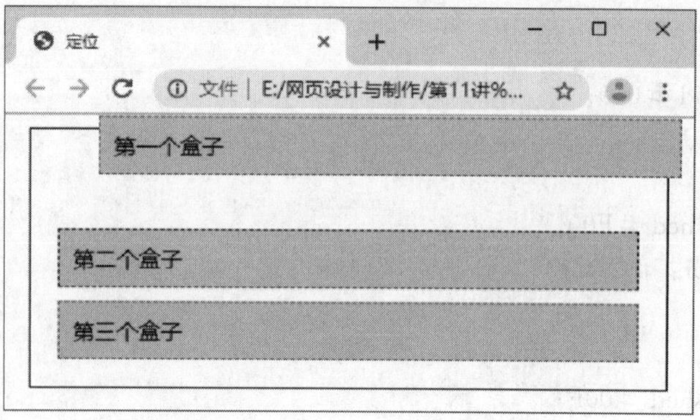

图 11-23　第一个盒子向上、向右偏移

从图 11-23 中可以看出，第一个盒子移动了一定的距离，且盒子自身的大小没变，父级盒子和它后面的两个盒子也未受影响。

上面的例子说明，一个盒子设置了相对定位后，对其他盒子没有影响。如果有两个盒子设置了相对定位，对其他盒子会有影响吗？它们之间相互会有影响吗？下面使用相对定位设置第三个盒子，代码如下所示。

```
. three{
border：1px dashed ＃F0F；
background-color：＃CCC；
position：relative；
right：30px；
top：－20px；
}
```

在浏览器中查看页面效果，如图 11-24 所示。第三个盒子的新位置与原来的位置相比，分别向上和向左移动了 20px 和 30px。它自身没有改变，同时它的父级盒子、第一个和第二个盒子也没有因为它的移动而有任何改变。

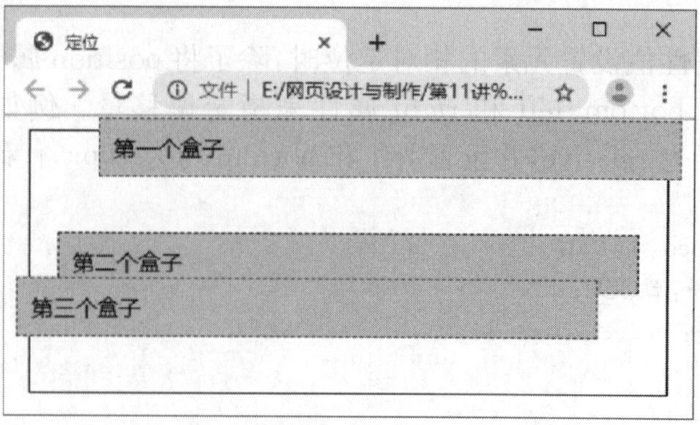

图 11-24　第三个盒子向上、向左偏移

由此可以总结出相对定位元素的特点：

①设置了相对定位的盒子会通过指定的偏移量相对它原来的位置到达新的位置。

②设置了相对定位的盒子仍在标准流中，它对父级盒子和相邻的盒子都没有任何影响。

3. 绝对定位

了解了相对定位以后，下面我们来看绝对定位。通过前面的学习，我们知道设置 position 属性时，需要配合 top、bottom、left、right 属性来实现元素的偏移量，而其中核心的问题就是以什么作为偏移的基准。相对定位是以盒子本身在标准流中的位置作为偏移基准的，那么绝对定位以什么作为偏移基准呢？

下面仍以实例 11-3 的基础页面代码为例，来演示讲解绝对定位在页面中的用法。现设置第一个盒子为绝对定位，代码如下所示。

```
.one{
border:1px dashed #F00;
background-color:#CCC;
margin:0px;
position:absolute;
top:0px;
right:0px;
}
```

在浏览器中查看页面效果，如图 11-25 所示。从图中可以看出，第一个盒子脱离了标准文档流，它的宽度也变为仅能容纳里面的文本宽度，并且以浏览器窗口作为基准显示在浏览器的右上角。此时，第二个盒子和第三个盒子上移，就好像第一个盒子不存在一样。

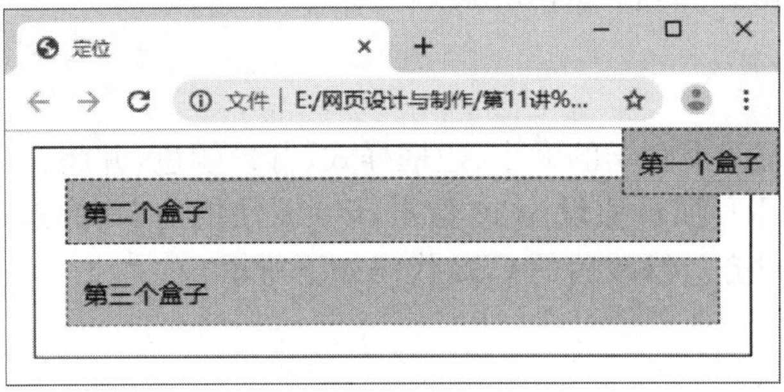

图 11-25 第一个盒子绝对定位

那么是不是所有的绝对定位都是以浏览器窗口为基准来定位呢？答案是否定的。接下来我们对父级盒子 father 的代码进行修改，增加一个定位样式，修改后的代码如下所示。

```
#father{
border:1px solid #000;
position:relative;
}
```

此时,在浏览器中查看页面效果,如图 11-26 所示。第一个盒子偏离的距离没有发生变化,但是偏移的基准不再是浏览器窗口,而是它的父级盒子 father。

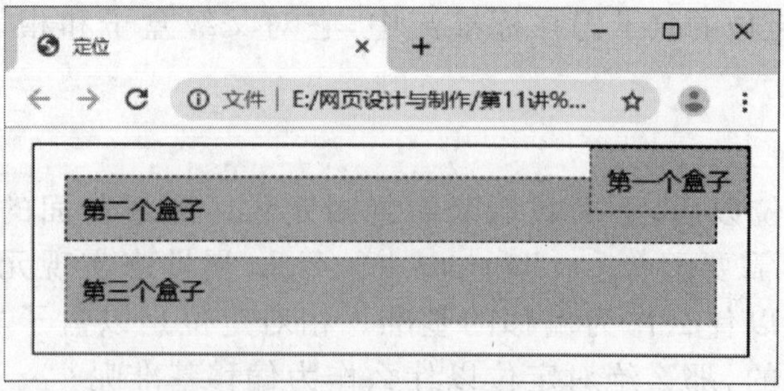

图 11-26　设置父元素定位

由此可以总结出绝对定位元素的特点。

①绝对定位的元素是以与它最近的一个已经定位的父元素为基准进行偏移的。如果没有已经定位的父元素,那么它会以浏览器窗口为基准进行定位。

②绝对定位的元素会从标准文档流中脱离。

4. 固定定位

使用 fixed 属性值设置元素的固定定位。下面修改实例 11-3 基础页面的代码,增加第四个盒子,HTML 代码如下所示。

```
<body>
<div id="father">
<div class="four">第四个盒子</div>
<div class="one">第一个盒子</div>
<div class="two">第二个盒子</div>
<div class="three">第三个盒子</div>
</div>
</body>
```

使用 CSS 设置第四个盒子的大小、边框样式、背景颜色,并将第四个盒子的 position 属性值设置为 fixed,left 属性值设为 10 像素,top 属性值为 50 像素;同时设置父级盒子 father 的大小,居中对齐。修改后的 CSS 代码如下所示。

```
<! --style11_3. css-->
@charset "utf-8";
/* CSS Document */
div {
margin: 10px;
padding: 10px;
}
#father {
border: 1px solid #000;
width: 800px;
```

```
height: 600px;
margin: 0 auto;
}
.one {
border: 1px dashed #F00;
background-color: #CCC;
}
.two {
border: 1px dashed #00F;
background-color: #CCC;
}
.three {
border: 1px dashed #F0F;
background-color: #CCC;
}
.four {
border: 1px dashed #90F;
background-color: #CCC;
width: 80px;
height: 150px;
position: fixed;
left: 10px;
top: 50px;
}
```

在浏览器中查看页面效果，如图 11-27 所示。

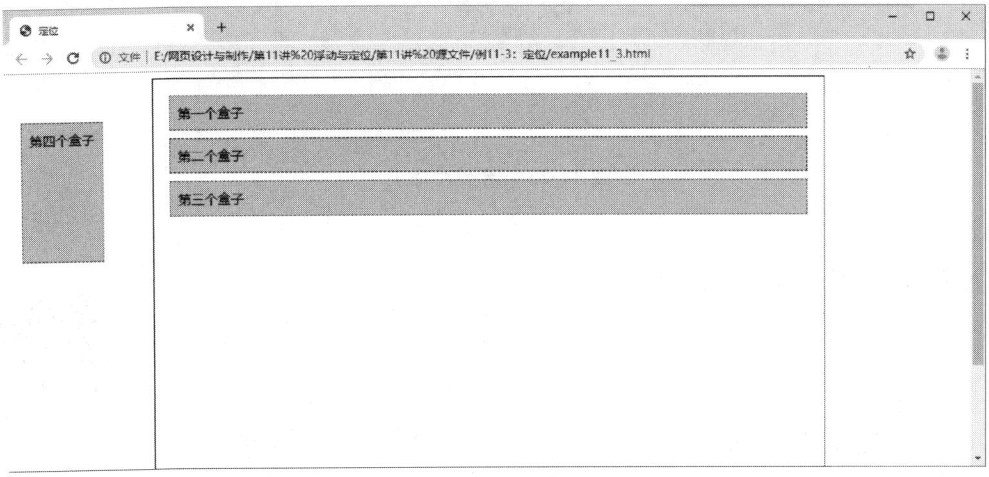

图 11-27　固定定位

从图中可以看出，第四个盒子脱离了标准文档流，并且是以浏览器窗口作为基准向右和向下偏移。看上去和相对于浏览器窗口定位的绝对定位很相似，但是 fixed 属性相对于浏览器窗口定位时不随窗口的滚动而移动,而 absolute 相对于浏览器窗口定位时会随窗口的滚动而移动。并且即使对父级盒子 father 增加一个定位方式,fixed 也只会以浏览器窗口为基准进行定位。

由此可以总结出固定定位元素的特点。

①固定定位的元素只会以浏览器窗口为基准进行定位,并且不随浏览器窗口的滚动而移动。

②固定定位的元素也会从标准文档流中脱离。

11.3.2 知识应用

很多网页上的图片都带有一行文字信息。若在图片文件中加入文字,那么修改起来会很麻烦,每次修改文字都要更改图片。

【例 11-4】 应用绝对定位的布局方式给图片加入可以改动的文字信息,应用固定定位的布局方式为页面添加浮动广告(example11_4. html)。效果如图 11-28 所示。

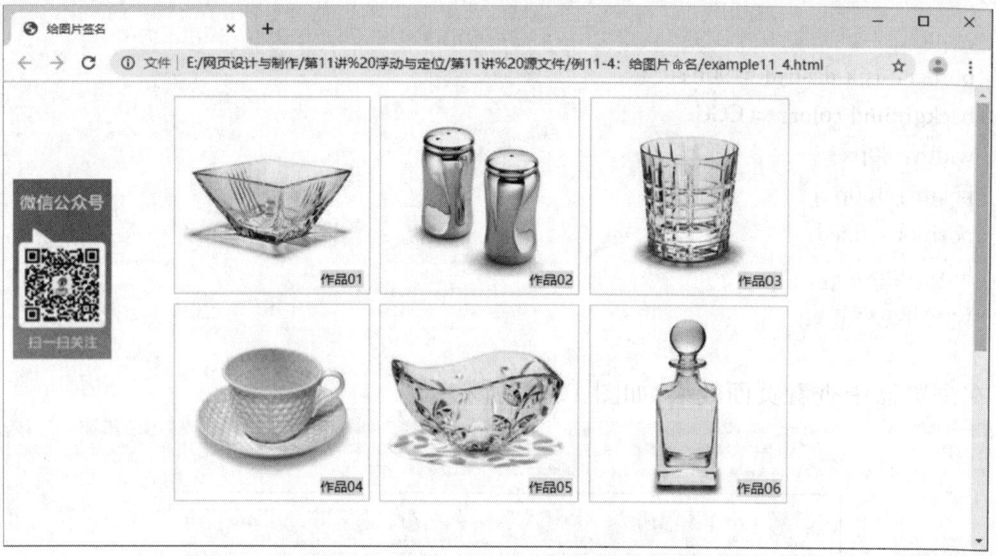

图 11-28 给图片命名

操作步骤:

首先,设计页面基本结构,代码如下。

扫码听课

```
<! doctype html>
<html>
<head>
<meta charset="utf-8">
<title>给图片命名</title>
<link href="css/style11_4. css" rel="stylesheet" type="text/css" />
</head>
<body>
```

```
<div id="wrapper">
<div class="left"><img src="images/side.jpg" /></div>
<div class="block">
<div class="picture"><img src="images/pic01.jpg"/></div>
<div class="descript">作品 01</div>
</div>
...
<div class="block">
<div class="picture"><img src="images/pic06.jpg"/></div>
<div class="descript">作品 06</div>
</div>
</div>
</body>
</html>
```

然后,设置页面样式,CSS 代码如下。

```
@charset "utf-8";
/* CSS Document */
*{
margin: 0;
padding: 0;
}
#wrapper{
width: 650px;
margin: 10px auto;
height: 800px;
}
div.block{
width: 200px;
height: 200px;
border: 1px solid #ccc;
position: relative;                /*父元素相对定位*/
margin: 5px;
float: left;
}
div.descript{
background: #ebebeb;
font:14px "微软雅黑";
position: absolute;                /*绝对定位*/
bottom: 5px;
```

```
right: 5px;
}
.left {
position: fixed;                    /*固定定位*/
left: 10px;
top: 100px;
z-index: 1;
}
```

总　结

通过本讲的学习,我们要理解元素的浮动,掌握使用 float 属性排版网页元素的方法,会使用 float 属性创建横向多列布局,会使用 clear 属性清除浮动影响,会使用 position 属性定位网页元素,重点要掌握各种不同定位方式的特点。

习　题　11

一、选择题

1. 在 CSS 中,float 属性的作用是________。

A. 清除浮动　　　　B. 扩展盒子高度

C. 处理盒子中的内容溢出　　　　D. 定位网页元素,布局网页

2. 在 HTML 页面中有一个 id 为 nav 的＜div＞,________可以设置它向右浮动。

A. #nav{float:left;}　　　　B. #nav{float:right;}

C. #nav{clear:left;}　　　　D. #nav{clear:right;}

3. 在 CSS 中,________可以设置元素绝对定位。

A. position:fixed;　　B. position:absolute;　　C. position:relative　　D. position:static

4. 在 CSS 中,position 属性的默认值是________。

A. fixed　　B. absolute　　C. relative　　D. static

5. 下列属性中,________属性可以清除浮动影响。

A. position　　B. float　　C. clear　　D. margin

二、填空题

1. CSS 中有三种基本的定位机制,分别是标准流、________和________。

2. 在 CSS 中,将 position 属性的值设为________可以实现相对定位。

3. 相对于浏览器窗口定位且不随窗口的滚动而移动的定位方式是________。

综合实训

一、实训要求

在 Dreamweaver CS6 中，打开本讲实训文件 project11. html，按照实训内容要求，制作如图 11-29 所示的京东图书页面。

具体要求如下。

(1)设置页面宽度为 1020px，居中显示。

(2)带按钮的图片横幅广告采用绝对定位的方式将数字按钮显示在图片下方。

(3)图书列表使用 float 属性创建横向多列布局。

(4)页面右下角回到“顶部”按钮采用固定定位方式实现。

图 11-29　京东图书页面

二、实训步骤

(1)在 Dreamweaver CS6 中打开“project11. html”,分析其页面结构,设计代码如下。

```
<! doctype html>
<html>
<head>
<meta charset="utf-8">
<title>京东图书</title>
<link href="css/stlye11. css" rel="stylesheet" type="text/css">
</head>
<body>
<div id="wrapper">
<header id="top"></header>
<nav>
<ul>
<li><a href="#">图书首页</a></li>
<li><a href="#">新品预售</a></li>
<li><a href="#">电子书</a></li>
<li><a href="#">陪伴计划</a></li>
<li><a href="#">特色书店</a></li>
<li><a href="#">图书勋章</a></li>
<li><a href="#">特价好书</a></li>
</ul>
</nav>
<div id="banner"><img src="images/banner. jpg">
<ul>
<li>1</li>
<li>2</li>
<li>3</li>
<li>4</li>
<li>5</li>
<li>6</li>
</ul>
</div>
<aside>
<h3>图书销量榜</h3>
<dl>
```

```
<dd><a href="#">少儿</a></dd>
<dd><a href="#">教育</a></dd>
<dd><a href="#">小说文学</a></dd>
<dd><a href="#">经管</a></dd>
<dd><a href="#">励志与成功</a></dd>
<dd><a href="#">人文社科</a></dd>
<dd><a href="#">生活</a></dd>
<dd><a href="#">艺术/摄影</a></dd>
<dd><a href="#">科技</a></dd>
<dd><a href="#">计算机与互联网</a></dd>
<dd><a href="#">原版图书</a></dd>
<dd class="bd"><a href="#">杂志期刊</a></dd>
</dl>
</aside>
<div id="content">
<dl>
<dt><a href="#"><img src="images/book01.jpg"/></a></dt>
<dd><a href="#">故宫日历·2020 年(紫禁 600 年)</a></dd>
<dd>作　者:<a href="#">陈丽华 冯贺军 李湜 著</a></dd>
<dd>出版社:故宫出版社</dd>
<dd>定　价:<span class="d1">76.00</span></dd>
<dd>京东价:<span class="d2">49.00</span>[ 6.5 折 ] </dd>
<dd><a class="add" href="#" target="_blank">加入购物车</a></dd>
</dl>
<dl>
<dt><a href="#"><img src="images/book02.jpg"/></a></dt>
<dd><a href="#">西贝的服务员为什么总爱笑</a></dd>
<dd>作　者:<a href="#">贾林男 著 </a></dd>
<dd>出版社:文汇出版社 </dd>
<dd>定　价:<span class="d1">56.00</span></dd>
<dd>京东价:<span class="d2">28.00</span>[ 5 折 ] </dd>
<dd><a class="add" href="#" target="_blank">加入购物车</a></dd>
</dl>
<dl>
<dt><a href="#"><img src="images/book03.jpg"/></a></dt>
<dd><a href="#">二年级数学(第一学期)</a></dd>
```

```
<dd>作　者:<a href="#"> 华东师范大学出版社 编</a></dd>
<dd>出版社:华东师范大学出版社</dd>
<dd>定　价:<span class="d1">30.00</span></dd>
<dd>京东价:<span class="d2">28.50</span>[ 9.5 折 ] </dd>
<dd><a class="add" href="#" target="_blank">加入购物车</a></dd>
</dl>
<dl>
<dt><a href="#"><img src="images/book04.jpg"/></a></dt>
<dd><a href="#">考研政治知识点提要 </a></dd>
<dd>作　者:<a href="#">肖秀荣 著</a></dd>
<dd>出版社:国家开放大学出版社</dd>
<dd>定　价:<span class="d1">39.00</span></dd>
<dd>京东价:<span class="d2">23.40</span>[ 6 折 ]</dd>
<dd><a class="add" href="#" target="_blank">加入购物车</a></dd>
</dl>
<dl class="bd">
<dt><a href="#"><img src="images/book05.jpg"/></a></dt>
<dd><a href="#">你想活出怎样的人生</a></dd>
<dd>作　者:<a href="#">[日] 吉野源三郎 著</a></dd>
<dd>出版社:南海出版公司</dd>
<dd>定　价:<span class="d1">49.50</span></dd>
<dd>京东价:<span class="d2">37.10</span>[ 7.5 折 ] </dd>
<dd><a class="add" href="#" target="_blank">加入购物车</a></dd>
</dl>
<dl class="bd">
<dt><a href="#"><img src="images/book06.jpg"/></a></dt>
<dd><a href="#">英语四级真题试卷</a></dd>
<dd>作　者:<a href="#">潘晓燕 著</a></dd>
<dd>出版社:世界图书出版公司</dd>
<dd>定　价:<span class="d1">59.80</span></dd>
<dd>京东价:<span class="d2">37.40</span>[ 6.3 折 ] </dd>
<dd><a class="add" href="#" target="_blank">加入购物车</a></dd>
</dl>
</div>
<footer>
<p>互联网出版许可证编号新出网证(京)字 150 号　|　出版物经营许可证　|　网络文化经
```

```
营许可证京网文[2014]2148-348号 | 违法和不良信息举报电话:4006561155</p>
<p>Copyright © 2004-2019 京东 JD.com 版权所有 | 消费者维权热线:4006067733 经
营证照</p>
<p>京东旗下网站:京东支付 | 京东云</p>
</footer>
</div>
<div class="top"><a href="#top"><img src="images/icon.png"></a></div>
</body>
</html>
```

(2)定义页面基本样式,代码如下。

```
@charset "utf-8";
/* CSS Document */
* {
margin: 0;
padding: 0;
}
body {
font: 14px "微软雅黑";
color: #666;
}
ul {
list-style: none;
}
a {
text-decoration: none;
color: #000;
}
a:hover {
color: #e21f1c;
}
```

(3)设置页面宽度、头部<header>和导航栏<nav>样式,代码如下。

```
#wrapper {
width: 1020px;
margin: 0 auto;
}
header {
```

```
height: 106px;
background: url(../images/logo.png) no-repeat;
}
nav {
width: 700px;
height: 44px;
}
nav ul li {
width: 100px;
float: left;
line-height: 44px;
font-size: 18px;
text-align: center;
}
```

(4)设置带按钮的图片横幅广告样式,利用绝对定位的方式将数字按钮显示在图片下方,代码如下。

```
#banner {
position: relative;                    /*相对定位*/
}
#banner ul {
position: absolute;                    /*绝对定位*/
bottom: 20px;
left: 420px;
}
#banner ul li {
display: inline-block;
width: 20px;
height: 20px;
line-height: 20px;
text-align: center;
background-color: #FFF;
margin-right: 10px;
}
#banner ul li:hover {
background-color: #666;
color: #FFF;
}
```

(5)设置侧边栏<aside>样式，代码如下。

```
aside {
width: 180px;
border: 1px solid #ccc;
float: left;
}
aside h3 {
line-height: 40px;
text-align: center;
border-bottom: 1px solid #ccc;
}
aside dl dd {
line-height: 35px;
padding-left: 20px;
border-bottom: 1px solid #ccc;
}
.bd {
border-bottom: none;
}
```

(6)设置页面主体内容区域样式，代码如下。

```
#content {
width: 820px;
float: right;
}
#content dl {
width: 400px;
border-bottom: 1px solid #ccc;
padding: 5px;
float: left;
}
#content dt {
float: left;
}
#content dt img {
margin: 15px;
border: 1px solid #ccc;
}
```

```
#content dd {
line-height: 26px;
}
#content dd a {
font-weight: bold;
color: #172197;
}
#content.add {
display: inline-block;
width: 100px;
height: 24px;
line-height: 24px;
text-align: center;
color: #FFF;
background-color: #F00;
float: right;
margin: 5px;
}
#content.d1 {
text-decoration: line-through;
}
#content.d2 {
color: #F00;
font-weight: bold;
}
#content.bd {
border-bottom: none;
}
```

(7)设置页脚<footer>样式,代码如下。

```
footer {
clear: both;                    /*清除两侧浮动*/
text-align: center;
padding-top: 10px;
border-top: 1px solid #ccc;
}
```

(8)采用固定定位方式设置页面右下角回到“顶部”按钮,代码如下。

```
.top {
```

```
width: 30px;
height: 30px;
background-color: #F00;
border-radius: 5px 0 0 5px;
position: fixed;
right: 0px;
bottom: 30px;
}
```

上机练习

在 Dreamweaver CS6 中，打开 practice11. html，根据要求制作如图 11-30 所示的纯 CSS 图片切换效果。具体设置要求如下。

(1)使用 float 属性设置小图片水平排列。

(2)使用 position 属性设置大图片相对于父盒子绝对定位，并使用 display 属性设置图片的显示或隐藏。

(3)当鼠标悬停在小图片上方时，在上方灰色区域显示相应的大图片，实现图片切换效果。

图 11-30　纯 CSS 图片切换效果

思政小课堂

大学生的自我定位

网页中的元素可以精确地定位,我们大学生也要有正确的自我定位。

面对严峻的就业形势和职业发展的需要,大学生要认真学习党的二十大精神,深刻领悟“两个确立”的决定性意义,增强“四个意识”,坚定“四个自信”,做到“两个维护”。根据国家科教兴国战略,按照职业生涯规划理论加强对自身的认识与了解,找出自己感兴趣的领域,加强文化知识的学习,确定自己的优势,合理定位人生目标。使个人理想能够服务国家发展战略,为进入社会提供明确方向。

模块 4

JavaScript脚本语言

经过多年的发展，JavaScript已经成为世界上较流行的编程语言。作为一种嵌入在浏览器内的客户端脚本语言，它的主要作用之一就是制作各式各样的网页特效。这些特效使原本呆板的网页变得生动活泼，增强了用户体验。通过本模块的学习，学生可以在短时间内掌握JavaScript脚本语言语法知识、客户端编程和常见的网页特效制作方法。

第 12 讲　最受欢迎的网页脚本语言——JavaScript

知识目标

- 了解 JavaScript 的特点。
- 掌握 JavaScript 的基本语法。
- 理解 JavaScript 的内置对象、函数、浏览器对象的作用。

技能目标

- 会使用 JavaScript 进行网页脚本编程。
- 能灵活应用 JavaScript 的内置对象、函数和浏览器对象。
- 能妥善处理 JavaScript 事件。

素质目标

- 培养细心踏实、勇于创新的精神。
- 树立学习自信、技术自信。
- 增强网络安全意识。

JavaScript 是世界上最流行的脚本语言,已经被广泛地应用于 Web 页面当中。JavaScript 可以为 HTML 页面增加交互性,实现各种酷炫的动态效果,为用户提供赏心悦目的浏览效果。

12.1 认识 JavaScript

12.1.1 知识解析

JavaScript 是互联网上最流行的脚本语言,这门语言可用于 HTML 和 web,更可广泛用于服务器、PC、笔记本电脑、平板电脑和智能手机等设备。

JavaScript 是一种解释性的、用于客户端的、基于对象的、由事件驱动的程序设计语言,具有以下特点。

1. 解释性

JavaScript 是一种解释性的脚本语言,属于轻量级编程语言,不能用来开发独立的应用程序。它采用小程序段的方式实现编程,提供了一个简易的开发过程,其基本结构形式与 C、C++、VB、Delphi 十分类似,但不需要预先编译,可以在程序运行过程中被逐行地解释。将 JavaScript 与 HTML 标识结合在一起,可方便用户使用和操作。

2. 用于客户端

JavaScript 是一种跨平台、跨浏览器的设计语言,可嵌入 HTML 页面中,由所有的浏览器执行。利用 JavaScript 可进一步增强网页的交互性,在客户端就可以实现对网页的操作与控制。

3. 基于对象

JavaScript 是一种基于对象的语言,能运用自己创建的对象。许多功能的实现来自于脚本环境中对象的方法与脚本的相互作用。

JavaScript 使信息和用户之间不仅是一种显示和浏览的关系,更重要的是它实现了一种实时的、动态的、可交互的表达,如校验用户输入信息、有效组织网页内容、动态显示网页内容等,弥补了静态网页的不足。

12.1.2 知识应用

在网页中嵌入 JavaScript 时,必须将脚本代码放在<Script>与</Script>标记符之间,以便将脚本代码与 HTML 标记区分开来。Script 块可放在<head>与</head>之间,也可以放在<body>与</body>之间,其嵌入的方法为:

```
<Script language="JavaScript">
    <!--
            //此处放置 JavaScript 代码
        //-->
        </Script>
```

<!--...//-->是一组标识符号,对于支持 JavaScript 代码的浏览器,浏览器将解释执行其中的代码;对于不支持 JavaScript 代码的浏览器,浏览器在解释执行时将忽略其中的代码。

如果一段 JavaScript 代码需要用于多个网页，通常可将该 JavaScript 代码单独存到一个扩展名为.js 的文本文件中，当网页中需要用该 JavaScript 时，只需要利用 <Script>标记的 src 属性将其插入网页。在网页中插入 JavaScript 文件的方法为：

```
<Script language="JavaScript" src="js_URL"></Script>
```

src 属性用于指定要插入 JavaScript 文件的位置。例如，若要在网页中插入 inc 目录下的 date.js 脚本文件，插入方法为：

```
<Script language="JavaScript" src="inc/date.js"></Script>
```

【例 12-1】 在 HTML 网页中嵌入 JavaScript 脚本。（案例：.../教材源文件/源码/example12_1.html）。

扫码听课

```
<html>
<head>
<Script Language="JavaScript">
<!--
    alert("这是第一个 JavaScript 例子！");
    document.write("<h1>喜迎二十大，奋进新征程！</h1></br>");
    document.write("<img src='../素材(images)/1.jpeg'></img>");
-->
</Script>
</head>
</html>
```

该页面在浏览器中的显示效果如图 12-1 所示。

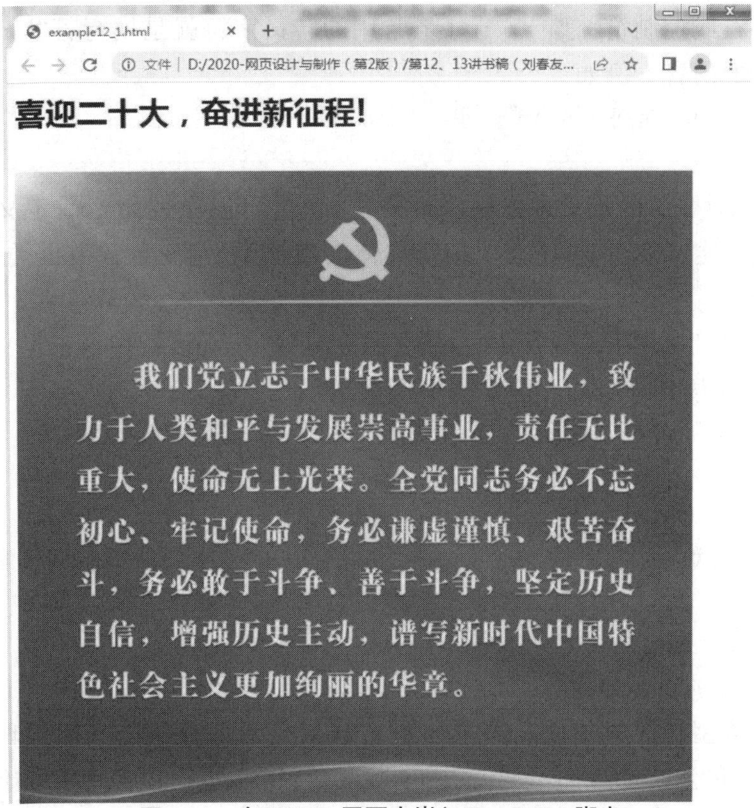

图 12-1　在 HTML 网页中嵌入 JavaScript 脚本

12.2 JavaScript 基本语法

12.2.1 知识解析

JavaScript 脚本语言同其他语言一样,有自身的基本数据类型、表达式、算术运算符以及程序的基本框架结构。JavaScript 提供了数值型(整数和实数)、字符串型、布尔型和空值等四种基本的数据类型来处理数字和文字,变量提供存放信息的地方,表达式则可以完成较复杂的信息处理。

12.2.2 知识应用

1. JavaScript 的常量、变量与表达式

(1) 常量

JavaScript 的常量是指当程序运行时,值始终不发生改变的量。根据数据类型,常量可分为数值型常量、字符型常量和逻辑型常量。字符型常量用双引号或单引号括起来,逻辑型常量只有 true 和 false 两种。

另外,在 JavaScript 中还有一种特殊的常量,即转义字符。利用转义字符可以表达一些特殊的字符或控制符。JavaScript 最常用的转义字符就是换行符"\n",其作用是换一行显示后面的内容。例如:

```
document.write("星期一"+"\n"+"星期二");
```

(2)变量

JavaScript 对变量的定义未作强制性规定,变量可以在使用之前定义,也可以不定义而直接使用。定义变量时,不需要指定具体的数据类型,变量的数据类型完全由所赋值的类型决定。

①变量的定义。在 JavaScript 中,只要给变量赋一个值,就相当于定义了一个变量。另外,可以用 var 语句来声明和定义一个变量。

```
var 变量名 1[=初值],[变量名 2[=初值]...]
```

例如:

```
var msg;
msg="Hello World!";
var count=1;
var curDate=new Date();
dd=curDate.getDate();
```

②变量的类型转换。JavaScript 是一种对数据类型要求不太严格的脚本语言。在程序执行过程中,它会自动进行一些必要的类型转换,当字符型数据与数值型数据进行"+"运算时,系统会将数值型数据转换成字符型,然后再进行字符串的连接运算。也可

以显式地进行类型转换：将数字构成的字符串转换成数值型可通过 Number()函数来实现，将数值型数据转换成字符串可通过 String()函数来实现。

【例 12-2】 JavaScript 变量类型转换(example12_2.html)。

扫码听课

```
<html>
<head>
<Script Language="JavaScript">
    var num=24,str="36";
    x=num+str;
    y=num+Number(str);
    z=String(num)+str;
    window.alert("x 的值为:"+x+"\n y 的值为:"+y+"\n z 的值为:"+z);
</Script>
</head>
</html>
```

运行上述代码，其在浏览器中的显示效果如图 12-2 所示。

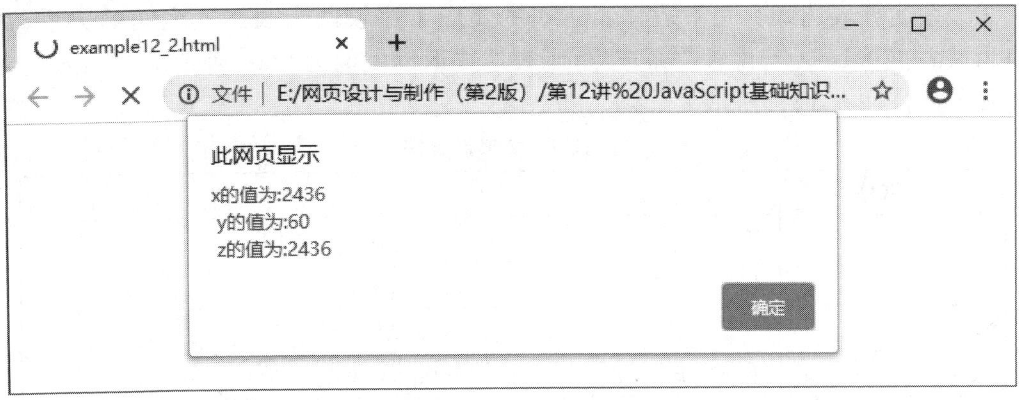

图 12-2　JavaScript 变量类型转换

(3)表达式

表达式就是由常量、变量、函数和相应的运算符构成的式子。JavaScript 的表达式可分为条件表达式、算术表达式、关系表达式、字符表达式和逻辑表达式。

①条件表达式。

用法：(条件)？ A:B

功能：若条件成立，则表达式的值为 A；若条件不成立，则表达式的值为 B。A 和 B 可代表任何类型的值。例如：

```
(age>=18)?"成年":"未成年"
```

若变量 age 的值大于或等于 18，则表达式的值为"成年"；若变量 age 的值不大于或等于 18，则表达式的值为"未成年"。

②算术表达式。

由数值型常量、变量或函数和算术运算符所构成的式子就是算术表达式。JavaScript 支持的算术运算符如表 12-1 所示。

表 12-1　算术运算符

运算符	意　义	示　例
＋	数字相加	2＋3 结果为 5
＋	字符串合并	"欢迎"＋"光临"结果为"欢迎光临"
－	相减	7－3 结果为 4
－	负数	i＝30，j＝－i 结果 j 为－30
*	相乘	10*2 结果为 20
/	相除	8/2 结果为 4
%	取模(余数)	6%3 结果为 0
＋＋	递增 1	i＝5,i＋＋结果 i 为 6
－－	递减 1	i＝5,i－－结果 i 为 4

③关系运算表达式。关系运算表达式主要用于比较两个表达式之间的关系，其返回值为 true 或 false。若比较关系成立，则表达式返回的值为 true，否则返回 false。常用的关系运算符如表 12-2 所示。

表 12-2　关系运算符

运算符	意　义	示　例
＝＝	等于	5＝＝3 结果为 false
!＝	不等于	5!＝3 结果为 true
＜	小于	5＜3 结果为 false
＜＝	小于等于	5＜＝3 结果为 false
＞	大于	5＞3 结果为 true
＞＝	大于等于	5＞＝3 结果为 true
&&	与	true&& false 结果为 false
||	或	true||false 结果为 true
!	非	!true 结果为 false

④字符表达式。由字符常量、变量、函数和相应的运算符构成的表达式为字符表达式。字符串的运算主要是字符串的连接运算，其运算符为"＋"。在字符串连接运算中，如果有数值型数据，系统就会自动将数值型数据转换为字符型数据，然后再进行连接运算。

⑤逻辑表达式。由关系表达式、逻辑型数据与逻辑运算符构成的式子就是逻辑表达式，运算后的最终结果仍为逻辑型数据。JavaScript 的逻辑运算符有 &&(逻辑与)、‖(逻辑或)、!(逻辑非)三种。逻辑表达式通常与分支语句、循环语句等配合使用，以提供循环或分支语句的条件。

2. JavaScript 流程控制语句

通常情况下，程序代码的执行是按照书写代码的先后顺序来执行的。在实际应用中，常需要根据条件的成立与否来选择执行不同的代码，以实现智能化的处理，这种智能控制程序执行流向的语句，通常被称为流程控制语句。

JavaScript 的流程控制语句主要包括分支结构控制语句和循环结构控制语句两种。

(1)分支结构控制语句

①if 语句。

语句格式：

```
if(条件表达式)
{语句体;}
```

程序执行时，先判断条件表达式，如果条件成立，则执行语句体。

例如：

```
if(n>0)
alert("购物件数:"+n);
```

②if...else 语句。

语句格式：

```
if(条件表达式)
{语句体 1;}
else
{语句体 2;}
```

程序执行时，先判断条件表达式，如果条件成立，则执行语句体 1；如果条件不成立，则执行语句体 2。

例如，判断当前系统日期是否为星期六或星期天，若是，则星期数就用红色显示。

```
if(weekday==0|| weekday==6)
{document.write("<font color='#FF0000'>"+week[ weekday]+"</font>"); }
    else
{document.write("<font color='#999999'>"+week[weekday]+</font>"); }
```

③switch 语句。

switch 语句可以根据给定表达式的不同取值，选择不同的语句，常用于实现具有多种情况的判断处理。语句用法为：

```
switch(表达式)
{
case 值 1:语句块 1;break;
case 值 2:语句块 2;break;
…
case 值 n:语句块 n;break;
[default:语句块;]
}
```

语句功能：首先计算表达式的值，然后与 case 后面给定的值进行比较。表达式的值与哪一个 case 后面给定的值相等，就执行该 case 后面的语句块。遇到 break 语句，就结束 switch 语句的执行。若表达式的值与各个 case 后面给定的值均不相等，则执行 default 后面的语句块。

【例 12-3】 使用 switch 语句实现在网页中输出当前的星期数，若其为星期六或星期日，则用红色输出（example12_3. html）。

扫码听课

```
<html>
<head>
<Script language="JavaScript">
var curday=new Date();
switch(curday. getDay())
{
case 1：document. write("星期一")；break;
case 2：document. write("星期二")；break;
case 3：document. write("星期三")；break;
case 4：document. write("星期四")；break;
case 5：document. write("星期五")；break;
case 6：document. write("<font color=red>星期六</font>")；break;
case 0：document. write("<font color=red>星期日</font>")；break;
}
</Script>
</head>
</html>
```

运行例 12-3 中代码，显示效果如图 12-3 所示。

图 12-3 switch 语句的使用

(2)循环结构控制语句

JavaScript 中的循环结构控制语句主要有 for 循环、while 循环和 do…while 循环。

①for 循环。

语句用法：

```
for(初始值表达式;循环条件表达式;增量表达式)
{循环执行体语句;}
```

语句说明：

• 初始值表达式：通常用于给循环控制变量赋初值，为可选项。

• 循环条件表达式：用于指定循环的条件，为可选项。若表达式值为 true，则继续执行循环体；若表达式值为 false，则结束循环体的执行。

• 增量表达式：用于更新循环控制变量的值，使循环趋于结束，为可选项。

例如，分别用<h1>至<h6>的字体输出字符串“第一步：填写账户信息”。

```
<script language="JavaScript">
for(var n=1;n<=6;n++)
{
document.write("<h"+n+">第一步:填写账户信息</h"+n+"><br>");
}
</script>
```

②while 循环。

语句用法：

```
while(条件表达式)
{循环体;}
```

语句功能：首先判断条件表达式的值，若为 true，则执行循环体语句，然后再次返回判断条件表达式；若仍为 true，则继续执行循环体语句……若为 false，则结束循环的执行。例如：

```
<script language="JavaScript">
var n=1;
while(n<=6)
{
document.write("<h"+n+">第一步:填写账户信息</h"+n+"><br>");
    n++;
}
</script>
```

③do...while 循环。

语句用法：

```
do{
循环体;
}while(条件表达式)
```

语句功能：首先执行循环体语句，然后判断条件表达式的值，若为 true，则继续执行循环体语句；若为 false，则结束循环的执行。从中可见，do...while 循环体至少将被执行一次。例如：

```
<script language="JavaScript">
var n=1;
do
{
```

```
document.write("<h"+n+">第一步:填写账户信息</h"+n+"><br>");
    n++;
}while(n<=6);
</script>
```

12.3 JavaScript 内置对象选择器

12.3.1 知识解析

JavaScript 是一种基于对象的脚本语言,每个对象均有属于自己的属性和方法。在 JavaScript 中,常用的内置对象有 String、Math、Array 和 Date,分别用于实现对字符串、算术运算、数组、日期与时间的处理。

12.3.2 知识应用

1. Date 对象

Date 对象是一个动态对象,使用时应创建实例,其创建方法为:

```
var 实例名=new Date();
```

所创建的实例中将自动存储当前的日期和时间。例如:

```
var curDate=new Date();
```

Date 对象创建后,利用该对象的相关方法,便可实现对日期和时间的相关操作。Date 对象常用的方法如表 12-3 所示。

表 12-3 Date 对象的常用方法

方 法	描 述
Date()	返回当前的日期和时间
getDate()	从 Date 对象返回一个月中的某一天(1～31)
getDay()	从 Date 对象返回一周中的某一天(0～6)
getMonth()	从 Date 对象返回月份(0～11)
getFullYear()	从 Date 对象以四位数字返回年份
getYear()	从 Date 对象以两位或四位数字返回年份
getHours()	返回 Date 对象的小时(0～23)
getMinutes()	返回 Date 对象的分钟(0～59)
getSeconds()	返回 Date 对象的秒数(0～59)

例如,定义了变量 dd、mm、yy 和 weekday,分别用于存放返回的日、月、年和星期数。

```
dd=curDate.getDate();
mm=curDate.getMonth()+1;
yy=curDate.getYear();
weekday=curDate.getDay();
```

2. Array 对象

Array 对象是一个动态对象，使用时必须创建其实例。在 JavaScript 中，数组被视为一个对象，创建数组也就是创建 Array 对象的实例，其创建方法为：

```
var 数组名=new Array();
```

例如，若要创建一个名为 score 的数组，则创建方法为：

```
var score=new Array();
```

由于创建时没有指定数组的大小，因此该方法创建的数组在使用时比较灵活，可以根据需要自动调整数组的大小。

在创建数组时，若预先知道数组的大小，则可使用如下格式来创建固定大小的数组。

```
var 数组名=new Array(数组大小);
```

例如，若要创建拥有 40 个数组成员的数组 score，则创建方法为：

```
var score=new Array (40);
```

在 JavaScript 中，数组成员的编号从 0 开始，即数组的下标从 0 开始。要访问数组成员可通过“数组名[成员下标值]”的格式进行访问。比如，若要给 score 数组中的第二个成员赋值 90，则实现的语句为：

```
score[1]=90;
```

在创建数组时，若要知道数组成员的初值，还可以用以下方式来定义数组，并实现给数组成员赋值。

```
var 数组名=new Array(元素 1,元素 2,元素 3,...);
```

例如，定义一个名为 week 的数组，数组成员的初值分别为星期日、星期一、星期二、星期三、星期四、星期五、星期六，则定义方法为：

```
var week=new Array("星期日","星期一","星期二","星期三","星期四","星期五","星期六");
```

3. String 对象

String 对象是 JavaScript 内置的一个对象，用于实现对字符串的处理。字符串是由若干字符构成的序列，字符串常量要用单引号或双引号括起来。

String 是一个动态对象，不能直接使用，必须创建该对象的一个实例，然后利用实例对象来间接使用该对象。String 实例的创建方法为：

```
var 实例名=new String("字符串");
```

例如：

```
var msg=new String("欢迎光临本站!");
```

该语句就创建了一个名为 msg 的对象，该对象存储的字符串为“欢迎光临本站!”。创建 String 对象的实例，也可以缺省 new 和 String 关键字，而采用以下格式来创建。

```
var msg="欢迎光临本站!";
```

该用法与给变量赋值的用法相似。由此可见，JavaScript 的 String 对象相当于其他语言中的字符串变量，或者说 JavaScript 是将字符型变量视为一个对象的。既然是一个对象，就有相应的属性和方法，JavaScript 也正是通过 String 对象的属性和方法来实现对字符串的处理的。

String 对象提供了一个 length 属性,利用该属性可返回实例对象所保存的字符串的长度。

用法:实例对象名. length

例如,若要显示实例对象 msg 所保存的字符串的长度,则实现语句为:

```
<script language="JavaScript">
var msg="欢迎光临本站!";
document.write(msg.length);
</script>
```

运行后输出的值为 7。在 JavaScript 中,字符采用 UniCode 编码,一个汉字或一个西文字符均算为一个字符。

String 对象提供了一组方法,利用这些方法可实现对字符的处理。使用时应注意方法名的大小写。

(1)charAt()方法

用法:实例对象名. charAt(idx)

功能:返回指定位置处的一个字符。字符位置从左向右编号,最左边的为 0。

例如,若要输出字符串“欢迎光临本站!”中第三个字符,则实现语句为:

```
var msg="欢迎光临本站!";
document.write(msg.charAt(2));
```

(2)indexOf()方法

用法:实例对象名. indexOf(chr)

功能:返回指定字符或字符串的位置,从左向右找,若找不到则返回-1。

例如,若要在字符串“欢迎光临本站!”中查找子串“光临”的位置,则实现语句为:

```
var msg="欢迎光临本站!";
document.write(msg.indexOf("光临"));
```

运行后返回的值为 2。

(3)lastIndex()方法

lastIndex 方法的功能与 indexOf()方法相同,只是查找的方向不同,该方法是从右向左查找。

(4)subString()方法

用法:实例对象名. subString(fromidx, toidx)

功能:根据指定的开始位置 fromidx 和结束位置 toidx 从实例对象所保存的字符串中截取一个子串。截取时从 fromidx 位置开始一直到 toidx,但不包含 toidx 位置上的字符。

例如,若要从字符串“欢迎光临本站!”中截取子串“光临”,则实现语句为:

```
var msg="欢迎光临本站!";
document.write(msg.subString(2,4));
```

(5)toLowerCase()方法

用法:实例对象名. toLowerCase()

功能:将字符串中的字符全部转换为小写。

例如，若要将字符串“Welcome To My Home!”全部转换成小写输出，则实现语句为：

```
var msg="Welcome To My Home!";
document. write(msg toLowerCase());
```

(6)toUpperCase()**方法**

用法：实例对象名. toUpperCase()

功能：将字符串中的字符全部转换为大写。

4. Math 对象

Math 对象是一个静态对象，可以直接引用，不需要创建实例。常用的数学函数被定义成该对象的方法，数学常数被定义成该对象的属性。因此，利用该对象的方法和属性可实现相关的数学运算。

在 JavaScript 中，Math 对象最常用的方法是 random()，它用于返回一个 0～1 的随机小数。

【例 12-4】 在文本域 txtinput 中产生一个 0～9999 的随机整数作为注册验证码。若在文本域 txtcheck 中输入的值与产生的随机数不同，则用提示框显示“验证码错误”(example12_4. html)。

扫码听课

```
<html>
<head>
<Script Language="JavaScript">
function CheckForm()
{
if(document. form1. txtcheck. value! =document. form1. txtinput. value)
{
alert("验证码错误!");
document. form1. txtcheck. focus();
return false;
}
}
</Script>
</head>
<body topmargin="120">
<form id="form1" name="form1" method="post" action="">
随机产生的验证码为:
<input id="txtinput" name="txtinput" type="text" size="6" /></br>
在此框输入验证码:
<input id="txtcheck" name="txtcheck" type="text" size="10" /></br>
<input id="button1" name="button1" type="submit" value="验证" onclick="CheckForm()"/>
```

```
<Script Language="JavaScript">
var num=0;
num=Math.floor(Math.random() * 10000);
document.form1.txtinput.value=num;
</Script>
</form>
</body>
</html>
```

运行例 12-4 中代码,显示效果如图 12-4 所示。

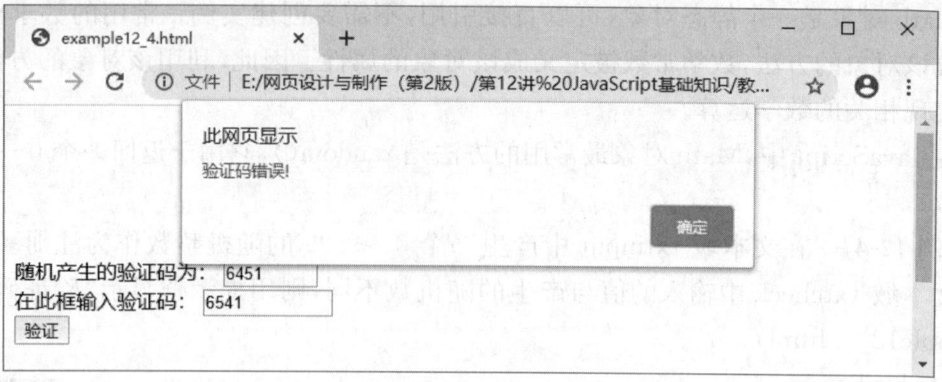

图 12-4 随机验证码验证

12.4 JavaScript 函数

12.4.1 知识解析

函数是能够实现某种运算或特定功能的程序段。JavaScript 是一个函数式的脚本语言,可调用系统内置的函数或自定义的函数来实现所需要的功能。

12.4.2 知识应用

1. 函数的定义

JavaScript 的函数采用 function 语句定义,用 return 语句返回函数值,其定义格式为:

```
function 函数名(参数列表)
{
  函数的执行部分;
  return 表达式;
}
```

说明：

- function 是关键字。
- 函数名必须是唯一的，并且大小写是有区别的。
- 函数的参数可以是常量、变量或表达式。
- 当使用多个参数时，参数之间用逗号隔开。
- 如果函数值需要返回，则使用关键字 return 将值返回。

通常在<head>与</head>部分定义 JavaScript 函数，以便在页面装载时首先装载函数，使浏览器知道有这样一个函数。

2. 函数的调用

定义一个函数，仅是告知浏览器有这样一个函数，函数体中的语句并不会被执行。只有在调用该函数时，函数体中的语句才真正地被执行。其调用方法为：

调用格式 1：varname＝函数名(参数值)

调用格式 2：函数名(参数值)

说明：当函数调用有返回值，而且需要保存该返回值时，采用格式 1 的调用方法；当不需要保存函数返回的值或者需要直接使用函数的返回值时，抑或是当函数仅实现某项特殊功能而没有明确的返回值时，通常采用格式 2 来调用。

例如，在表单按钮的 onclick 事件中调用上面定义的 CheckForm 函数。

```
<input type="submit" name="button" id="button" value="注册" onclick="Check Form()"/>
```

【例 12-5】　在 JavaScript 中使用函数，求立方根(example12_5. html)。

扫码听课

```
<html>
<head>
<Script Language="JavaScript">
function cuberoot(num)
{
    num=Math. pow(num,1/3);
return num;
}
</script>
</head>
<body>
<Script language="JavaScript">
    var x=27;
    window. alert("27 的立方根为:"+cuberoot(x)+",x="+x);
</Script>
</body>
</html>
```

运行例12-5中代码,显示效果如图12-5所示。

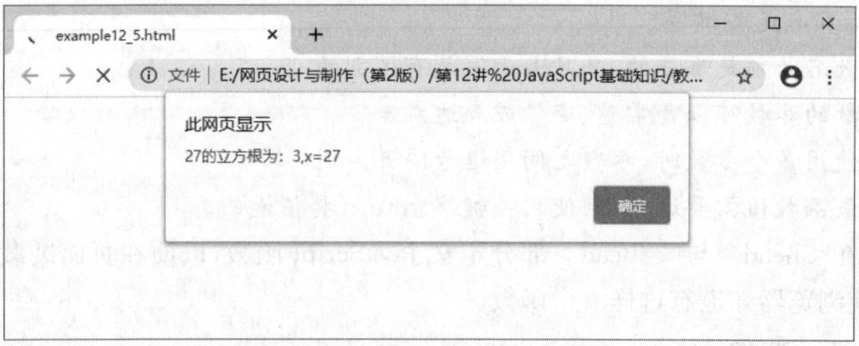

图12-5 利用函数求立方根

12.5 BOM编程

12.5.1 知识解析

BOM指浏览器对象模型(Browser Object Model)。JavaScript经常需要操作浏览器窗口及窗口上的控件,实现用户和页面的动态交互。为此,浏览器提供了一系列内置对象,统称为浏览器对象。各内置对象之间按照某种层次组织起来的模型统称为BOM。BOM由多个对象组成,其中代表浏览器窗口的window对象是BOM的顶层对象,其他对象都是该对象的子对象。其子对象包括location对象、history对象、document对象等。浏览器对象模型使JavaScript有能力与浏览器"对话"。

12.5.2 知识应用

1. window对象

所有浏览器都支持window对象,它表示浏览器窗口。在BOM中,所有对象的父对象是window对象。HTML DOM的document也是window对象的属性之一。window对象是JavaScript中用于表示浏览器窗口的一个全局对象。它提供了许多与浏览器窗口交互的方法和属性,如下所示。

①window.alert():弹出一个带有一条消息和一个OK按钮的警告框。例如:

```
window.alert("this is a alert test");
```

②window.confirm():显示一个带有指定消息以及确认按钮和取消按钮的对话框,并返回用户点击的按钮。例如:

```
window.confirm("Are you sure you want to delete this item?");
```

③window.prompt():显示一个带有文本输入框、确认按钮和取消按钮的对话框,并返回用户输入的文本。例如:

```
window.prompt("Please enter your name:", "Tom");
```

④window. setTimeout()：在指定的毫秒数后调用函数或计算表达式。此方法用于打开一个计时器，其基本用法如下：

window. setTimeout(执行语句，时间值)；

执行语句参数是要执行的函数或计算表达式；时间值参数是延迟的时间(以毫秒为单位)。

【例 12-6】 当用户点击页面中的“定时器开始”按钮时，会启动一个定时器，在 3 秒后弹出一个提示框，显示“Hello，world!”(example12_6. html)。

```
<! DOCTYPE html>
<html>
<head>
    <title>Window SetTimeout Example</title>
    <script type="text/javascript">
        function showAlert() {
            alert("Hello, world!");
        }
        function startTimer() {
            var timerID=window. setTimeout(showAlert, 3000); // 3 seconds later
            }
    </script>
</head>
<body>
    <h1>Window SetTimeout Example</h1>
    <p><button onclick="startTimer()">定时器开始</button></p>
</body>
</html>
```

该页面在浏览器中的显示效果如图 12-6 所示。

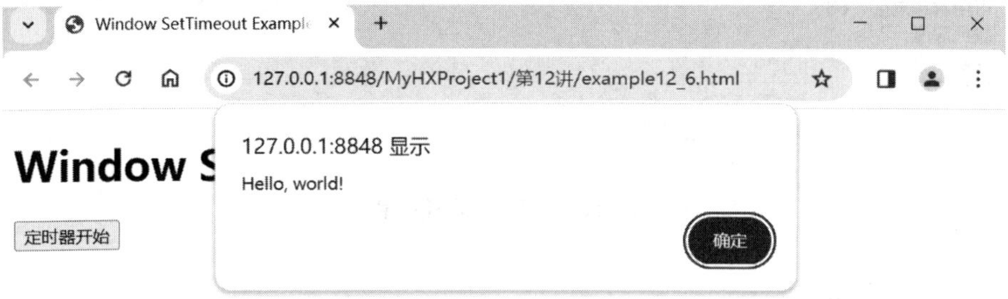

图 12-6　定时器

⑤window. clearTimeout()：取消由 setTimeout()设置的 timeout。例如：

window. clearTimeout(timerID)；

⑥window. screen：提供有关客户端显示屏幕的信息，如宽度、高度、屏幕方向等。

【例 12-7】 显示客户端屏幕的信息(example12_7. html)。

```
<! DOCTYPE html>
<html>
<head>
<meta charset="utf-8">
<title></title>
    <script>
        document. write("屏幕宽度：" + window. screen. width+"<br/>");
        document. write("屏幕高度：" + window. screen. height+"<br/>");
        document. write("可用屏幕宽度：" + window. screen. availWidth+"<br/>");
        document. write("可用屏幕高度：" + window. screen. availHeight+"<br/>");
        document. write("颜色深度：" + window. screen. colorDepth+"<br/>");
        document. write("像素深度：" + window. screen. pixelDepth+"<br/>");
        document. write("屏幕方向：" + (window. screen. orientation===90 ? "竖屏"："
横屏"));
    </script>
</head>
<body>
</body>
</html>
```

该页面在浏览器中的显示效果如图 12-7 所示。

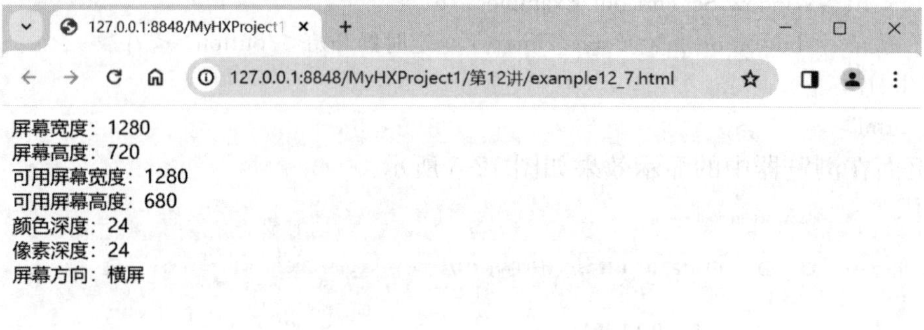

图 12-7 显示屏幕信息

2. location 对象

location 对象提供有关当前 URL 的信息，例如协议、主机名、路径名、查询字符串和片段标识符等。该对象包含当前网页的 URL 地址。以下是一些常用的 location 对象的属性和方法。

①protocol：返回当前 URL 的协议部分(如 http 或 https)。

②host：返回当前 URL 的主机名和端口号(如果有的话)。

③hostname：返回当前 URL 的主机名部分。

④port：返回当前 URL 的端口号。

⑤pathname：返回当前 URL 的路径部分。

⑥assign(url)：加载并显示一个新的文档。

⑦replace(url)：用新的文档替换当前的文档。

⑧reload()：重新加载当前文档。

【例 12-8】 显示当前 URL 的信息(example12_8. html)。

```
<! DOCTYPE html>
<html>
    <head>
        <meta charset="utf-8">
        <title></title>
        <script>
            //获取当前 URL 的各个组成部分
            var protocol=window. location. protocol;
            var host=window. location. host;
            var pathname=window. location. pathname;

            //输出各个组成部分
            document. write("Protocol: " + protocol+"<br/>");
            document. write("Host: " + host+"<br/>");
            document. write("Pathname: " + pathname+"<br/>");
        </script>
    </head>
    <body>
    </body>
</html>
```

该页面在浏览器中的显示效果如图 12-8 所示。

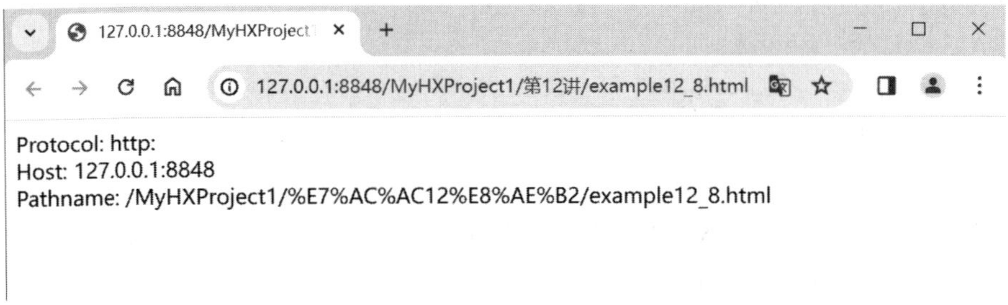

图 12-8　location 对象

该对象还有一个常用的 href 属性，通过设置该属性，可以导航到指定的网页，其作用等价于<a>标记的功能。例如：

```
window. location. href="http://www. baidu. com";
```

3. history 对象

history 对象提供有关浏览器历史记录的信息,例如上一页、下一页、前进和后退等。history 对象是 window 对象的一部分,它被设计用来包含用户在浏览器窗口中访问过的 URL。你可以通过 window. history 属性来访问这个对象,它提供了一些非常有用的方法,如 back()、forward()和 go()等,使你能够自由地在用户的浏览历史中前后导航。例如,若要后退到曾经访问过的倒数第一个页面,则实现代码为:

```
window. history. go(-1);或 window. history. back();
```

若要后退到曾经访问过的倒数第二个页面,则实现代码为:

```
window. history. go(-2);
```

若要前进到曾经访问过的页面,则实现代码为:

```
window. history. go(1);或 window. history. forward();
```

window. history. go(0)的功能是重新装载当前页面。

4. navigator 对象

navigator 对象是浏览器提供的一个全局对象,它包含了关于浏览器的信息和一些有用的属性和方法。以下是一些常用的 navigator 对象的属性和方法。

①userAgent:返回一个字符串,表示浏览器的用户代理信息。

②appName:返回浏览器的名称。

③appVersion:返回浏览器的版本号。

④platform:返回浏览器的平台(如 Windows、Macintosh 或 Linux)。

⑤language:返回浏览器的语言设置。

⑥onLine:返回一个布尔值,表示浏览器是否在线。

⑦cookieEnabled:返回一个布尔值,表示浏览器是否启用了 Cookie。

【例 12-9】 显示浏览器的信息(example12_9. html)。

```
<! DOCTYPE html>
<html>
    <head>
        <meta charset="utf-8">
        <title></title>
        <script>
            //获取浏览器的用户代理信息
            var userAgent=navigator. userAgent;
            document. write("User Agent: " + userAgent+"<br/>");
            //获取浏览器的名称
            var appName=navigator. appName;
            document. write("App Name: " + appName+"<br/>");
            //获取浏览器的版本号
```

```
        var appVersion=navigator.appVersion;
        document.write("App Version: " + appVersion+"<br/>");
        //检查浏览器是否在线
        var isOnline=navigator.onLine;
        document.write("Is Online: " + isOnline+"<br/>");
        //检查浏览器是否启用了 Cookie
        var cookieEnabled=navigator.cookieEnabled;
        document.write("Cookie Enabled: " + cookieEnabled+"<br/>");
    </script>
    </head>
    <body>
    </body>
</html>
```

该页面在浏览器中的显示效果如图 12-9 所示。

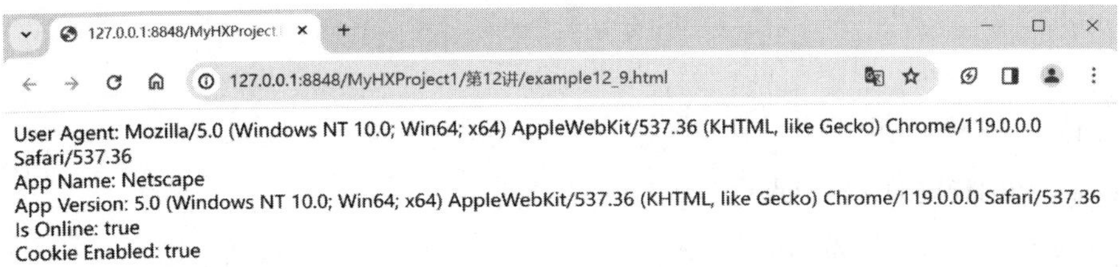

图 12-9　navigator 对象

12.6　DOM 编程

12.6.1　知识解析

DOM(Document Object Model,文档对象模型)是一个编程接口,它允许程序和脚本与 HTML 文档进行交互,改变文档的结构、风格和内容。DOM HTML 指的是 DOM 中为操作 HTML 文档提供的属性和方法。文档(Document)表示 HTML 文件。文档中的标签称为元素(Element)。文档中的所有内容称为节点(Node)。一个 HTML 文件可以被视为所有元素组成的一个节点树,各元素节点之间有级别的划分 。例如,一个 HTML 文档的 DOM 树可以表示为一个包含多个节点的树状结构,每个节点代表 HTML 文档中的一个元素,如标题、段落等。BOM 对浏览器进行操作,而 DOM 用来对文档进行操作。

12.6.2　知识应用

在 JavaScript 中可以使用 DOM 来操作获取的元素内容。DOM 提供了许多属性和方法,可以用于读取和修改元素的属性、样式以及内容。以下是一些常见的 DOM 操作示例。

1. 获取元素

document 对象在 DOM 中提供了多种方法来查找元素。

(1)getElementById(id):根据元素的 id 属性获得第一个匹配的元素对象。

(2)getElementsByName(name):根据元素的 name 属性获得带有指定名称的所有元素,返回的是一个 HTMLCollection 对象。

(3)getElementsByTagName(tagName):根据元素的标签名获得带有指定标签名的所有元素,返回的也是一个 HTMLCollection 对象。

(4)getElementsByClassName(class):根据元素的 class 属性获得带有指定 class 的所有元素,返回的同样是一个 HTMLCollection 对象。

【例 12-10】 获取指定的元素节点(example12_10. html)。

```
<! doctype html>
<html>
<head>
<meta charset="utf-8">
<title>访问指定的元素节点</title>
<script type="text/javascript">
function init(){
            var book=document. getElementById("book");
            book. style. color="red";
            var booklist=document. getElementsByTagName("li");
            boollist[3]. style. fontWeight="bold";
}
</script>
</head>
    <body onload="init()">
        <p id="book">自营图书</p>
    <ul>
            <li>《二十大党章学习手册》</li>
            <li>《图解二十大精神》</li>
            <li>《党的二十大精神职工学习问答》</li>
            <li>《党的二十大精神专题十二讲(融媒体书)》</li>
      </ul>
    </body>
</html>
```

该页面在浏览器中的显示效果如图 12-10 所示。

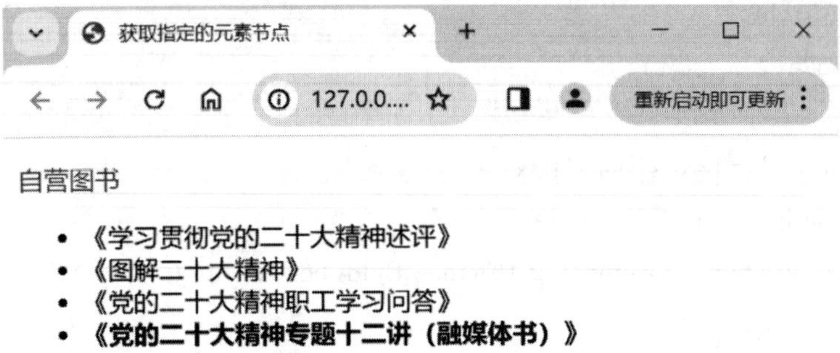

图 12-10　获取指定的元素节点

2. 修改元素内容

可以使用 innerHTML 属性来设置或获取元素的 HTML 内容。例如，要将一个<p>标签的内容设置为"Hello，World!"，可以使用以下代码。

```
var p=document. getElementById("myParagraph");
p. innerHTML="Hello, World!";
```

3. 添加元素内容

可以使用 createElement()方法创建新元素。可以使用 appendChild()方法将新元素添加到现有元素的末尾。例如，向一个<div>标签中添加一个新的<p>标签，可以使用以下代码。

```
var div=document. getElementById("myDiv");
var newParagraph=document. createElement("p");
newParagraph. innerHTML="This is a new paragraph. ";
div. appendChild(newParagraph);
```

4. 删除元素内容

可以使用 removeChild()方法从父元素中删除子元素。例如，从页面中删除一个<p>标签，可以使用以下代码。

```
var p=document. getElementById("myParagraph");
p. parentNode. removeChild(p);
```

【例 12-11】 改变盒子的大小和内容(example12_11. html)。

```
<! DOCTYPE html>
<html>
    <head>
        <meta charset="utf-8">
        <style>
```

```
            .box{width:200px;height:200px;background:#eee;margin:0 auto;}
        </style>
    </head>
    <body>
        <div id="box" class="box"></div>
        <script>
            var box=document.getElementById('box');
            var i=0;
            box.onclick=function() {
                ++i;
                if (i % 2) {
                    this.style.width='400px';
                    this.style.height='400px';
                    this.innerHTML='<img src="images/study.png"/>';
                } else {
                    this.style.width='150px';
                    this.style.height='150px';
                    this.innerHTML='推进文化自信自强,铸就社会主义文化新辉煌';
                }
            };
        </script>
    </body>
</html>
```

该页面在浏览器中的显示效果如图 12-11 所示。

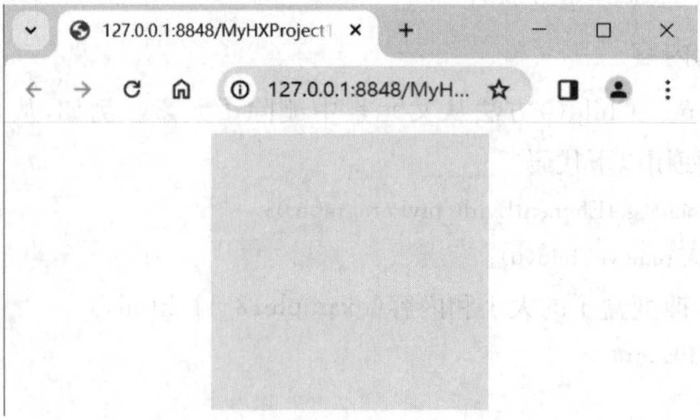

图 12-11　example12_11.html 初始页面

当单击次数为奇数时,页面中的盒子变大,通过更改 innerHTML 属性,将盒子内的文字改变为图形，如图 12-12 所示。

图 12-12　盒子变大，显示图形

当单击次数为偶数时，页面中的盒子变小，通过更改 innerHTML 属性，将盒子内的图形改为文字，如图 12-13 所示。

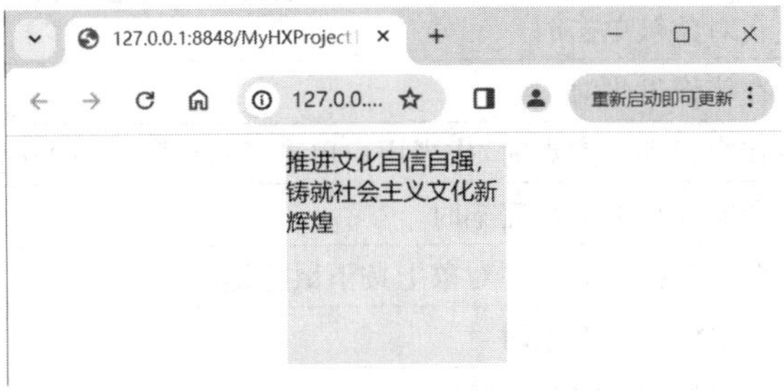

图 12-13　盒子变小，显示文字

12.7　JavaScript 事件处理

12.7.1　知识解析

JavaScript 是基于对象的语言，其基本特征是采用事件驱动。通常，鼠标或热键的动作称为事件（Event）；由鼠标或热键引发的一连串程序的动作称为事件驱动（Event Driver）；对事件进行处理的程序或函数称为事件处理程序（Event Handler）。

12.7.2　知识应用

1. 事件及响应方法

事件是浏览器响应用户操作的机制。JavaScript 的事件处理功能可以改变浏览器相应操作的标准方式，可以帮助开发更具交互性、更具响应性和更易使用的 Web 页面。

事件说明用户与Web页面交互处理时产生的操作。例如,当用户单击超链接或按钮,或者输入窗体数据时,就会产生一个事件,告诉浏览器发生了操作,需要进行处理。浏览器等待事件发生,并在事件发生时,进行相应的事件处理工作。

(1)事件的类别

根据事件的触发者,事件可分为鼠标事件、键盘事件和浏览器事件三类。

①鼠标事件:该类事件是由鼠标操作触发的。大部分的对象均能识别和响应鼠标事件,常用的有 MouseOver、MouseOut、MouseDown、MouseUp、Click、DblClick 等。

②键盘事件:由键盘操作触发,常用的主要有 KeyDown、KeyUp、KeyPress。

③浏览器事件:该类事件是由浏览器自身的某种操作触发的。比如网页在装载时将触发 Load 事件。当装载另一个网页时,在当前网页上便会触发 UnLoad 事件。

表单中的每个界面对象一般均能响应鼠标和键盘事件,各对象能响应的常用事件如表12-4所示。

表12-4 各对象的常用事件

事件名称	描 述
OnBlur	发生在窗口失去焦点时;或当 Text 对象或 TextArea 对象以及 Select 对象不再拥有焦点而退到后台时
OnChange	发生在文本输入区的内容被更改,焦点从文本输入区移走时
OnClick	发生在对象被单击时
OnError	发生在错误发生时
OnFocus	发生在窗口得到焦点时,或当用户单击 Text 或 TextArea 以及 Select 对象时
OnLoad	发生在文档全部下载完毕时
OnMouseDown	发生在用户把鼠标放在对象上按下鼠标键时
OnMouseOut	发生在鼠标离开对象时
OnMouseOver	发生在鼠标进入对象范围时
OnMouseUp	发生在用户把鼠标放在对象上鼠标键被按下又被放开时
OnReset	发生在表单的"重置"按钮被单击(按下并放开)时
OnResize	发生在窗口被调整大小时
OnSubmit	发生在表单的"提交"按钮被单击(按下并放开)时
OnUnload	发生在用户退出文档(或者关闭窗口,或者到另一个页面去)时
OnSelect	当 Text 或 TextArea 对象中的文字被加亮时
OnDblClick	鼠标双击事件
OnKeyPress	当键盘上的某个键被按下并且释放时触发的事件
OnKeyDown	当键盘上某个按键被按下时触发的事件
OnKeyUp	当键盘上某个按键被放开时触发的事件
OnAbort	图片在下载时被用户中断触发的事件
OnBeforeUnload	当前页面的内容将要被改变时触发的事件
OnMove	浏览器的窗口被移动时触发的事件

(2)事件的响应

当事件发生时，系统会自动查询该事件是否指定了相应的处理函数。若指定了，则调用执行对应的事件处理函数，从而完成对事件的响应；若未指定，则什么也不执行。

事件的处理函数通过对象的事件句柄来指定，事件句柄可视为对象的一个属性。事件句柄的名称由“On+事件名”构成。比如 Click 事件，其对应的事件句柄名就是 OnClick。

事件处理函数的指定格式为：事件句柄=事件处理函数()或语句。

事件句柄后面可以指定一个函数，也可以直接放置所要执行的语句。若要执行的语句较多，则通常先将所要执行的语句定义成一个函数，然后在事件句柄后面指定该函数。

例如，当单击“注册”按钮时，触发了 OnClick 事件，将执行处理函数 CheckForm()，指定的方法为：

```
<input type="submit" name="button" id="button" value="注册" onclick="CheckForm()"/>
```

2. document 的常用事件

document 对象代表当前网页，其常用事件有 Load、UnLoad、ContexMenu、SelectStart 和 MouseDown。

(1)Load 事件

Load 事件发生在网页被装载时。利用该事件可完成对网页所使用数据的初始化或弹出提示窗口。Load 事件处理函数的执行先于网页中的其他脚本程序。为 Load 事件指定事件处理函数有两种方法。

①利用<body>标记来指定，指定方法为：

```
<body OnLoad=事件处理函数()或语句>
```

这种方法对于事件句柄 OnLoad 不区分大小写。例如，若要在网页加载时显示“欢迎光临本站!”的消息框，则实现语句为：

```
<body OnLoad=" alert(欢迎光临本站!)">
```

②利用 document 对象来指定。

在 HTML 标记中设置事件句柄，实质是设置与标记相对应的浏览器对象的事件属性。事件属性名与事件句柄相同，但必须小写。<body>标记对应的是 document. body 对象，因此也可在 JavaScript 中通过以下方法来指定事件处理函数。

```
<Script Language="JavaScript">
    document. body. OnLoad=事件处理函数名;
</Script>
```

注意：由于该方法是给属性赋值，因此只能指定为一个函数，不能指定为语句，此时的事件函数名不要加括号。例如，若要在网页加载时执行自定义函数 begin()，则实现语句为：

```
document. body. OnLoad=begin;
```

若网页加载时，需要执行多个函数，则可先将要执行的多个函数收集定义成一个函数，然后再将该函数指定给 OnLoad 属性。

由于网页是在浏览器窗口中加载显示的，因此，也可以通过 window 对象来指定，其指定方法为：

```
window.OnLoad=事件处理函数名;
```

例如：

```
window.OnLoad=begin;
```

(2)Unload 事件

当关闭窗口或者转到另一个页面时触发该事件。该事件处理函数有两种指定方法，第一种为：

```
<body OnUnload=事件处理函数()或语句>
```

例如，若要在网页退出时显示“谢谢光临本站！”的消息框，则实现语句为：

```
<body OnUnload="alert('谢谢光临本站!')">
```

该事件处理函数的第二种指定方法为：

```
document.OnUnload=事件处理函数名;
```

例如：

```
<Script Language="JavaScript">
function bye()
{
    alert("谢谢光临本站!");
}
document.OnUnload=bye;
</Script>
```

(3)ContextMenu 事件

当在网页上单击鼠标右键时触发该事件。若为该事件指定了事件处理函数，则当事件处理函数返回 true 时，允许弹出快捷菜单；若返回 false，则禁止打开快捷菜单。

该事件处理函数的第一种指定方法为：

```
<body OnContextMenu=事件处理函数()或语句>
```

例如，若要禁止鼠标右键打开快捷菜单，则实现语句为：

```
<body onContextMenu="return false">;
```

该事件处理函数的第二种指定方法为：

```
document.OnContextMenu=事件处理函数名;
```

例如，禁止打开快捷键的代码为：

```
<Script Language="JavaScript">
function nomenu()
{
window.alert("禁止打开快捷键!");
return false;
}
document.onContextMenu=nomenu;
</Script>
```

(4) SelectStart **事件**

当鼠标在网页中拖动时触发该事件。该事件处理函数的指定方法有两种,第一种为:

<body OnSelectStart=事件处理函数()或语句>

例如,若要禁止当前网页的文本内容被别人复制,就可以利用该事件,并使该事件处理函数返回 false 值。实现的语句为:

```
<body OnSelectStart="return false">
```

该事件处理函数的第二种指定方法为:

```
document. OnSelectStart=事件处理函数名;
```

若用该方法,则实现代码为:

```
<Script Language="JavaScript">
function nocopy()
{
    alert("版权所有©,严禁复制!");
    return false;
}
document. Onselectstart=nocopy;
</Script>
```

(5)MouseDown **事件**

当鼠标被按下时触发该事件。大多数的对象均能响应该事件。相关的事件还有 MouseUp、MouseMove、MouseOver、MouseOut、Click、DblClick。

为网页指定 MouseDown 事件处理函数的方法有两种,分别为:

<body OnMouseDown=事件处理函数()或语句>

和

```
document. OnMouseDown=事件处理函数名;
```

当事件发生时,JavaScript 解释器会自动将事件信息填充到 event 对象中。通过该对象的 button 属性,可获知用户按下了哪个鼠标键:1 代表左键,2 代表右键,3 代表左右键同时被按下。在键盘事件中,通过 event 对象的 keycode 属性,可获知用户所按键的 ASCII 值。

例如,禁用鼠标右键快捷菜单,也可通过下面的代码实现。

```
<Script Language="JavaScript">
function nomenu()
{
    if(event. button==2||event. button==3){alert("禁止使用快捷菜单!")}
}
document. onmousedown=nomenu;
</Script>
```

3. 表单对象的常用事件

表单对象的常用事件有 submit 和 reset。

(1)submit 事件

submit 事件在用户提交表单时触发。单击提交命令按钮或调用表单对象的提交方法 submit,可实现表单的提交,在提交表单时会触发 submit 事件。

可为表单的 submit 事件指定事件处理函数,并在该函数中实现对表单数据的有效性验证,若数据正确,则让函数返回 true 值,允许表单递交数据;若数据有误,则输出相应的提示信息,并让函数返回 false,禁止表单提交数据。

例如:

```
<input type="submit" name="button" id="button" value="注册" onclick="CheckForm()"/>
```

(2)reset 事件

单击复位按钮或调用表单对象的 reset 方法时触发该事件。在实际应用中,该事件应用较少。表单对象除了事件以外,还内置了一些常用的方法,主要有 submit()方法、reset()方法、blur()方法、focus()方法、select()方法和 click()方法。这些方法对于大部分的界面对象均适用。

例如,若要使 login 表单中名为 username 的文本框失去焦点,则实现语句为:

```
document. login. username. blur();
```

select()方法通常结合 focus()方法使用,用于选中输入框中的全部文本内容。例如,若要使 login 表单中名为 username 的文本框被选中,则实现语句为:

```
document. login. username. focus();
document. login. username. select();
```

Click()方法适用于普通按钮、提交命令按钮、复位命令按钮和单选按钮对象。对于命令按钮,调用该方法等价于用鼠标单击了该对象;对于单选按钮,调用该方法则等价于选中相应的项。

12.8 综合案例:使用 JavaScript 进行客户端编程

【例 12-2】 使用 JavaScript 编写用户注册页面的脚本,页面效果如图 12-14 所示。使页面能够在客户端实现用户注册信息检验、随机产生验证码等功能(example12_12. html)。

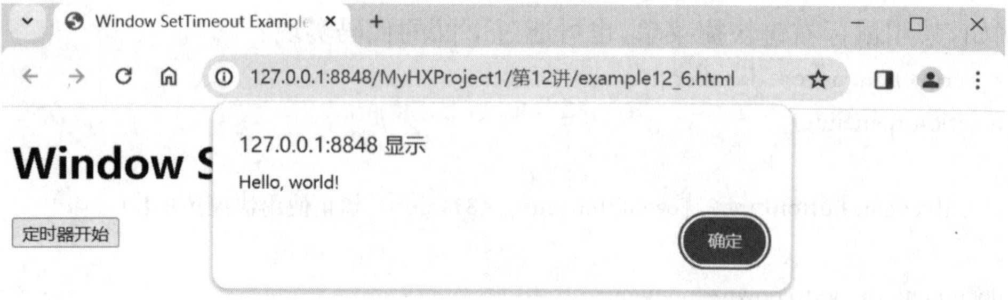

图 12-14 使用 JavaScript 实现用户注册信息检验

页面代码为：

```
<html>
<head>
<title>表单验证</title>
<script language="JavaScript">
<!--
function CheckForm()
{
//检查会员名是否为空
if(document. form1. txtname. value. length==0)
{
alert("会员名不能为空，请输入会员名!");
document. form1. txtname. focus();
return false;
}
//检查会员名长度
if( document. form1. txtname. value. length<5||document. form1. txtname. value. length>20)
{
alert("会员名字符数必须在 5~20!");
document. form1. txtname. value="";
document. form1. txtname. focus();
return false;
}
//检查密码长度，以及它是否是字母和数字的组合
var repPass=/[0-9a-zA-Z]{6,16}/;        //数字和字母组合
var repPass1=/[0-9]{1, }/;              //仅为数字
var repPass2=/[a-zA-Z]{1,}/;            //仅为字母
if(document. form1. txtpassword. value. length<6||document. form1. txtpassword. value. length>16)
{
//检查密码长度
alert("密码长度不符合要求!");
document. form1. txtpassword. value="";
document. form1. txtpassword. focus();
return false;
}
if(! repPass. test(document. form1. txtpassword. value)||(document. form1. txtpassword. value
==null))
{
//检查密码是否为数字和字母的组合，以及是否为空
alert("请输入符合规则的密码!");
document. form1. txtpassword. value="";
document. form1. txtpassword. focus();
return false;
```

```
}
if(! repPass1. test(document. form1. txtpassword. value)||! repPass2. test(document. form1.
txtpassword. value))
{
//检查密码是否只为字母或数字
alert("请输入符合规则的密码!");
document. form1. txtpassword. value="";
document. form1. txtpassword. focus();
return false;
}
//检查两次输入密码是否相同
if(document. form1. txtpassword. value!=document. form1. txtpwd. value)
{
alert("两次密码不同! 请输入密码!");
document. form1. txtpassword. value="";
document. form1. txtpwd. focus();
return false;
}
//检查电子邮箱格式是否正确
var email_str=document. form1. txtmail. value;
if(email_str. indexOf("@")==-1)
{
alert("电子邮箱的格式不对!");
document. form1. txtmail. focus();
return false;
}
//检查验证码输入是否正确
if(document. form1. txtcheck. value!=document. form1. txtinput. value)
{
alert("验证码错误!");
document. form1. txtcheck. focus();
return false;
}
}
-->
</script>
</head>
<body topmargin="0">
<form id="form1" name="form1" method="post" action="">
<table width="90%" height="360" border="0" align="center">
<tr><td width="100%" colspan="2" align="center" style="font:bold">用户注册</td>
</tr>
<tr><td width="100">会员名:</td>
```

```
<td><input name="txtname" type="text" id="txtname" size="20"/></br>
(5～20 个字符!)</td></tr>
<tr><td>密码:</td>
<td><input name="txtpassword" type="password" id="txtpassword" size="22"/></br>
(6～16 个字符,请使用字母和数字的组合密码,不能单独使用字母或数字。)</td></tr>
<tr><td>确认密码:</td>
<td><input name="txtpwd" type="password" id="txtpwd" size="22"/></td></tr>
<tr><td>电子邮箱:</td>
<td><input name="txtmail" type="text" id="txtmail" size="20"/></td></tr>
<tr><td>验证码:</td>
<td><input name="txtcheck" type="text" id="txtcheck" size="10"/>随机产生的验证码为
<input name="txtinput" type="text" id="txtinput" size="6"/>
<script Language="JavaScript">
var num=0;
num=Math.floor(Math.random() * 10000);   //随机产生四位的整数
document.form1.txtinput.value=num;
</script>
</td></tr>
<tr><td colspan="2" align="center">
<input id="button" name="button" type="submit" value="注册" onclick="CheckForm()"/>
</td></tr>
</table>
</form>
</body>
</html>
```

总　　结

通过本讲的学习,理解 JavaScript 的特点与作用;掌握 JavaScript 变量、函数、对象、事件的使用方法;熟悉 JavaScript 的框架和表单的使用;掌握 JavaScript 的内置对象、文档对象和窗口对象的使用;能应用 JavaScript 进行网页脚本编程,实现客户端网页动态交互的效果。

习　题　12

一、选择题

1. 在页面上输出“Hello World”的正确 JavaScript 语句是________。

A. document.write("Hello World")　　　　B. "Hello World"

C. response.write("Hello World")　　　　D. ("Hello World")

2. JavaScript 特性不包括________。

A. 解释性　　B. 用于客户端　　C. 基于对象　　D. 面向对象

3. 下列 JavaScript 的判断语句中,正确的是________。

A. if(i<10;i++)　　B. for(i=0;i<10)

C. for i=1 to 10　　D. for(i=0;i<10;i++)

4. 在 JavaScript 中,产生当前日期的是________方法。

A. Now()　　B. Date()　　C. new Date()　　D. new Now()

5. 在 JavaScript 中,要改变页面文档的背景色,需要修改 document 对象的________属性。

A. BackColor　　B. BackgroundColor

C. BgColor　　D. Background

6. 下列选项中,可用于实现动态改变指定 div 中内容的是________。

A. console. log()　　B. document. write()

C. innerHTML　　D. 以上选项都可以

二、填空题

1. JavaScript 是一种解释性的、用于客户端的、________、由事件驱动的程序设计语言。

2. 在 JavaScript 中,常用的内置对象有________、Math、Array 和________,分别用于实现对字符串、算术运算、数组、日期与时间的处理。

3. 在 BOM 中,所有对象的父对象是________。

4. ________方法用于在指定的毫秒数后调用函数。

综合实训

一、实训要求

利用 JavaScript 编写脚本,实现在页面中动态获取日期和时间,页面效果如图 12-15 所示。

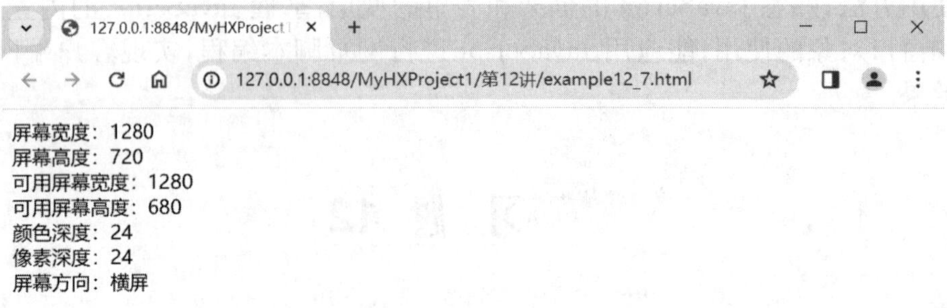

图 12-15　项目实训页面效果

二、实训步骤

在 Dreamweaver 中新建 HTML 文档。

(1)在<body></body>中定义一个名为“idClock”的 div 块。

```
<div id="idClock"></div>
```

(2)定义“idClock”块的样式。

```
<style type="text/css">
#idClock {
font-family:"微软雅黑";
font-size:24pt;
color:#090;
}
</style>
```

(3)编写 JavaScript 脚本。

```
<script type="text/javascript">
<!--
function showClock(){
var Digital=new Date();                  //实例化一个新的日期对象
var years=Digital.getFullYear();         //获取年份
var months=Digital.getMonth();           //获取月份
var days=Digital.getDate();              //获取天数
var hours=Digital.getHours();            //获取小时数
var minutes=Digital.getMinutes();        //获取分钟数
var seconds=Digital.getSeconds();        //获取秒数
var dn="上午";                           //用来判定上午或下午的变量
if(hours>12)                             //如果数值大于 12 则表示下午
    {dn="下午";
    hours=hours-12;                      //计算下午的时间
    }
if(hours==0)                             //如果为 0 则表示 12 点
    { hours=12;}
if(minutes<=9)                           //如果数值小于 10 则加 0 字符
        { minutes="0"+minutes;}
if(seconds<=9)                           //如果数值小于 10 则加 0 字符
    {seconds="0"+seconds;}
//获取用于显示时钟的 div 元素
var idclock=document.getElementById("idClock");
//设置 div 元素的显示文本
idclock.innerHTML=years+"年"+months+"月"+days+"日"+""+hours+"时"+minutes+
"分"+seconds+" 秒";
//重复循环自身
```

```
setTimeout("showClock()",1000);
}
-->
</script>
```

(4)给<body>加上事件触发代码。

```
<body OnLoad="showClock()">
```

(5)运行页面,查看页面效果。

上机练习

在 HTML 页面中编写 JavaScript 代码,使用 setTimeout()方法和 clearTimeout()方法设置和关闭定时器,如图 12-16 所示。

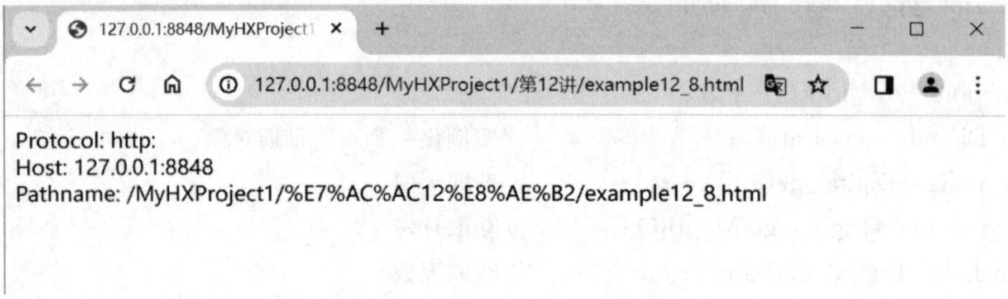

图 12-16　利用 JavaScript 设置和关闭定时器

思政小课堂

验证码——网站通行的安全员

在日常生活中,登录一些网站或者软件有时会让我们填写验证码,这到底有什么用呢?

验证码是一种区分用户是计算机还是人的公共全自动程序,通常由一些线条和不规则的字符组成,它有一个充满科学气息的名字——"全自动区分电脑和人类的图灵测试"(简称 CAPTCHA)。使用验证码是现在很多网站通行的方式,比如银行的网上个人银行,百度社区等。

验证码的作用有:

(1)防止机器冒充人类做暴力破解;

(2)防止大规模在线注册滥用服务;

(3)防止滥用在线批量操作;

(4)防止自动发布;

(5)防止信息被大量采集聚合。

总的来说，验证码的主要作用是防止一些黑客把密码数据化盗取，可以防止恶意破解密码、刷票、论坛灌水，有效防止某个黑客对某一个特定注册用户用特定程序暴力破解方式进行不断的登录尝试。

其实，很多人都有一个认知误区，认为验证码只有字符图片的形式，其实语音听写、算式计算、常识问答、情景问答等等都可以成为验证码。所有这些验证码都有个共同点：人类能很轻易地作出正确回答而计算机程序不能。所以，如果盗你号的是人，而不是机器，那么验证码是防不住的。有时候验证码看不清，那是因为验证码要的就是复杂性与无序性，还要有高浓度的噪音背景，对比度、可识别度都不能太高，因为机器比你聪明多了，你能轻易看清的，机器早就识别出来了。

第13讲 让你的网页酷起来——JavaScript特效

知识目标

- 了解常见的JavaScript网页效果。
- 掌握一些常见的JavaScript网页效果的编写方法。

技能目标

- 熟练使用JavaScript实现简单实用的网页特效编程。

素质目标

- 培养勇于探索、勇于创新的精神。
- 树立学习自信、技术自信。
- 增强时间紧迫感,强化学习重要性。

JavaScript 是一种属于网络的脚本语言，已经被广泛用于 Web 应用开发，常用来为网页添加各式各样的动态功能，为用户提供更流畅美观的浏览效果。JavaScript 实现网页特效，其实就是通过 JavaScript 脚本动态地控制 CSS 样式，以实现动画效果。

13.1　制作网页常用的 JavaScript 特效

13.1.1　知识解析

网页中经常会使用 JavaScript 脚本设置一些效果，下面是几种常用的 JavaScript 效果设置。

1. 改变背景色

```
onMouseOver="this.style.backgroundColor='颜色值'";            //注意大小写
onMouseOver="this.style.backgroundColor=' '";                //将值设为空
```

2. 改变背景图片

下面的方法只适用于插入的图片作为背景，若要使用样式控制，则应使用超链接。

```
onMouseOver="this.style.backgroundImage='图片路径'";
onMouseOver="this.style.backgroundImage=' '";                //将值设为空
```

3. 在文本框中显示提示语，当鼠标单击时文本消失

```
<input type="text" value="请输入您的用户名!" onFocus="if(this.value=='请输入您的用户名!') this.value='';">
```

4. 设为首页和加入收藏

```
<a style="cursor:hand" onClick="this.style.behavior='url(#default#homepage)';
this.setHomePage('http://www.baidu.com');return false;">设为首页</a>
<a href="javascript:window.external.AddFavorite('http://www.baidu.com','百度一下')"
target="_self">加入收藏</A>
```

5. 二级菜单的显示和隐藏层

首先，在 HTML 头标记中编写 JavaScript 代码。

```
<Script Language="JavaScript">
function show(id)
{
    document.getElementById(id).style.display="display";
}
function hidden(id)
{
    document.getElementById(id).style.display="none";
}
</Script>
```

然后,在层中添加如下代码。

```
onMouseOver="show('要显示层的名称')"  //层名称用单引号括起来
onMouseOut="hidden('要隐藏层的名称')"
```

最后,设置二级菜单层的属性 display 的值为"none",使二级菜单的初始状态为隐藏。

6. 侧边导航

```
function show(id)
{//判断被控制的层是否被隐藏
if(document.getElementById(id).style.display=="none")
{//若条件为真则显示层,否则隐藏层
document.getElementById(id).style.display="block";
}
else{
document.getElementById(id).style.display="none";
}
}
```

在层中设置导航超链接,代码如下。

```
<a href="javascript:show('所控制的层的名称');">导航超链接文本</a>
```

7. 弹出式窗口

```
window.open("打开窗口地址","窗口名称","窗口特征");
```

如果希望在加载页面的同时开启一个新的窗口,就需要借助页面的 onLoad 事件来完成。例如:

```
<body onLoad="window.open('adv.html')"
```

调用函数:

```
function init()
{
window.open("flash.html","newwindow","height=300,width=300,top=100,left=100,
toolbar=no,menubar=no,scrollbar=no,resizeable=no,location=no,status=yes");
}
<body onLoad="init()">
```

8. 可关闭的随页面滚动的广告

设置可关闭的随页面滚动的广告,可按以下步骤进行。

(1)定义 init 函数来计算广告图片距窗体最顶端的距离

```
var initTop=0;
function init()
{
    initTop=document.getElementById("adv").style.pixelTop;    //adv为广告图片层名称
}
```

(2)定义 move 函数来计算滚动条滚动后广告图片距窗体顶端的距离

```
function move()
{
    document.getElementById("adv").style.pixelTop=initTop+document.body.scrollTop;
}
```

(3)设置 onScroll 事件,调用 move()函数

```
window.onScroll=move;
```

9. 禁止复制网页内容

对于文字,通过“查看源文件”即可获得;对于图片,到浏览器缓存看一下就可以了。真正禁止复制网页上的文字和禁止保存网页上的图片,是很难做到的,只能是增加其难度。禁止复制的实际意义在于声明版权。

在实际应用中,要想有效阻止他人对网页内容的复制,通过组合功能比较实用。

①在网页<Body>标记中加入 onselectstart="return false"语句,使鼠标不能选择文本;

②在网页<Body>标记中加入 oncontextmenu="self.event.returnvalue=false" 语句,使单击鼠标右键时不能弹出右键选单,也就不能执行“图片另存为”命令选项;

③在网页<Body>标记中加入 OnLoad="lock()"并加上如下脚本,禁用 Ctrl 键,使得Ctrl+C 等快捷键失效。

```
<body OnLoad="lock()" background="../images/bg.gif" oncontextmenu="return false"
onselectstart="return false">
```

其中,lock()的脚本代码为:

```
<Script Language="JavaScript">
function lock()
{
if(event.ctrlKey)
{return false}
}
document.onkeydown=lock;
</Script>
```

10. 弹出隐藏层

```
function showDiv()
{
var object=document.getElementById("showD").style.display;
//showD 为将要显示的层的 ID 名称
if(object=="block")
{
    document.getElementById("超链接文字 ID 名称").innerText="注册前请阅读用户须知";
    document.getElementById("showD").style.display="none";
}
```

```
else
{
    document.getElementById("word").innerText="点击关闭";
    document.getElementById("showD").style.display="block";
}
}
```

通过超链接来调用自定义的函数:

```
<a href="javascript:showDiv();" id="超链接文字ID名称">注册前请阅读用户须知</a>
```

13.1.2　知识应用

下面介绍几种常见的 JavaScript 特效。

1. 不同时间段显示不同问候语

【例 13-1】 不同时间段显示不同问候语(example13_1.html)。

扫码听课

```
<html>
<head>
<title>不同时间段显示不同问候语</title>
<script Language="JavaScript">
    var text="";
    day=new Date();
    time=day.getHours();
    if((time>=0)&&(time<7))
        text="不能熬夜,要注意身体哦!";
    if((time>=7)&&(time<12))
        text="上午好! 今天的阳光真灿烂啊!";
    if((time>=12)&&(time<14))
        text="午休时间,不要忘记午睡哦!";
    if((time>=14)&&(time<18))
        text="祝您下午工作愉快!";
    if((time>=18)&&(time <=22))
        text="下班了,很开心吧!";
    if((time>=22)&&(time<24))
        text="该休息了,晚安!";
    document.write(text);
</script>
</head>
</html>
```

运行以上代码，页面效果如图 13-1 所示。

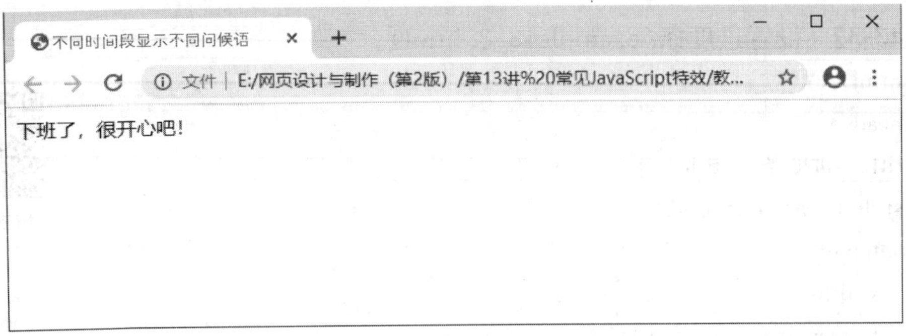

图 13-1　不同时间段在网页中显示不同问候语

2. 随机变换背景图

【例 13-2】　随机变换背景图(example13_2. html)。

扫码听课

```
<html>
<head>
<title>随机变换页面背景</title>
<script Language="JavaScript">
  image=new Array(4)；//定义 image 为图片数量的数组
  image [0]='素材(images)/01.jpg'；
  image [1]='素材(images)/02.jpg'；
  image [2]='素材(images)/03.jpg'；
  image [3]='素材(images)/04.jpg'；
  image [4]='素材(images)/05.jpg'；
  number=Math.floor(Math.random() * image.length)；
  document.write("<body background="+image[number]+">")；
</script>
</head>
<body>
</body>
</html>
```

运行以上代码，页面效果如图 13-2 所示。

图 13-2　随机变换页面背景

3. 进度条

【例 13-3】 设置进度条(example13_3.html)。

扫码听课

```
<html>
<head>
<title>进度条</title>
<style type="text/css">
.container{
    width:450px;
    border:1px solid #6C9C2C;
    height:25px;
}
#bar{
    background:#95CA0D;
    float:left;
    height:100%;
    text-align:center;
    line-height:150%;
}
</style>
<script type="text/javascript">
    function run(){
        var bar=document.getElementById("bar");
        var total=document.getElementById("total");
    bar.style.width=parseInt(bar.style.width)+1+"%";
    total.innerHTML=bar.style.width;
    if(bar.style.width=="100%"){
        window.clearTimeout(timeout);
        return;
    }
    var timeout=window.setTimeout("run()",100);
    }
    window.OnLoad=function(){
        run();
    }
</script>
</head>
<body>
<div class="container">
```

```
<div id="bar" style="width:0%;"></div>
</div>
<span id="total"></span>
</body>
</html>
```

运行以上代码，页面效果如图 13-3 所示。

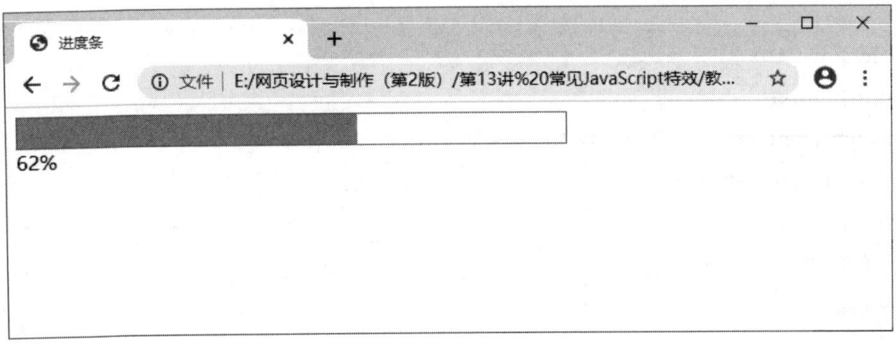

图 13-3　网页进度条

4. JavaScript 选项卡

【例 13-4】　JavaScript 选项卡(example13_4. html)。

```
<html>
<head>
<title>JavaScript 选项卡</title>
<style>
body,ul,li{
margin:0;
padding:0;
font:12px/1.5 arial;
}
ul,li{
list-style:none;
}
.wrap{
width:500px;
margin:20px auto;
}
.hide{
display:none;
}
#tab_t{
```

```
height:25px;
border-bottom:1px solid #ccc;
}
#tab_t li{
float:left;
width:80px;
height:24px;
line-height:24px;
margin:0 4px;
text-align:center;
border:1px solid #ccc;
border-bottom:none;
background:#f5f5f5;
cursor:pointer
}
#tab_t.act{
position:relative;
height:25px;
margin-bottom:-1px;
background:#fff;
}
#tab_c{
border:1px solid #ccc;
border-top:none;
padding:20px;
}
</style>
<script>
window.OnLoad=function(){
tab("tab_t","li","tab_c","div","onmouseover")
function tab(tab_t,tab_t_tag,tab_c,tag_c_tag,evt){
    var tab_t=document.getElementById(tab_t);
    var tab_t_li=tab_t.getElementsByTagName(tab_t_tag);
    var tab_c=document.getElementById(tab_c);
    var tab_c_li=tab_c.getElementsByTagName(tag_c_tag);
    var len=tab_t_li.length;
    var i=0;
    var timer=null;
    var num=0;
```

```
    for(i=0; i<len; i++){
    tab_t_li[i].index=i;
    tab_t_li[i][evt]=function(){
    clearInterval(timer);
    num=this.index;
    tab_change()
    }
    tab_t_li[i].onmouseout=function(){
    autoplay();
    }
    }
    function tab_change(){
    for(i=0; i<len; i++){
    tab_t_li[i].className='';
    tab_c_li[i].className='hide';
    }
    tab_t_li[num].className='act';
    tab_c_li[num].className='';
    }
    function autoplay(){
    timer=setInterval(function(){
    num++;
    if(num>=len) num=0;
    tab_change();
    },1000);
    }
    autoplay();
}
}
</script>
</head>
<body>
<div class="wrap">
<ul id="tab_t">
<li class="act">教育新闻</li>
<li>校内新闻</li>
<li>公告通知</li>
</ul>
<div id="tab_c">
```

```
<div>内容1</div>
<div class="hide">内容2</div>
<div class="hide">内容3</div>
</div>
</div>
</body>
</html>
```

运行以上代码,页面效果如图13-4所示。

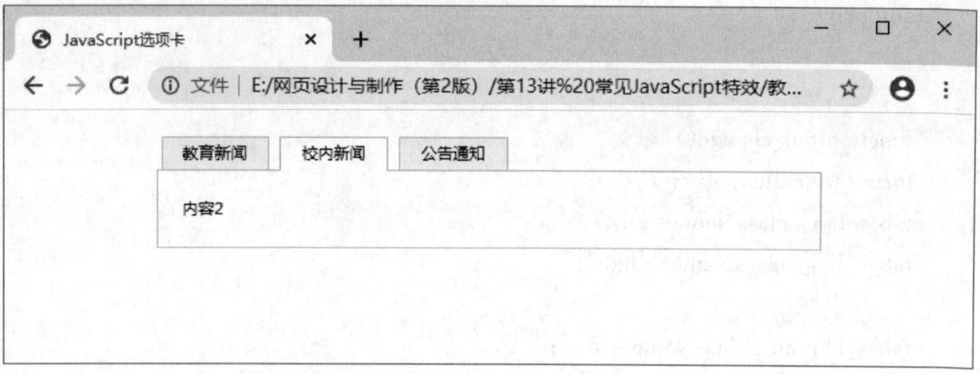

图13-4 JavaScript选项卡

5. JavaScript幻灯片效果

【例13-5】 JavaScript幻灯片效果设置(example13_5.html)。

```
<html>
<head>
<title>JS幻灯片效果</title>
<style type="text/css">
 *{ margin: 0; padding: 0;}
ul{ list-style: none;}
#view{ position: relative; width: 800px; height: 450px; margin-left: 120px; border: 10px
solid #bc8f8f; }
#view:after{ content: '.'; display: block; clear: both; height: 0; visibility:hidden;}
#img_list{ position: absolute; width: 2600px;}
#img_list li{ float: left; width: 800px; height: 450px; }
#a{ background-image: url("../素材(images)/06.jpg");}
#b{ background-image: url("../素材(images)/07.jpg");}
#c{ background-image: url("../素材(images)/08.jpg");}
</style>
</head>
<body>
<div id="view">
```

```
<ul id="img_list">
<li id="a"></li>
<li id="b"></li>
<li id="c"></li>
</ul>
</div>
<script type="text/javascript">
var img_list=document.getElementById('img_list');
setInterval(function(){
var current=img_list.children[0];
for(var i=0 ; i < 100 ; i++){
(function(pos){
setTimeout(function(){
current.style.width=800 - (pos/100) * 800 + 'px';
},(pos + 1) * 10)
})(i)
}
setTimeout(function(){
img_list.appendChild(current);
current.style.width='800px';
},1010);
},1500)
</script>
</body>
</html>
```

运行以上代码，页面效果如图 13-5 所示。

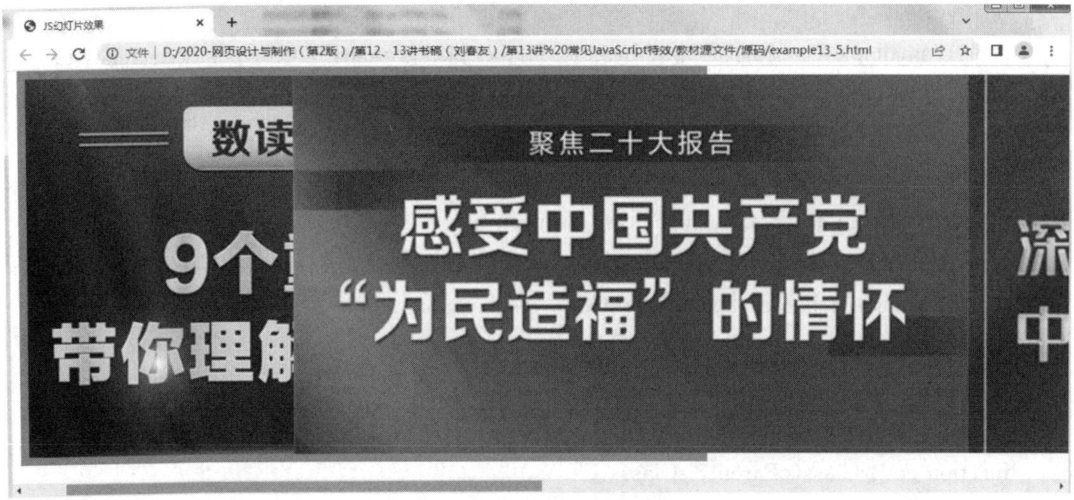

图 13-5　JavaScript 幻灯片效果

13.2 综合案例:JavaScript 图片放大镜功能实现

【例 13-6】 使用 JavaScript 编写脚本,实现类似淘宝上的图片放大镜功能(example13_6.html)。页面效果如图 13-6 所示。

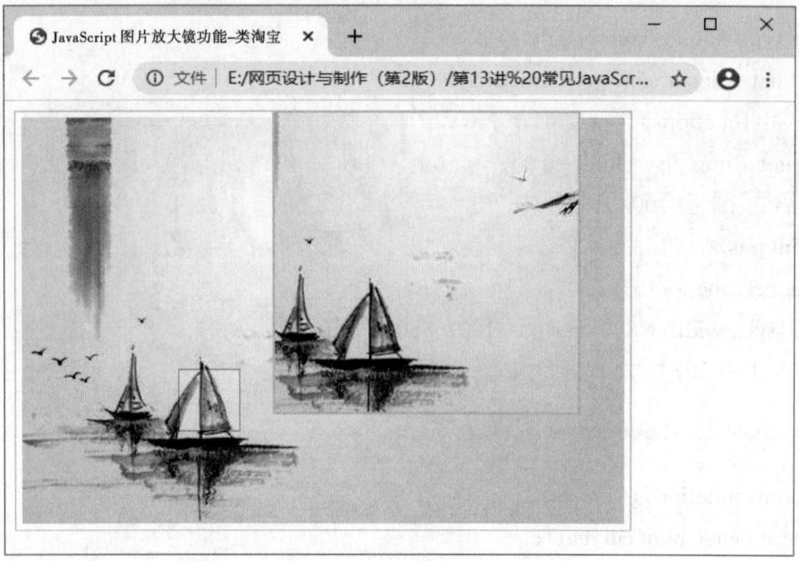

图 13-6 JavaScript 图片放大镜

```
<html>
<head>
<title>JavaScript 图片放大镜功能-类淘宝</title>
<style type="text/css">
#div1 { width: 500px; height: 339px; padding: 5px; border: 1px solid #ccc; position: relative; }
#div1.small_pic { width: 500px; height: 339px; background: #eee; position: relative; }
#div1.float_layer { width: 50px; height: 50px; border: 1px solid #000; background: #fff; filter: alpha(opacity: 30); opacity: 0.3; position: absolute; top: 0; left: 0; display:none; }
#div1.mark {width:100%; height:100%; position:absolute; z-index:2; left:0px; top:0px; background:red; filter:alpha(opacity:0); opacity:0;}
#div1.big_pic { position: absolute; top: -1px; left: 215px; width:250px; height:250px; overflow:hidden; border:2px solid #CCC; display:none; }
#div1.big_pic img { position:absolute; top: -30px; left: -80px; }
</style>
<script type="text/javascript">
function getByClass(oParent, sClass)
{
```

```
    var aEle=oParent. getElementsByTagName('*');
    var aTmp=[];
    var i=0;
    for(i=0;i<aEle. length;i++)
    {
        if(aEle[i]. className==sClass)
        {
            aTmp. push(aEle[i]);
        }
    }
    return aTmp;
}
window. OnLoad=function ()
{
    var oDiv=document. getElementById('div1');
    var oMark=getByClass(oDiv, 'mark')[0];
    var oFloat=getByClass(oDiv, 'float_layer')[0];
    var oBig=getByClass(oDiv, 'big_pic')[0];
    var oSmall=getByClass(oDiv, 'small_pic')[0];
    var oImg=oBig. getElementsByTagName('img')[0];
    oMark. onmouseover=function ()
    {
        oFloat. style. display='block';
        oBig. style. display='block';
    };
    oMark. onmouseout=function ()
    {
        oFloat. style. display='none';
        oBig. style. display='none';
    };
    oMark. onmousemove=function (ev)
    {
        var oEvent=ev||event;
        var l=oEvent. clientX-oDiv. offsetLeft-oSmall. offsetLeft-oFloat. offsetWidth/2;
        var t=oEvent. clientY-oDiv. offsetTop-oSmall. offsetTop-oFloat. offsetHeight/2;
        if(l<0)
        {
            l=0;
        }
```

```
            else if(l>oMark.offsetWidth-oFloat.offsetWidth)
            {
                l=oMark.offsetWidth-oFloat.offsetWidth;
            }
            if(t<0)
            {
                t=0;
            }
            else if(t>oMark.offsetHeight-oFloat.offsetHeight)
            {
                t=oMark.offsetHeight-oFloat.offsetHeight;
            }
            oFloat.style.left=l+'px';
            oFloat.style.top=t+'px';
            var percentX=l/(oMark.offsetWidth-oFloat.offsetWidth);
            var percentY=t/(oMark.offsetHeight-oFloat.offsetHeight);
            oImg.style.left=-percentX*(oImg.offsetWidth-oBig.offsetWidth)+'px';
            oImg.style.top=-percentY*(oImg.offsetHeight-oBig.offsetHeight)+'px';
        };
    };
    </script>
    </head>
    <body>
    <div id="div1">
    <div class="small_pic">
    <span class="mark"></span>
    <span class="float_layer"></span>
    <img src="../素材(images)/02.jpg" /></div>
    <div class="big_pic"><img src="../素材(images)/02.jpg" /></div>
    </div>
    </body>
    </html>
```

总　结

通过本讲的学习，读者可熟练掌握一些常见的 JavaScript 网页效果的编写方法，使用JavaScript 实现简单实用的网页特效编程。

习 题 13

一、选择题

1. 用 JavaScript 实现网页特效，其实就是通过 JavaScript 脚本动态地控制________，以达到实现动画的效果。
   A. HTML 代码　　B. CSS 样式　　C. JavaScript 代码　　D. XHTML 代码
2. 在 JavaScript 中，要改变页面的背景图片，需要修改 document 对象的________属性。
   A. BackColor　　B. BackgroundColor
   C. BgImage　　D. BackgroundImage
3. 在 JavaScript 中，要隐藏二级菜单，应将二级菜单层的属性 display 的值为________。
   A. display　　B. block　　C. none　　D. hidden
4. 在 JavaScript 中，如果希望加载页面时同时开启一个新的窗口，就需要借助页面的________事件来完成。
   A. onLoad　　B. unLoad　　C. onClick　　D. Click
5. 在网页＜Body＞标签中加入 onselectstart="return false"语句，目的是________。
   A. 使鼠标能选择文本　　B. 可以复制文本
   C. 使鼠标不能选择文本　　D. 可以下载图片

二、填空题

1. 在 JavaScript 中，要打开一个窗口，可以使用代码：window. ________("打开窗口地址","窗口名称","窗口特征")。

2. 通过网页中的"________"的命令，可获得网页上的文字，所以真正禁止复制网页上的文字，是很难做到的。

综合实训

一、实训要求

利用 JavaScript 编写脚本，实现鼠标移动内容切换功能，页面效果如图 13-7 所示。

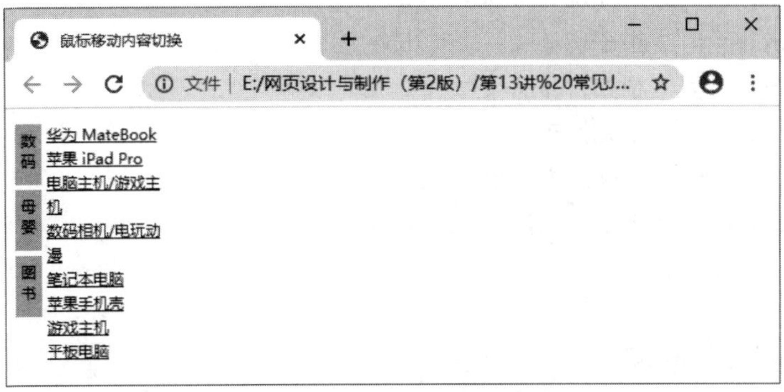

图 13-7　项目实训页面效果

二、实训步骤

(1)在 Dreamweaver 中新建 HTML 文档。

(2)在<body></body>中定义两个 div 块。

```
<div class="div1">
<div class="navi" ></div>
</div>
```

(3)定义一级菜单项。

```
<div class="navi">
<ul>
<li>数码</li>
<li>母婴</li>
<li>图书</li>
</ul>
</div>
```

(4)定义二级菜单项。

```
<div id="sm" class="sm">
<ul>
<li><a href="#">华为 MateBook</a></li>
<li><a href="#">苹果 iPad Pro</a></li>
<li><a href="#">电脑主机/游戏主机</a></li>
<li><a href="#">数码相机/电玩动漫</a></li>
<li><a href="#">笔记本电脑</a></li>
<li><a href="#">苹果手机壳</a></li>
<li><a href="#">游戏主机 </a></li>
<li><a href="#">平板电脑</a></li>
</ul>
</div>
<div id="my" class="my">
<ul>
<li><a href="#">户外玩具</a></li>
<li><a href="#">亲子玩具</a></li>
<li><a href="#">孕妇营养品</a></li>
<li><a href="#">婴儿推车</a></li>
<li><a href="#">特殊配方奶粉</a></li>
<li><a href="#">宝宝食用油</a></li>
</ul>
</div>
<div id="ts" class="ts">
<ul>
```

```
<li><a href="#">新概念英语</a></li>
<li><a href="#">少儿英语</a></li>
<li><a href="#">公务员考试</a></li>
<li><a href="#">中小学辅导</a></li>
<li><a href="#">宝宝早教</a></li>
<li><a href="#">考研辅导</a></li>
</ul>
</div>
```

(5)定义样式。

```
<style type="text/css">
    body{
        font-size: 12px;
    }
    .div1{
        width: 126px;
        height: 156px;
        }
    .navi{
        width: 21px;
        height: 156px;
        float: left;
    }
    .navi ul{
        padding: 0px;
        margin-left: 0px;
        margin-top: 0px;
    }
    .navi ul li{
        list-style-type: none;
        width: 21px;
        height: 43px;
        margin-top: 4px;
        text-align: center;
        padding-top: 5px;
        background-color: silver;
    }
    .sm,.my,.ts{
        width: 101px;
        margin-left: 4px;
```

```
        height: 156px;
        margin-top: 0px;
        float: left;
    }
    .sm ul,.my ul,.ts ul{
        padding: 0px;
        margin-left: 0px;
        margin-top: 3px;
        float: left;
    }
    .sm ul li,.my ul li,.ts ul li{
        list-style-type: none;
        line-height: 19px;
    }
    .my,.ts{
        display: none;
    }
</style>
```

⑥编写 JavaScript 脚本。

```
<script language="JavaScript">
<!--
    function change(val,obj) {
        obj.style.backgroundColor="#FFC12D";
        if(val=='sm'){
            sm.style.display='block';
            my.style.display='none';
            ts.style.display='none';
        }else if(val=='my'){
            ts.style.display='none';
            sm.style.display='none';
            my.style.display='block';
        }else if(val=='ts'){
            ts.style.display='block';
            sm.style.display='none';
            my.style.display='none';
        }
    }
    function change2(val) {
        val.style.backgroundColor="silver";
```

```
    }
    //-->
</script>
```

(7)给一级菜单项加上事件触发代码。

```
<div class="navi">
<ul>
<li onmouseover="change('sm',this)" onmouseout="change2(this)">数码</li>
<li onmouseover="change('my',this)" onmouseout="change2(this)">母婴</li>
<li onmouseover="change('ts',this)" onmouseout="change2(this)">图书</li>
</ul>
</div>
```

⑧运行页面，查看页面效果。

上机练习

在 HTML 页面中编写 JavaScript 代码，实现页面翻页功能，如图 13-8 所示。

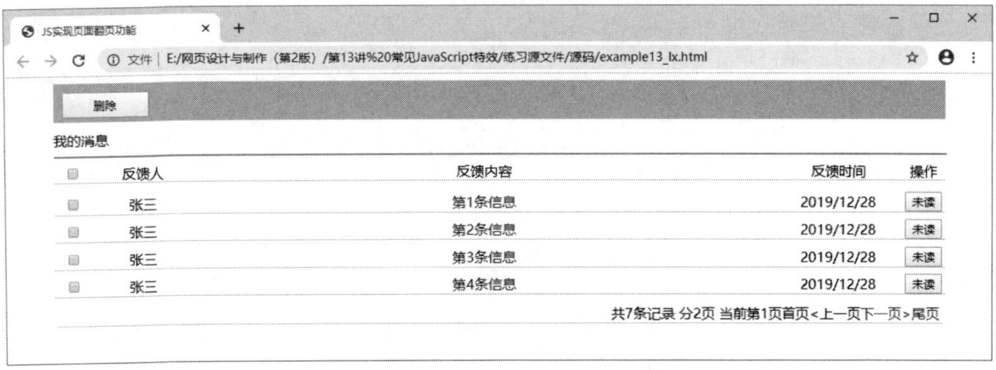

图 13-8　利用 JavaScript 实现页面翻页功能

思政小课堂

进度条——致正在充电的我们

你可能会遇到过这种情况：在安装或者打开某软件时，它一下就卡在了那里，没有任何提示信息。过了很长时间才提示安装成功或者加载完成。这给了你很不好的体验，因为你并不知道软件在那里卡了那么长时间是卡死了还是正在运行。有可能中途你就不耐烦而索性强制关闭了。如果软件给你一个进度条呢？也许你就愿意耐心地等待这个进度条一点一点地向前爬行。软件运行所需的时间并没有改变，一个进度条很可能改变你的感觉。

由事及理，不仅设计软件，在做很多事情时，我们都需要给别人一个进度条。

作为下属，领导给你分配一项任务，如果任务耗时较长，最好每隔两三天向领导汇报一下状态，尤其在进度受挫时。领导需要你把任务完成并交给他，但任务什么时候能完成这个时间点也非常重要，有时甚至比任务完成本身更重要。

作为客户运营人员，客户向你投诉或者反应情况。如果让客户等待一两周再给答复，这样给客户的体验并不好。比较好的方式是不断向客户同步你的进度，让客户知道你一直在努力为他解决问题。虽然结果很重要，但对客户来说过程同样重要。这样的例子很多，比如你在淘宝买东西，淘宝会让你看到实时的物流状态。

同样，我们自己也应该做一个有进度条的人。学习是一个漫长的过程，就像手机充电，能量会显示成一个进度条。不充电，当消耗完仅有的一点电量时，手机终会关机。学习的知识越多，电充的越多，我们能实现的人生价值也就越多！

模块 5

综合案例

本模块是前述几个模块内容的综合应用，介绍了面向某一具体领域的网站首页的制作方法和具体步骤，以及网站建成后如何将其上传（发布）到服务器上，让更多人通过互联网访问自己的网站。

第 14 讲　动动手做一个网站吧——综合案例

知识目标

- 了解网站色调的应用。
- 掌握 Spry 选项卡式面板的使用方法。

技能目标

- 掌握 CSS＋Div 页面设计方法。
- 掌握网站制作流程。

素质目标

- 培养自信自强、勇于创新的精神。
- 树立责任担当,团队协作意识。

经过网页设计与制作基本知识的系统学习,现在可以尝试设计和制作一个完整的网站了。下面我们将向大家介绍一个教育类网站页面的制作方法。

14.1 案例分析

本案例制作的是一个教育类的网站。页面采用了蓝色及其邻近色作为页面的主体色调,体现出教育严谨和端正的一面。蓝色能够给人一种理智、广阔的视觉效果,从而增强该页面的诚信度。页面的最终效果如图14-1所示。

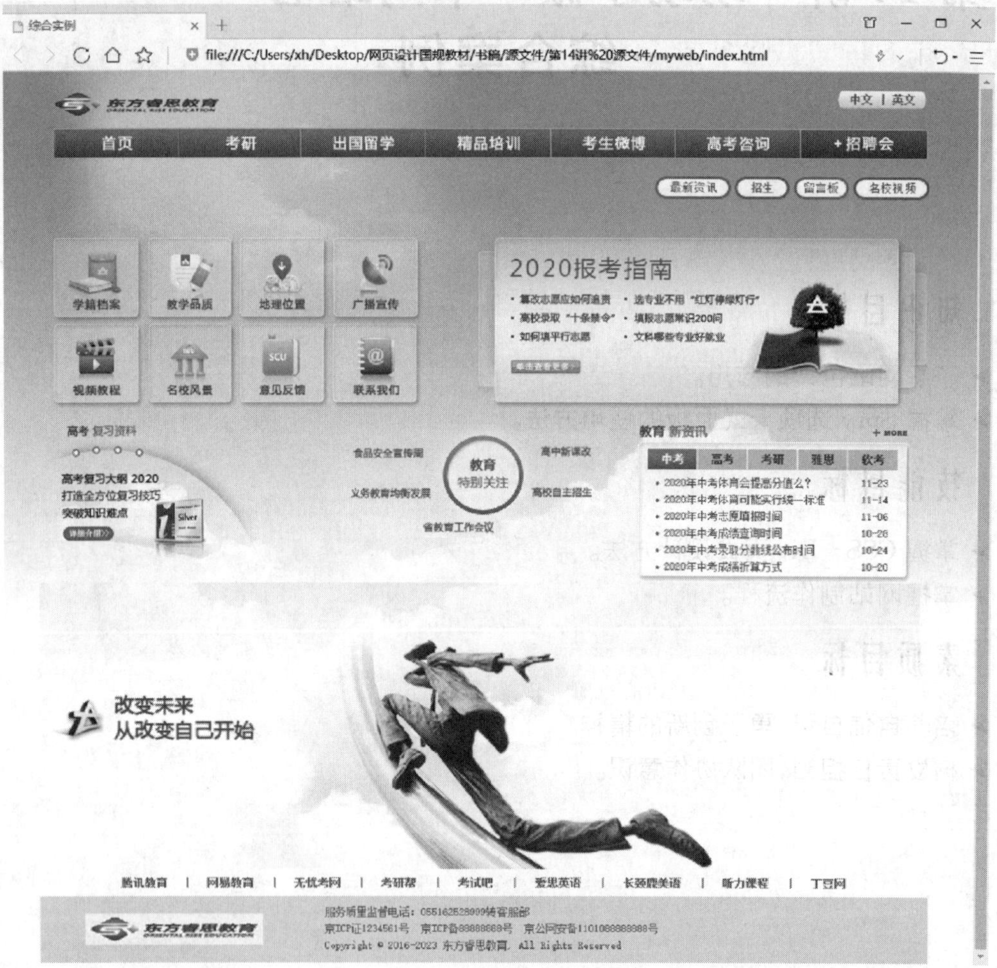

图14-1 最终效果

14.2 制作步骤

①在硬盘上建立一个名为“myweb”的文件夹作为本地根文件夹,用来存放相关文档。然后,在“myweb”文件夹里再创建一个名为“images”的文件夹,存放网站中用到的

图像文件和媒体文件。启动 Dreamweaver CS6，将站点命名为“myweb”，将“myweb”文件夹设置为本地站点文件夹，单击“保存”按钮，如图 14-2 所示。

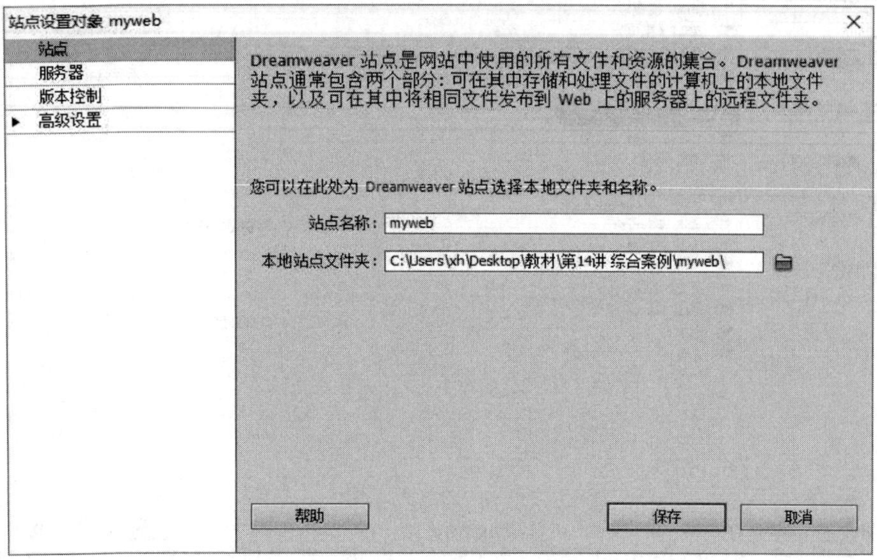

图 14-2　建立站点

②单击“文件”→“新建”菜单命令，弹出“新建文档”对话框，如图 14-3 所示。单击“创建”按钮，新建一个空白文档，将该页面保存为 index. html。如图 14-4 所示，使用相同的方法，新建一个 CSS 样式表文件，将其保存为 mycss. css。

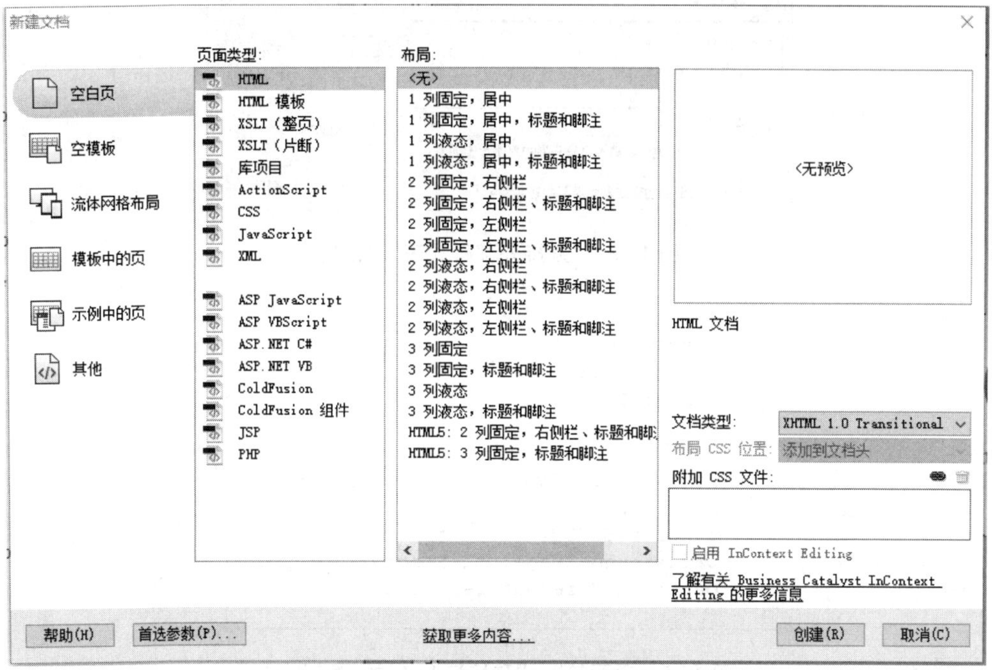

图 14-3　新建 HTML 文件

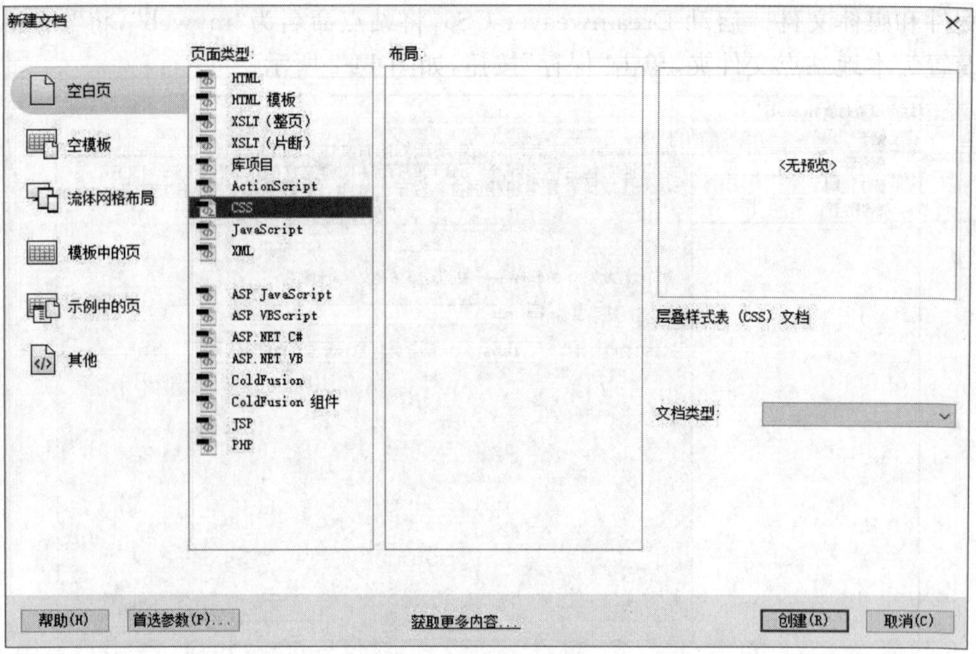

图 14-4　新建 CSS 文件

③单击“CSS 样式”面板上的“附加样式表”按钮,弹出“链接外部样式表”对话框,如图14-5 所示,单击“确定”按钮。切换到 mycss. css 文件中,创建名为“ * ”的通配符 CSS 规则和名为 body 的标记 CSS 规则,如图 14-6 所示。

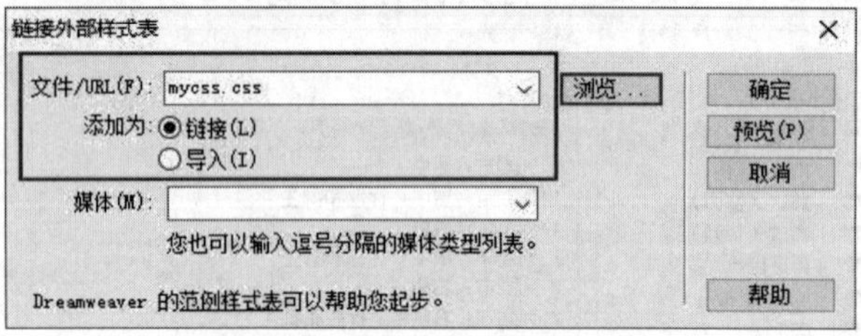

图 14-5　“链接外部样式表”对话框

```
*{
    margin:0px;
    padding:0px;
    border:0px;
}
body{
    font-family:"宋体";
    font-size:12px;
    color:#565656;
    background-image:url(images/1401.jpg);
    background-repeat:repeat-x;
}
```

图 14-6　通配符“ * ”和标记 body 的 CSS 规则

④返回设计视图,将光标放置在页面中,插入名为 bg 的 Div,如图 14-7 所示。切换

到 mycss. css 文件中，创建名为＃bg 的 CSS 规则，如图 14-8 所示。

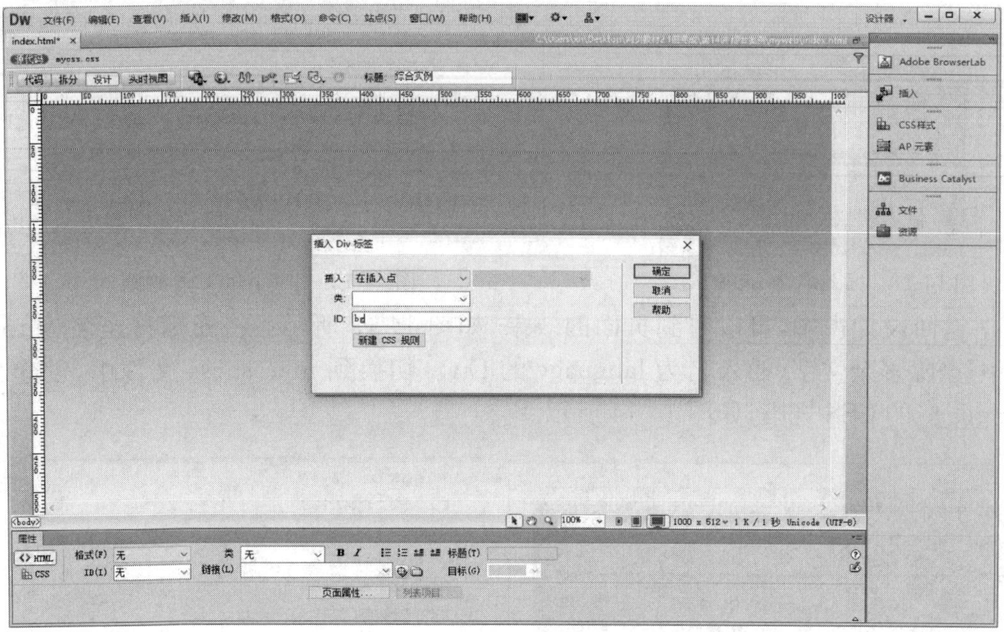

图 14-7 插入名为 bg 的 Div

```
#bg{
    width:100%;
    height:100%;
    background-image:url(images/1402.jpg);
    background-repeat:no-repeat;
    background-position:center top;
}
```

图 14-8 ＃bg 的 CSS 规则

⑤返回设计视图，可以看到页面的效果，如图 14-9 所示。将光标移至名为 bg 的 Div 中，删除多余文字，插入名为 box 的 Div。切换到 mycss. css 文件中，创建名为＃box的 CSS 规则，如图 14-10 所示。

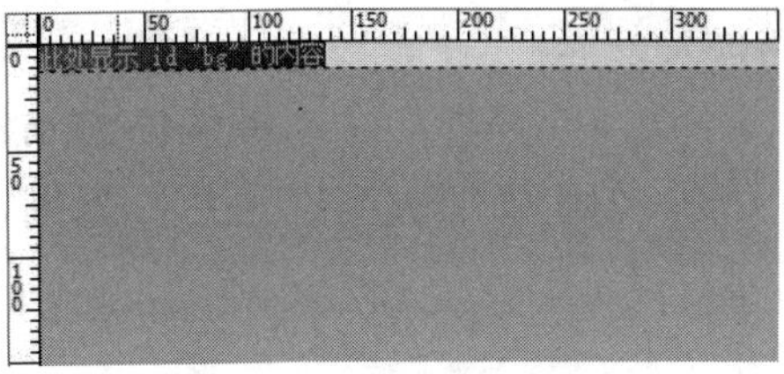

图 14-9 插入名为 box 的 Div

```
#box{
    width:990px;
    height:100%;
    overflow:hidden;
    margin:0px auto;
    padding-left:5px;
    padding-right:5px;
}
```

图 14-10 ＃box 的 CSS 规则

⑥返回设计视图，可以看到页面的效果，如图 14-11 所示。将光标移至名为 box 的 Div 中，删除多余文字，插入名为 top 的 Div。切换到 mycss. css 文件中，创建名为＃top

的 CSS 规则,如图 14-12 所示。

图 14-11　插入名为 top 的 Div

```
#top{
    width:990px;
    height:35px;
    background-image:url(images/1403.png);
    background-repeat:no-repeat;
    margin-top:20px;
    margin-bottom:10px;
}
```

图 14-12　＃top 的 CSS 规则

⑦返回设计视图,可以看到页面的效果,如图 14-13 所示。将光标移至名为 top 的 Div 中,删除多余文字,插入名为 language 的 Div。切换到 mycss. css 文件中,创建名为＃language 的 CSS 规则,如图 14-14 所示。

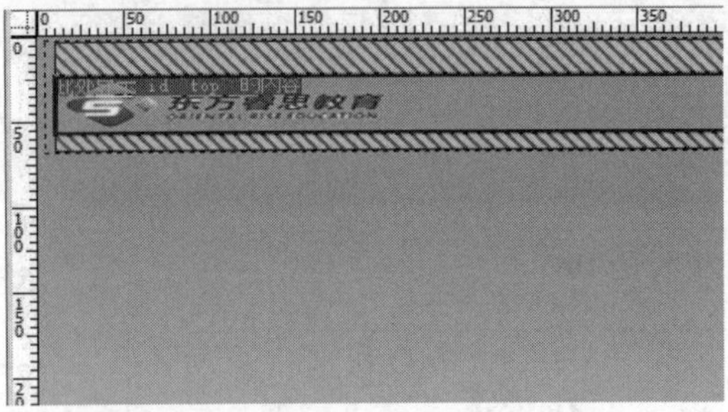

图 14-13　插入名为 language 的 Div

```
#language{
    float:right;
    width:100px;
    height:23px;
    color:#117abe;
    font-weight:bold;
    text-align:center;
    line-height:23px;
    background-image:url(images/1404.gif);
    background-repeat:no-repeat;
}
```

图 14-14　＃language 的 CSS 规则

⑧返回设计视图,可以看到页面的效果,如图 14-15 所示。将光标移至名为 language 的 Div 中,删除多余文字,并输入相应的文字,页面效果如图 14-16 所示。

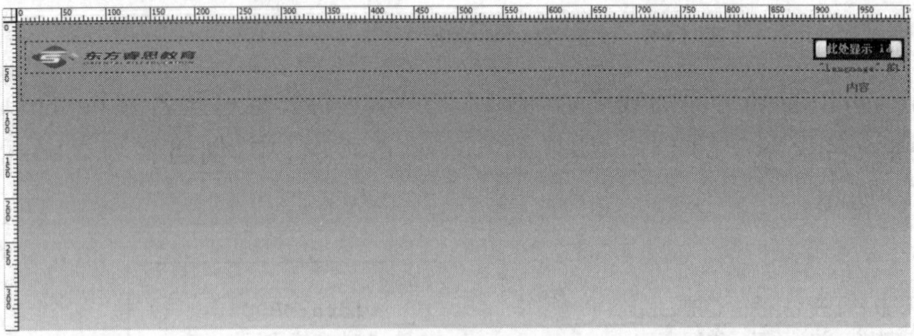

图 14-15　页面效果

图 14-16　页面效果

⑨切换到 mycss. css 文件中,创建名为. a 的 CSS 规则,如图 14-17 所示。返回设计视图,为相应文字应用该样式,效果如图 14-18 所示。

```
.a{
    margin-left:5px;
    margin-right:5px;
    font-weight:normal;
}
```

图 14-17　. a 的 CSS 规则

图 14-18　应用样式后的文字效果

⑩在名为 top 的 Div 后插入名为 menu 的 Div。切换到 mycss. css 文件中，创建名为 #menu 的 CSS 规则，如图 14-19 所示。返回设计视图，页面效果如图 14-20 所示。

```
#menu{
    width:985px;
    height:34px;
    background-image:url(images/1405.gif);
    background-repeat:no-repeat;
    padding-left:5px;
}
```

图 14-19　#menu 的 CSS 规则

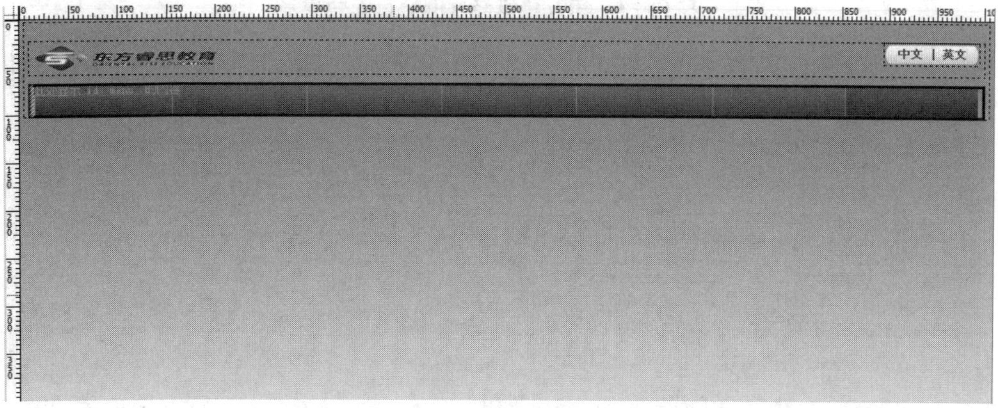

图 14-20　页面效果

⑪将光标移至名为 menu 的 Div 中，删除多余文字，单击“插入”菜单，选择“图像对象”→“鼠标经过图像”选项，如图 14-21 所示，弹出“插入鼠标经过图像”对话框，如图 14-22所示。

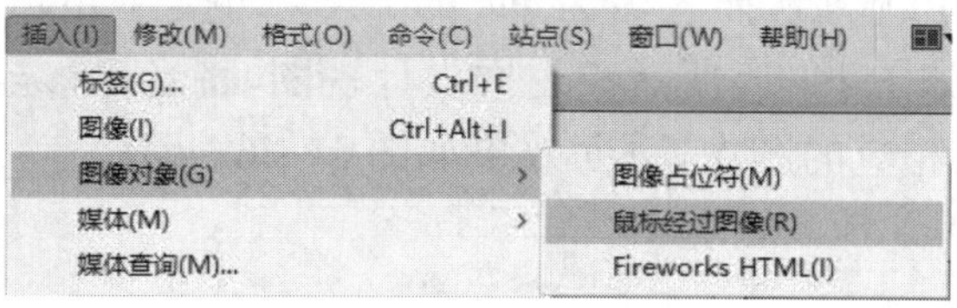

图 14-21　“插入”菜单

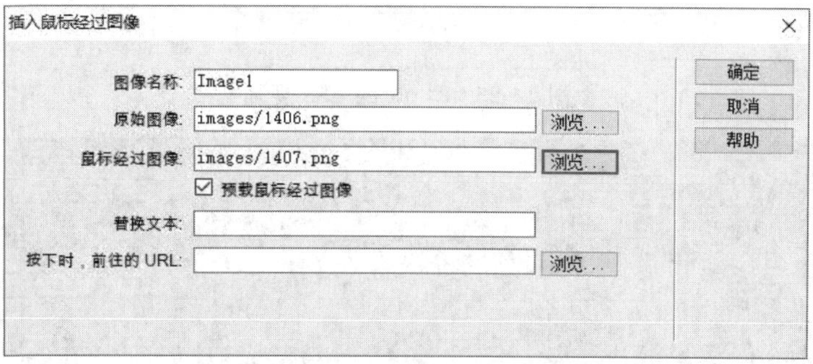

图 14-22　“插入鼠标经过图像”对话框

⑫设置完成后,单击“确定”按钮,即可在页面中插入鼠标经过图像,如图 14-23 所示。使用相同的方法,完成其他鼠标经过图像的制作,页面效果如图 14-24 所示。

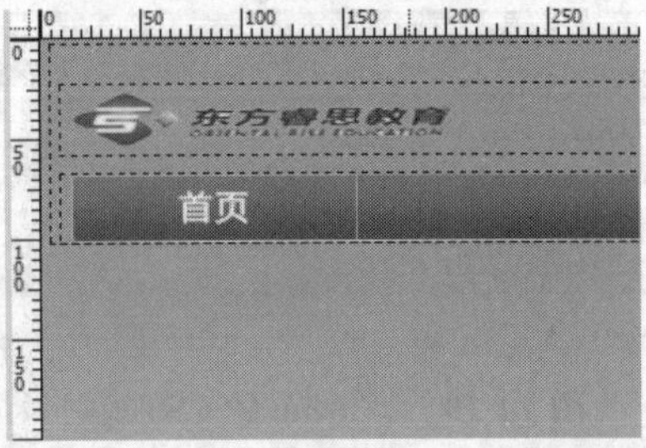

图 14-23　插入鼠标经过图像页面效果

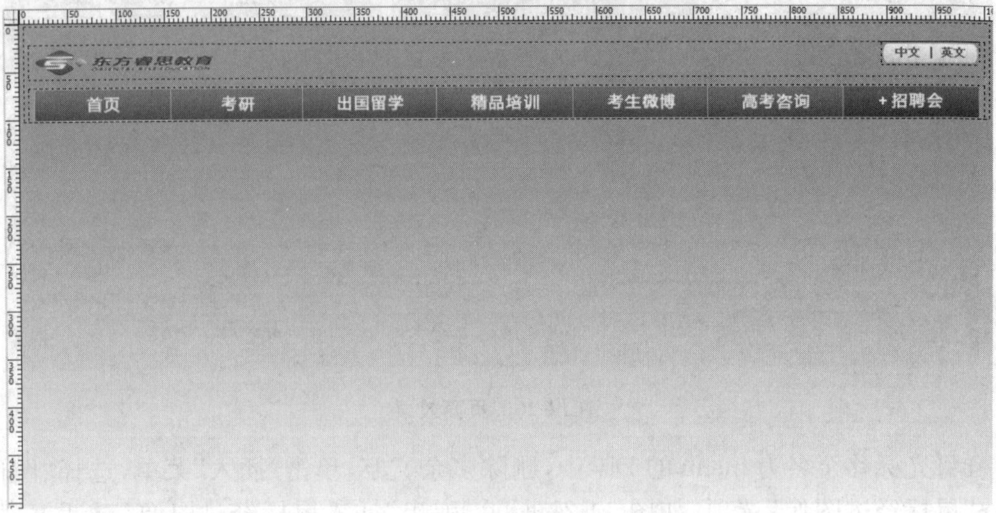

图 14-24　完成鼠标经过图像的页面效果

⑬在名为 menu 的 Div 后,插入名为 pic 的 Div。切换到 mycss. css 文件中,创建名为＃pic 的 CSS 规则,如图 14-25 所示。返回设计视图,将光标移至名为 pic 的 Div 中,删除多余文字,依次插入相应的图像,页面效果如图 14-26 所示。

```
#pic{
    width:990px;
    height:25px;
    text-align:right;
    margin-top:20px;
    margin-bottom:45px;
}
```

图 14-25　＃pic 的 CSS 规则

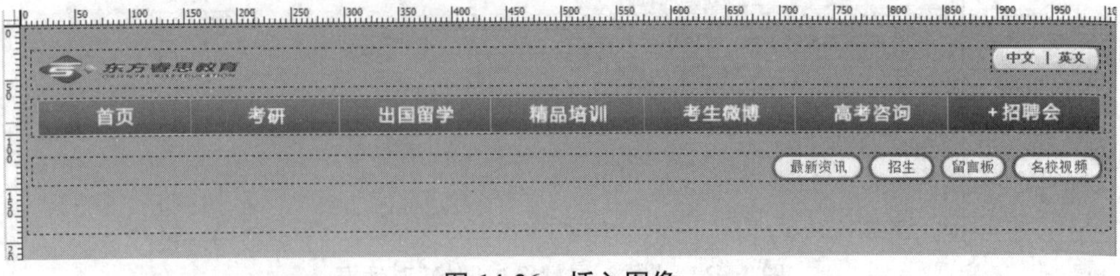

图 14-26　插入图像

⑭切换到 mycss. css 文件中，创建名为＃pic img 的 CSS 规则，如图 14-27 所示。返回设计视图，页面效果如图 14-28 所示。

```
#pic img{
    margin-left:2px;
    margin-right:2px;
}
```

图 14-27　＃pic img 的 CSS 规则

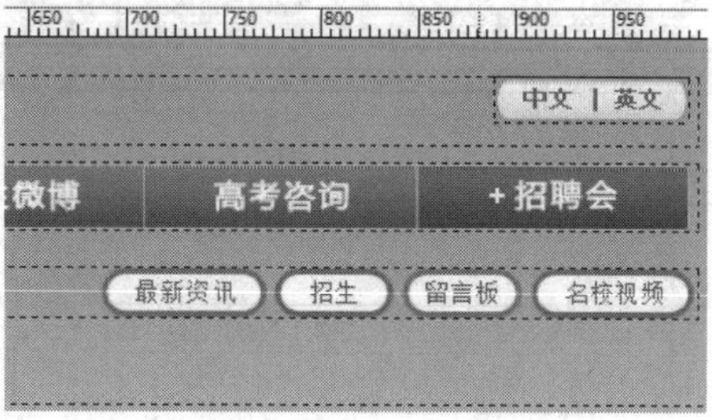

图 14-28　页面效果

⑮在名为 pic 的 Div 后，插入名为 main 的 Div。切换到 mycss. css 文件中，创建名为＃main 的 CSS 规则，如图 14-29 所示。返回设计视图，页面效果如图 14-30 所示。

```
#main{
    width:990px;
    height:211px;
}
```

图 14-29　＃main 的 CSS 规则

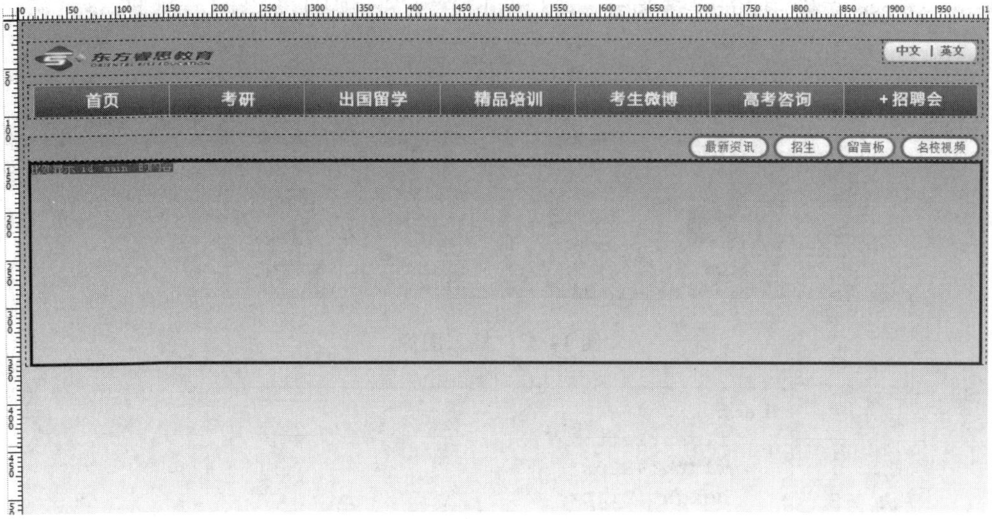

图 14-30　页面效果

⑯将光标移至名为 main 的 Div 中，删除多余文字，插入名为 main_left 的 Div。切换到 mycss. css 文件中，创建名为＃main_left 的 CSS 规则，如图 14-31 所示。返回设计视图，页面效果如图 14-32 所示。

```
#main_left{
    float:left;
    width:424px;
    height:194px;
}
```

图 14-31　＃main_left 的 CSS 规则

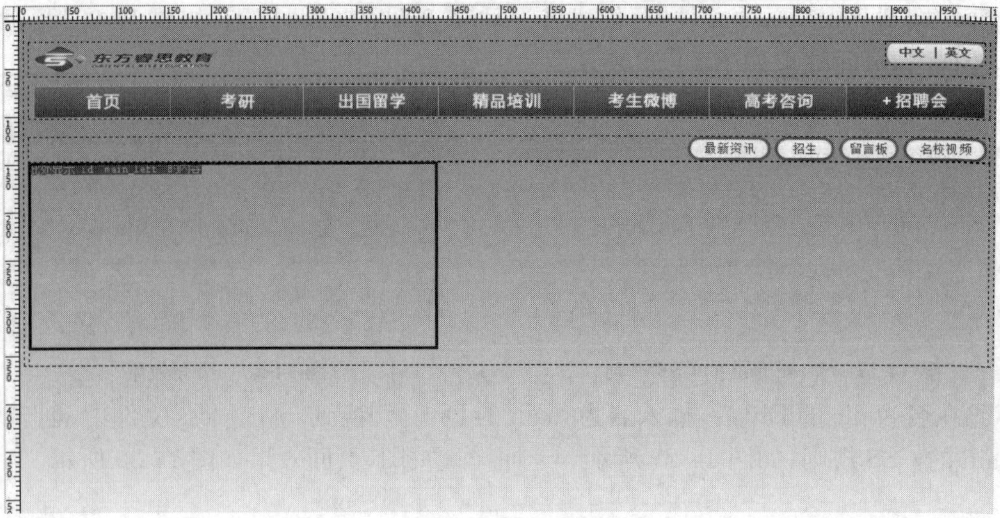

图 14-32　页面效果

⑰将光标移至名为 main_left 的 Div 中,删除多余文字,依次插入相应的图像,效果如图 14-33 所示。将光标移至名为 mian_left 的 Div 后,插入名为 main_right 的 Div。切换到 mycss. css 文件中,创建名为#main_right 的 CSS 规则,如图 14-34 所示。

图 14-33　插入图像

```
#main_right{
    float:left;
    width:482px;
    height:211px;
    background-image:url(images/1432.gif);
    background-repeat:no-repeat;
    margin-left:60px;
    padding-left:19px;
}
```

图 14-34　#main_right 的 CSS 规则

⑱返回设计视图,页面效果如图 14-35 所示。将光标移至名为 main_right 的 Div 中,删除多余文字,插入相应的图像,效果如图 14-36 所示。

图 14-35　页面效果

图 14-36　页面效果

⑲在名为 main 的 Div 后插入名为 group 的 Div，在此 Div 中分别插入名为 text1、text2 和 text3 的三个 Div，效果如图 14-37 所示。切换到 mycss. css 文件中，创建名为 #group、#text1、#text2 和 #text3 的 CSS 规则，如图 14-38 所示。

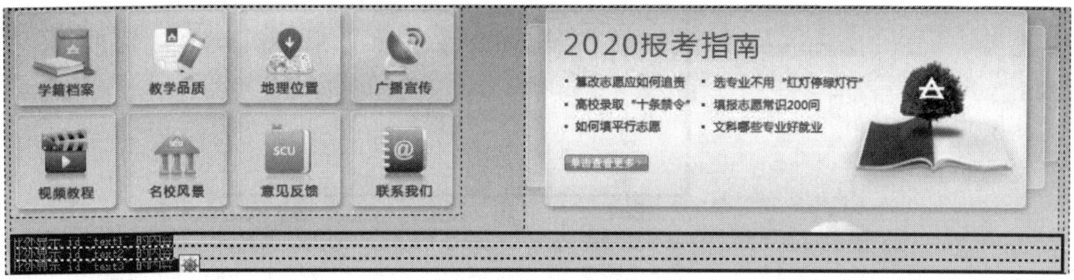

图 14-37　页面效果

```
#group {
    height: 180px;
    display: block;
}
#text1 {
    float: left;
        width: 330px;
    height:180px;
}
#text2 {
    float: left;
        width: 330px;
    height:180px;
}
#text3{
    width: 310px;
    height: 179px;
    background-image: url(images/1437.gif);
    background-repeat: no-repeat;
    padding-left: 5px;
    padding-right: 6px;
    float: left;

}
```

图 14-38 ＃group 等的 CSS 规则

⑳将光标移至名为 text1 和 text2 的 Div 中,删除多余文字,分别插入图像,如图 14-39所示。将光标移至名为 text3 的 Div 中,删除多余文字,插入名为 title 的 Div,如图 14-40 所示。

图 14-39 插入图像后的页面效果

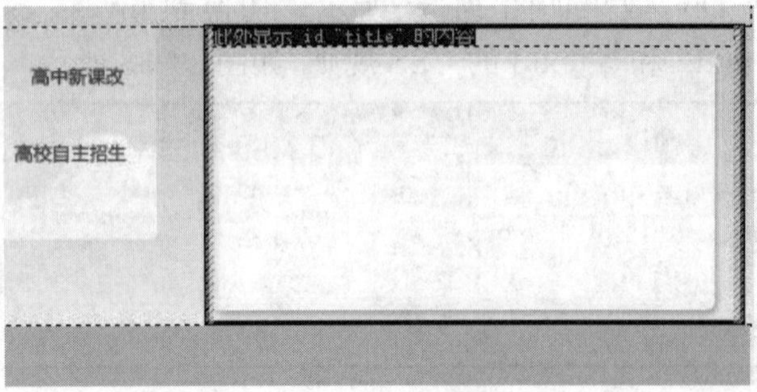

图 14-40 插入名为 title 的 Div 后的页面效果

㉑切换到 mycss. css 文件中，创建名为＃title 的 CSS 规则，如图 14-41 所示。返回设计视图，将光标移至名为 title 的 Div 中，删除多余文字，插入相应的图像，如图 14-42 所示。

```
#title{
    width:300px;
    height:15px;
    background-image:url(images/1438.gif);
    background-repeat:no-repeat;
    background-position:right center;
}
```

图 14-41　＃title 的 CSS 规则

图 14-42　页面效果

㉒在名为 title 的 Div 后插入名为 content 的 Div。切换到 mycss. css 文件中，创建名为＃content 的 CSS 规则，如图 14-43 所示。返回设计视图，页面效果如图 14-44 所示。

```
#content{
    width:280px;
    height:138px;
    margin:12px auto 0px auto;
}
```

图 14-43　＃content 的 CSS 规则

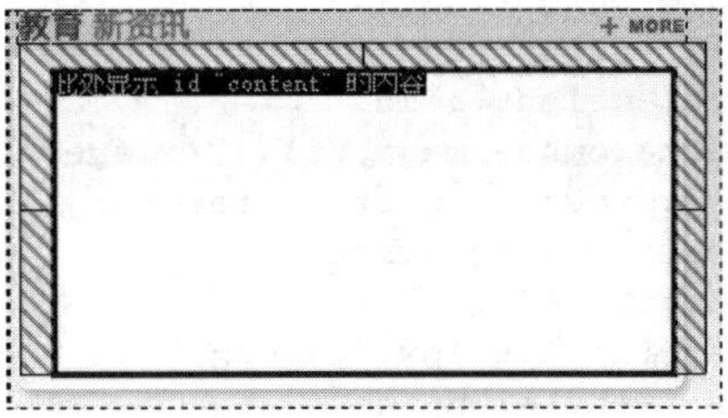

图 14-44　页面效果

㉓将光标移至名为 content 的 Div 中，删除多余文字，单击“插入”面板上“Spry”选项卡中的“Spry 选项卡式面板”选项，插入 Spry 选项卡式面板，如图 14-45 所示。选中刚插入的 Spry 选项卡式面板，在“属性”面板中为其添加标记，如图 14-46 所示。

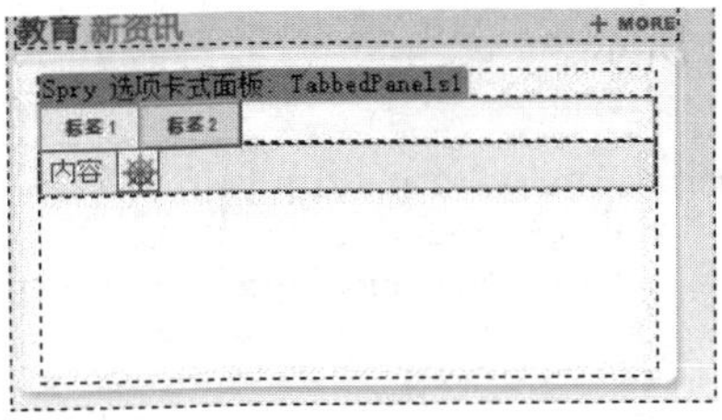

图 14-45　插入 Spry 选项卡式面板

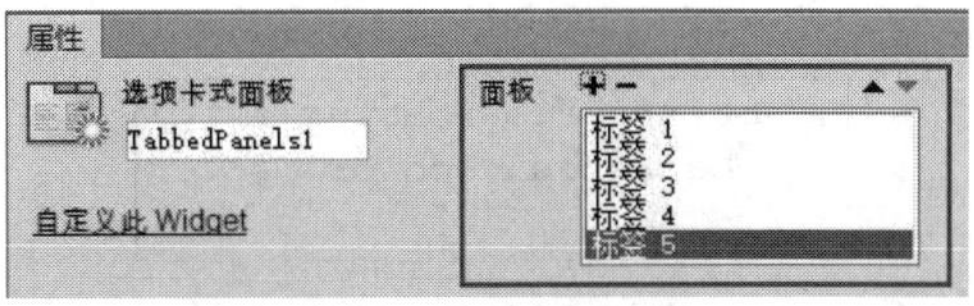

图 14-46　“属性”面板

㉔添加标记后的面板效果如图 14-47 所示。切换到 Spry 选项卡式面板的外部 CSS 样式表文件 SpryTabbedPanels. css 中,找到.TabbedPanelsTab 的 CSS 规则,如图 14-48 所示。

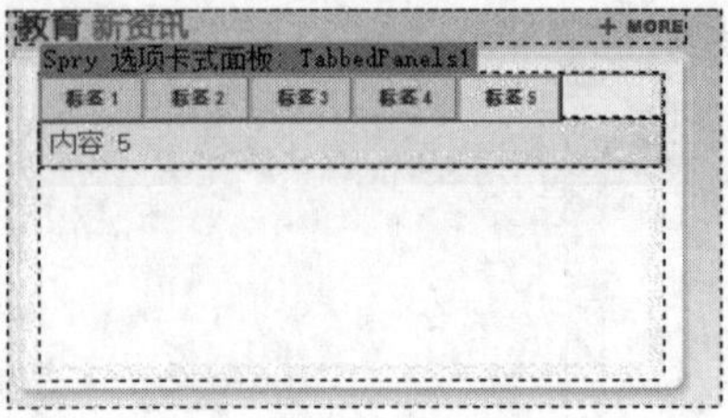

图 14-47　面板效果

```
.TabbedPanelsTab {
    position: relative;
    top: 1px;
    float: left;
    padding: 4px 10px;
    margin: 0px 1px 0px 0px;
    font: bold 0.7em sans-serif;
    background-color: #DDD;
    list-style: none;
    border-left: solid 1px #CCC;
    border-bottom: solid 1px #999;
    border-top: solid 1px #999;
    border-right: solid 1px #999;
    -moz-user-select: none;
    -khtml-user-select: none;
    cursor: pointer;
}
```

图 14-48　.TabbedPanelsTab 的 CSS 规则

㉕修改相应的 CSS 规则,修改后如图 14-49 所示。返回设计视图,修改各标记中的文字内容,面板效果如图 14-50 所示。

```
.TabbedPanelsTab {
    width:55px;
    height:23px;
    color:#254553;
    line-height:23px;
    text-align:center;
    font-weight:bold;
    background-image:url(../images/1440.jpg);
    background-repeat:no-repeat;
    position: relative;
    float: left;
    margin: 0px 1px 0px 0px;
    list-style: none;
    -moz-user-select: none;
    -khtml-user-select: none;
    cursor: pointer;
}
```

图 14-49　修改后的 CSS 规则

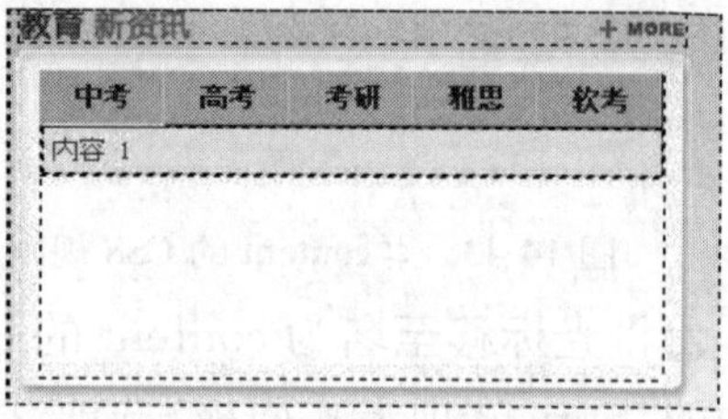

图 14-50　修改标记文字内容

㉖找到.TabbedPanelsTabHover 的 CSS 规则,如图 14-51 所示,将其删除。再找到.TabbedPanelsTabSelected的 CSS 规则,如图 14-52 所示。

```
.TabbedPanelsTabHover {
    background-color: #CCC;
}
```

图 14-51　CSS 规则

```
.TabbedPanelsTabSelected {
    background-color: #EEE;
    border-bottom: 1px solid #EEE;
}
```

图 14-52　CSS 规则

㉗对 CSS 规则进行相应的修改，修改后如图 14-53 所示。返回设计视图，可以看到 Spry 选项卡式面板的效果，如图 14-54 所示。

```
.TabbedPanelsTabSelected {
    background-image:url(../images/1441.jpg);
    background-repeat:no-repeat;
    color:#FFF;
}
```

图 14-53　修改后的 CSS 规则

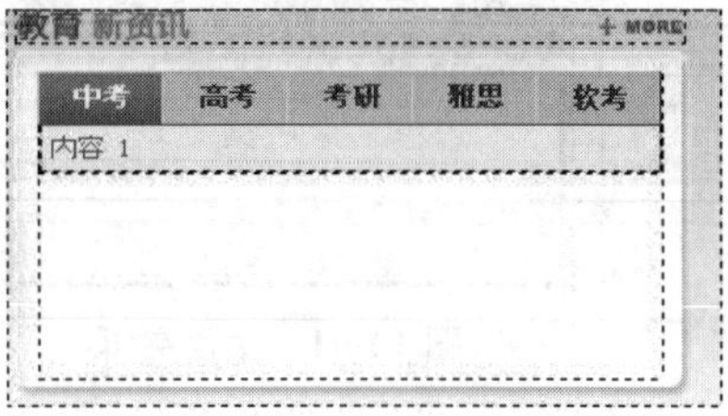

图 14-54　Spry 选项卡式面板效果

㉘找到.TabbedPanelsContentGroup 的 CSS 规则，如图 14-55 所示。对样式进行相应的修改，修改后如图 14-56 所示。

```
.TabbedPanelsContentGroup {
    clear: both;
    border-left: solid 1px #CCC;
    border-bottom: solid 1px #CCC;
    border-top: solid 1px #999;
    border-right: solid 1px #999;
    background-color: #EEE;
}
```

图 14-55　CSS 规则

```
.TabbedPanelsContentGroup {
    clear: both;
}
```

图 14-56　修改后的 CSS 规则

㉙找到.TabbedPanelsContent 的 CSS 规则，如图 14-57 所示。对样式进行相应的修改，修改后如图 14-58 所示。

```
.TabbedPanelsContent {
    overflow: hidden;
    padding: 4px;
}
```

图 14-57　CSS 规则

```
.TabbedPanelsContent {
    overflow: hidden;
    padding: 4px;
    line-height:19px;
}
```

图 14-58　修改后的 CSS 规则

㉚返回设计视图，可以看到面板的效果，如图 14-59 所示。将光标移至第 1 个标记的内容中，删除“内容 1”文字，插入名为 content1 的 Div。切换到 mycss. css 文件中，创建名为＃content1 的 CSS 规则，如图 14-60 所示。

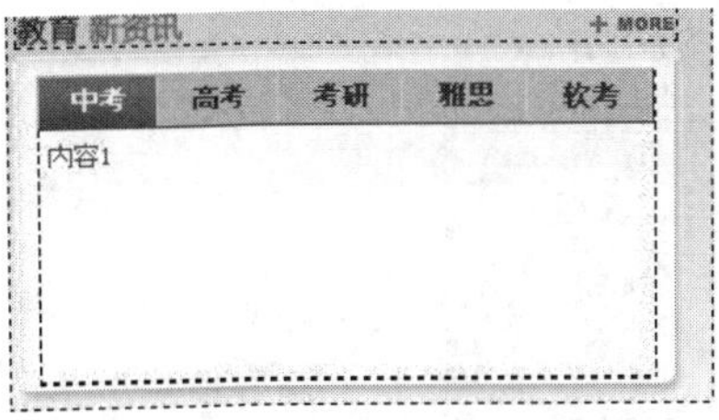

图 14-59　面板效果

```
#content1{
    width:280px;
    height:114px;
    margin-top:2px;
}
```

图 14-60　CSS 规则

㉛返回设计视图，面板效果如图 14-61 所示。将光标移至名为 content1 的 Div 中，

删除多余文字,并输入相应的文字,如图 14-62 所示。

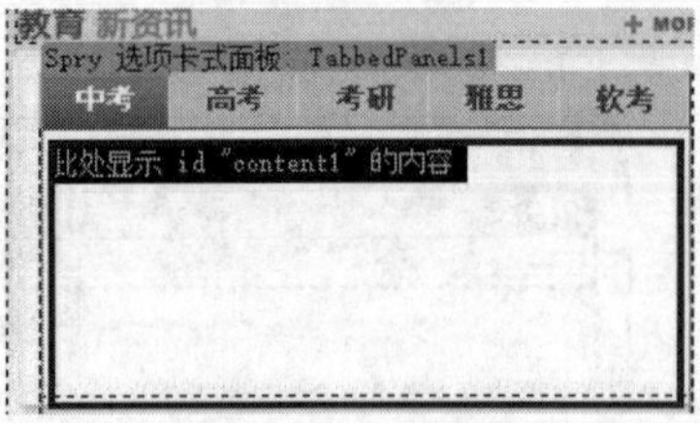

图 14-61　页面效果

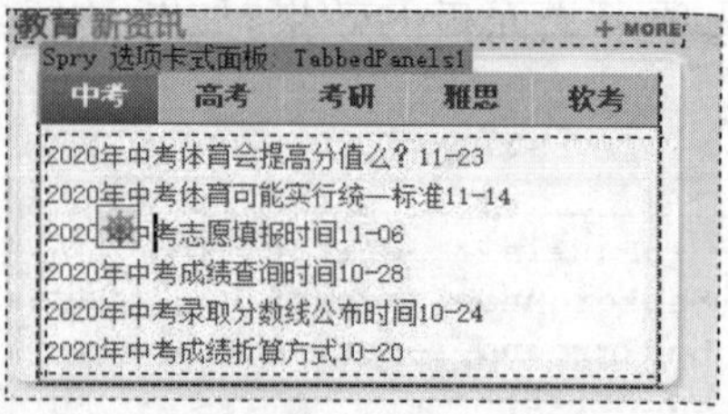

图 14-62　输入文字

㉜转换到代码视图,为文字添加项目列表标记,如图 14-63 所示。切换到 mycss.css 文件中,创建名为＃content1 dt 和＃content1 dd 的 CSS 规则,如图 14-64 所示。

```
<div id="content1">
  <dl>
    <dt>2020年中考体育会提高分值么? </dt><dd>11-23</dd>
    <dt>2020年中考体育可能实行统一标准</dt><dd>11-14</dd>
    <dt>2020年中考志愿填报时间</dt><dd>11-06</dd>
    <dt>2020年中考成绩查询时间</dt><dd>10-28</dd>
    <dt>2020年中考录取分数线公布时间</dt><dd>10-24</dd>
    <dt>2020年中考成绩折算方式</dt><dd>10-20</dd>
  </dl>
</div>
```

图 14-63　添加列表标记

```
#content1 dt{
    float:left;
    width:205px;
    background-image:url(images/1442.gif);
    background-repeat:no-repeat;
    background-position:5px center;
    padding-left:15px;
}
#content1 dd{
    float:left;
    width:60px;
    text-align:center;
}
```

图 14-64　CSS 规则

㉝返回设计视图,面板效果如图 14-65 所示。使用相同的方法,完成其他标记内容的制作,如图 14-66 所示。

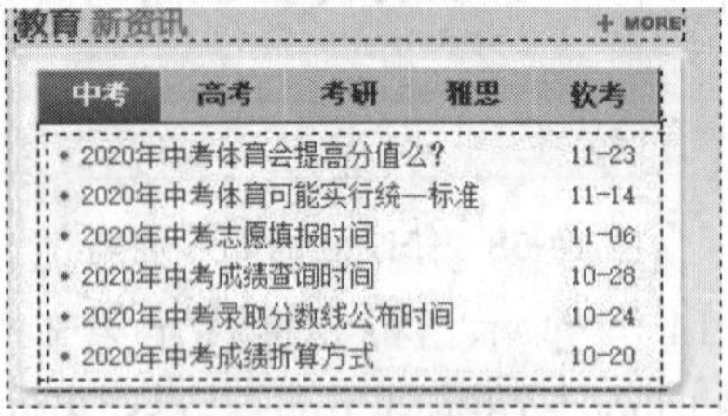

图 14-65　面板效果

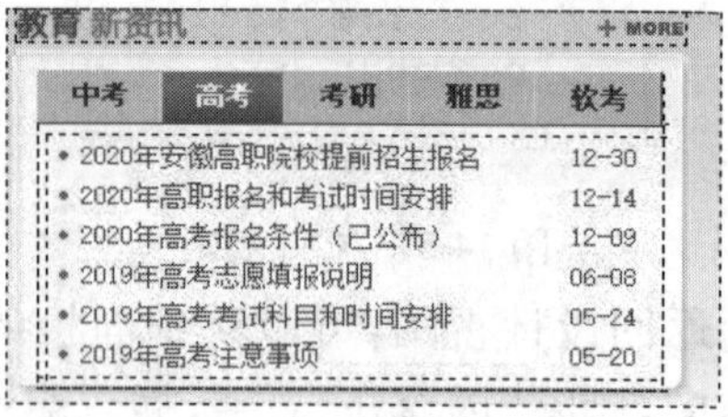

图 14-66　输入文字

㉞在名为 group 的 Div 后插入 Flash 动画,如图 14-67 所示。单击选中 Flash 动画,在"属性"面板上对其相关属性进行设置,如图 14-68 所示。

图 14-67　插入 Flash 动画

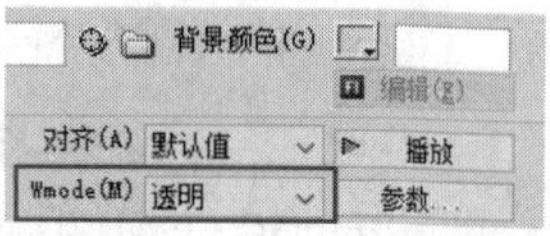

图 14-68　"属性"面板

㉟使用相同的方法，完成页面版底信息的制作，页面效果如图 14-69 所示。单击“文件”→“保存”菜单命令，保存该页面。按 F12 键即可在浏览器中预览页面的效果，如图 14-70 所示。

图 14-69　页面版底信息

图 14-70　预览效果

总　结

本讲综合应用了前面所述的 CSS＋Div 布局制作网站页面的相关知识，制作了一个教育类网站页面。通过本案例，读者应进一步掌握网站制作的步骤和重要知识点的应用。

习 题 14

一、选择题

1. 网站标志是树立网站风格的第一步，下列不是其设计原则的是________。

   A. 选择与网站主题密切相关的人或物，加以卡通化、艺术化

   B. 适当选用有专业代表性的物品或者标志

   C. 巧妙运用中文或英文名称作为网站标志

   D. 标志要尽量复杂，赋予极多的含义

2. 以下关于网站名称的描述不正确的是________。

A. 要与主题紧密相关　　B. 要有意义

C. 要上口、悦耳、易记　　D. 要合法,但不一定要合情合理

3. 在设计网站的栏目时要注意的问题中不妥的是________。

A. 栏目要尽可能丰富,分类越细越好　　B. 尽可能把网站最有吸引力的内容列在栏目中

C. 尽可能方便访问者的浏览和查询　　D. 要紧扣网站主题

4. 网站要呈现的内容很多,如何合理地放置信息,使之看起来井井有条,主次分明,________起着至关重要的决定作用。

A. 选定网页制作工具　　B. 栏目设置和版面设计

C. 框架网页设计　　D. 确定脚本语言

5. 信息类网站中色彩的基本原则是________。

A. 表现网站的行业风格　　B. 划分视觉区域

C. 吸引眼球　　D. 突出文字与图片

二、简答题

Div与CSS在网页设计中的作用分别是什么?

上机练习

在Dreamweaver CS6中,打开practice14. html,根据下列要求制作页面,最终效果如图14-71所示。

图14-71　上机练习页面效果

具体制作要求如下。

1. 设置页面标题为“国学教育”，页面文字字体为微软雅黑，文字大小为 13px；链接文字大小为 16px、加粗，链接颜色为＃2a2a28，变换图像链接为＃C73132，链接下划线样式为“始终无下划线”。

2. 在页面中插入一个 ID 为“wrapper”的 Div 标记，利用 CSS 设置此 ID 样式：方框宽度为“650px”，上下外边距为“5px ”，左右外边距为“auto”。

3. 在 ID 为“wrapper”的 Div 标记内插入一个 ID 为“header”的 Div 标记，并在该 Div 标记中插入图像 header. jpg。

4. 在 ID 为“header”的 Div 标记下方插入一个 ID 为“nav”的 Div 标记，利用 CSS 设置此 ID 样式：方框高度和行高均为 33px，背景图像为 bg. jpg，在 x 轴方向平铺。

5. 在 ID 为“nav”的 Div 标记内插入一个 1 行 5 列的表格，表格的 id 为 table1，宽度为 60％，边框粗细、单元格边距和间距均为 0；在各单元格中输入如图 14-71 中所示的文字(文字可从源文件夹下“文字. txt”文件中复制)，并为各文本添加空链接。

6. 在 ID 为“nav”的 Div 标记下方插入一个 ID 为“main”的 Div 标记，在该标记内插入一个 4 行 1 列的表格，表格的 id 为 table2，宽度为 100％，边框粗细为 0，单元格边距和间距均为 2 个像素。

7. 在 table2 的第 1、3 行分别插入图像 t1. png 和 t2. png，在第 2 行中输入如图 14-71 中所示文字，设置段落样式为：首行缩进 2 个字符、行高 25px。

8. 在 table2 的第 4 行插入一个 2 行 3 列的表格，表格的 id 为 table3，宽度为 100％，边框粗细为 0，单元格边距和间距均为 2px；在 table3 的各单元格中分别插入如图 14-71 中所示的图像和文字，居中对齐。

9. 在 ID 为“main”的 Div 标记下方插入一个 ID 为“footer”的 Div 标记，并在该 Div 中插入水平线，输入如图 14-71 中所示文字，居中对齐。

10. 保存 project14. html 页面文件，在浏览器中预览。

更多案例请扫下方二维码学习。

休闲旅游　　花之物语　　个人文集　　国学网页　　新闻资讯

第 15 讲　动动手让网站上线吧
——网站的发布与维护

知识目标

- 了解站点的测试方法。
- 理解网站安全管理的重要意义。
- 掌握网站的发布方法。

技能目标

- 掌握站点测试的方法。
- 掌握网站发布工具的使用方法。

素质目标

- 增强网络安全防范意识。
- 树立正确网络法治观念。

Dreamweaver 的功能不仅体现在制作网页上，更体现在管理网站上。不同于普通的 FTP 上传软件，Dreamweaver 对网站的管理更加科学、全面。随着 Web 的应用与发展，互联网在人们生活中越来越重要，因此，网站的发布与推广就显得格外重要。目前，网站的建设已经不只是考虑具体功能模块的设计，而是将技术的实现与站点的发布与推广结合起来。网站制作完成后要发布到网站服务器上，别人才能浏览。网站发布既可以采用网页制作工具自带的 FTP 功能，也可以采用专门的 FTP 工具。网站的内容要及时更新，这样才能更好地发挥网站的作用。

15.1　站点测试

扫码听课

网站开发完成后，需要对网站进行一系列的测试，保证网站能正常运行。首先需要进行本地测试，然后将网站上传至网站空间进行在线测试。另外，网站内容需要及时维护和更新，以保证网站健康运行。网站开发完成后，先在本地站点发布，通过本地测试是检验网站的第一个步骤。网站测试的方法和内容很多，下面介绍几种常见的测试方法。

15.1.1　功能测试

功能测试又称为黑盒测试或数据驱动测试，它把测试对象看作一个黑盒子。利用黑盒测试法进行动态测试时，只需要测试软件产品的功能，而不需要知道其内容结构和处理过程。

功能测试主要是为了检测软件产品是否存在功能性错误或遗漏，软件界面是否存在错误，数据结构或外部数据库访问是否错误，性能是否满足要求，以及初始化和终止功能是否正常等。

下面介绍一些常用的功能测试方法。

①相关性检查：检查在界面上进行增、删、改操作是否会影响其他内容，这些变化是否正常。

②检查相关按钮的功能：检查界面上每一个按钮对应的功能是否正常。

③超链接检查：检查界面上的每个超链接是否有对应的页面，点击超链接后切换页面是否正确。

④字符串长度检查：检查界面输入框中输入的字符串是否有长度限制，尝试输入最大长度的字符串，检查是否会引发错误。

⑤输入类型检查：检查界面输入框中的内容是否有类型要求，例如，年龄只能输入数字，如果输入其他类型，就会引发错误。

⑥信息唯一性检查：在界面输入的信息中，是否存在唯一性要求，如账号等。如果有，就检查其唯一性。

⑦按条件查询检查：在按条件查询的界面中，输入不同的查询条件，检查输出的内容是否正确。

⑧必填项检查：检查界面中多个提交信息中，所有的必填项是否都有数据，如果没有，则检查在提交操作之前是否有提示。

⑨重复提交表单:检查在成功提交表单之后,点击后退按钮再次提交,系统对第二次提交的表单如何处理。

⑩中文字符处理:在可以输入中文的系统中输入中文,检查是否会出现乱码。

⑪上传、下载文件检查:检查上传与下载文件的功能能否实现,上传文件能否浏览。对上传文件的格式是否有规定,系统是否有解释信息。

15.1.2 浏览器兼容性测试

浏览器是Web系统中一个非常重要的组成部分,它将直接与用户进行交互。同一个网站在不同的浏览器上可能会有不同的效果。目前,用户可以选择的浏览器非常多,所以,为了保证大多数用户都能正常浏览网站,我们有必要对浏览器的兼容性进行测试。

虽然目前市面上的浏览器种类非常多,但是影响浏览器兼容性的主要因素还是浏览器的内核。所谓浏览器的内核,就是指它的渲染引擎。目前,市面上比较流行的浏览器内核可以分为以下几种。

①Trident:大名鼎鼎的IE浏览器使用的就是Trident内核,它也是目前市面上比较流行、用户数量众多、使用范围较广的一个浏览器内核。国内很多浏览器都是基于Trident内核开发的,如遨游浏览器、搜狗浏览器、世界之窗浏览器等等。

②Gecko:Gecko是一款用C++编写的渲染引擎,它的源码是开放的。火狐浏览器使用的就是Gecko内核。

③Webkit:Webkit是Mac OS Xv10.3及以上版本所包含的软件框架,它是Mac OS X的Safari网页浏览器的基础。谷歌浏览器使用的就是Webkit内核。

④Presto:Presto是一个由OperaSoftware开发的浏览器排版引擎,它取代了旧版Opera中所使用的Elektra排版引擎,加入了动态功能。例如,网页或其他部分可随着DOM及Script语法的事件而重新排版。

在对网站进行浏览器兼容性测试的时候,根据浏览器的内核选择几种浏览器进行测试即可。另外,还需要考虑当前比较流行的几种浏览器:IE仍然是使用最多、使用范围最广的浏览器,而火狐浏览器和谷歌浏览器也是目前使用比较广泛的浏览器。

15.1.3 超链接测试

每一个网站都是由很多网页组成的,这些网页之间通过超链接相互关联,组成一个庞大的关系网。超链接测试的内容就是检查这些网页之间的超链接是否有效,链接对象是否正确,是否有某些页面被遗漏等。

如果网站页面比较少,可以通过人工的方式进行测试。但是,对于大型网站来说,组成网站的页面可能有成百上千个,如果对每个链接都采用人工测试的方法,会浪费大量的时间和精力。Dreamweaver中的“站点管理器”窗口提供了对整个站点的链接进行快速检查的功能。我们也可以利用一些测试工具,如Html link validator和XenuLink Sleuth等,对本地和网站上的网页文件链接进行检测。它们可以检测出网站上活动的链接和死链接。

15.1.4　站点报告

使用站点报告可以检查可合并的嵌套字体标记、辅助功能、遗漏的替换文本、冗余的嵌套标记、可删除的空标记和无标题文档，具体操作步骤如下。

①执行“站点”→“报告”菜单命令，打开“报告”对话框，在对话框中的“报告在”下拉列表框中选择“整个当前本地站点”选项，在“选择报告”列表框中勾选“多余的嵌套标记”“可移除的空标记”和“无标题文档”复选框，如图 15-1 所示。

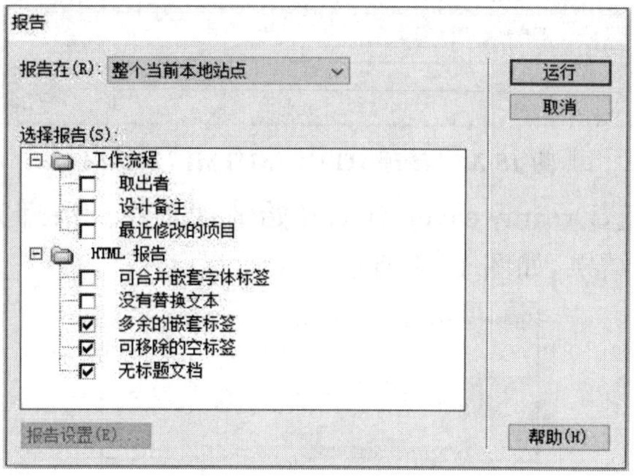

图 15-1　“报告”对话框

②单击“报告”对话框中的“运行”按钮，Dreamweaver 会对整个站点进行检查。检查完毕，将会自动打开“站点报告”面板，在面板中显示检查结果，如图 15-2 所示。

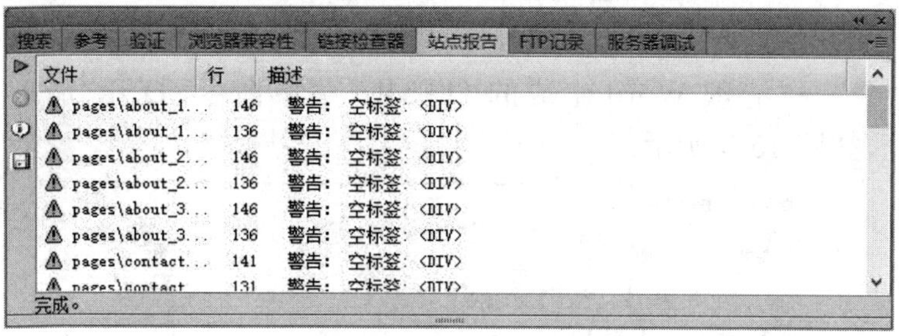

图 15-2　“站点报告”面板

③在面板中双击文件，将会自动打开对应页面文件，选中空标记，可以进行编辑。

15.1.5　清理文档

清理文档是指清理一些空标记或者在 Word 中编辑时所产生的一些多余标记，具体操作步骤如下。

①打开需要清理的网页文档。

②执行“命令”→“清理 XHTML”菜单命令，打开“清理 HTML/XHTML”对话框。在“移除”区域中勾选“空标记区块”和“多余的嵌套标记”复选框，或者在“指定的标记”文本框中输入所要删除的标记，并在“选项”区域中勾选“尽可能合并嵌套的<font>标记”

和“完成时显示动作记录”复选框，如图 15-3 所示。

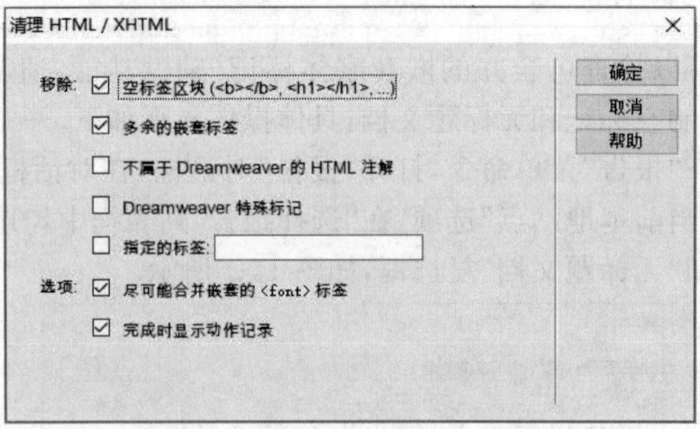

图 15-3 “清理 HTML/XHTML”对话框

③单击“确定”按钮，Dreamweaver 自动开始清理工作。清理完毕，将会弹出一个提示框，显示清理工作的结果，如图 15-4 所示。

图 15-4 提示框

④执行“命令”→“清理 Word 生成的 HTML”菜单命令，打开“清理 Word 生成的 HTML”对话框，如图 15-5 所示。

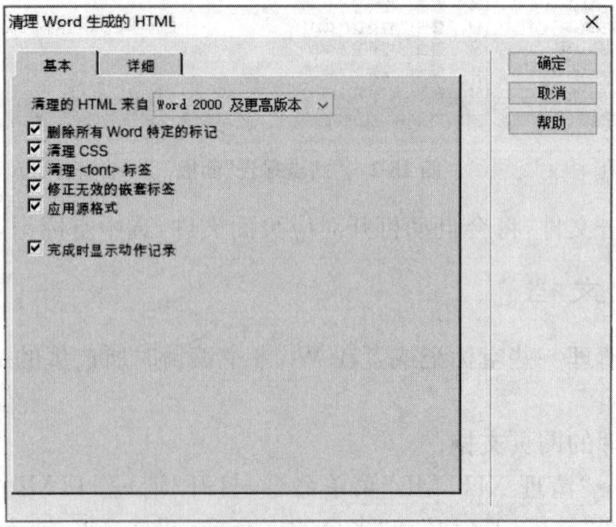

图 15-5 “清理 Word 生成的 HTML”对话框

⑤点击“详细”选项卡，勾选需要的选项，如图 15-6 所示。

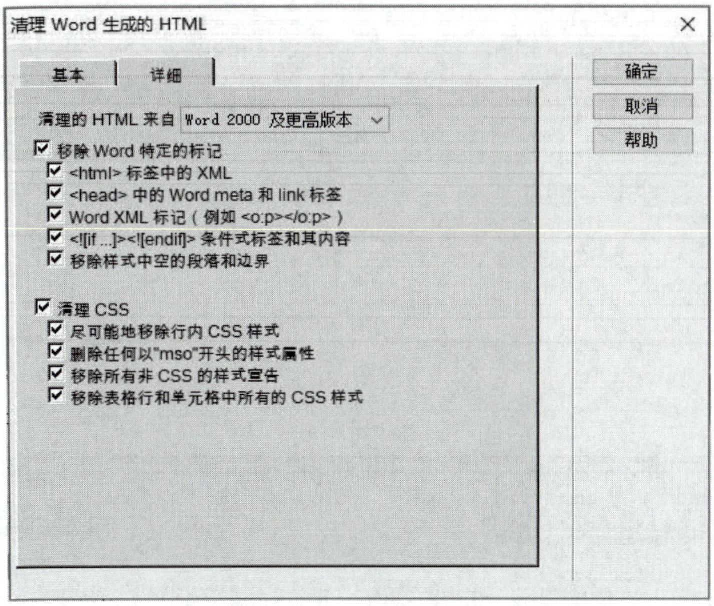

图 15-6　“详细”选项卡

⑥单击“确定”按钮，清理工作完成后弹出提示框，如图 15-7 所示。

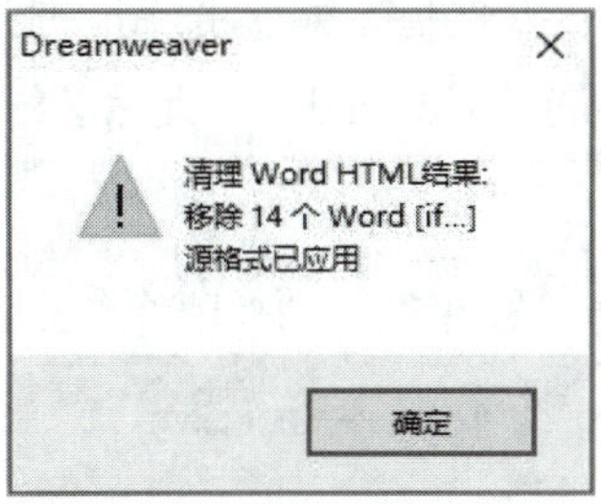

图 15-7　提示框

15.2　网站发布

扫码听课

网站制作完成以后，可上传到远程服务器上供用户浏览。网站发布流程为：首先，申请一个域名；然后，申请一个空间服务器；最后，上传到服务器。

上传网站通常有两种方法：一种是用 Dreamweaver 自带的工具上传，一种是用 FTP 软件上传。下面将详细介绍这两种上传方法。

15.2.1　利用 Dreamweaver 上传

Dreamweaver 不仅可以制作网站，还可以将网站上传至网络空间，具体操作步骤为：

①打开 Dreamweaver 软件，执行“站点”→“管理站点”菜单命令，打开“管理站点”对

话框,如图 15-8 所示。

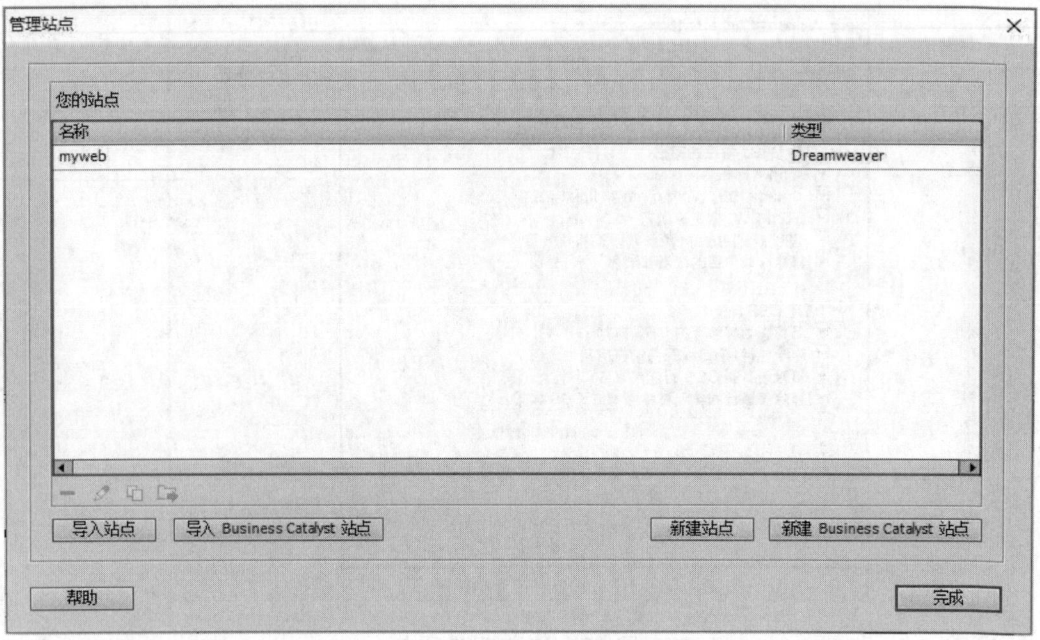

图 15-8 "管理站点"对话框

②单击"管理站点"对话框下方的编辑按钮,弹出"站点设置对象 myweb"对话框,在左侧列表中选择"服务器"选项,如图 15-9 所示。

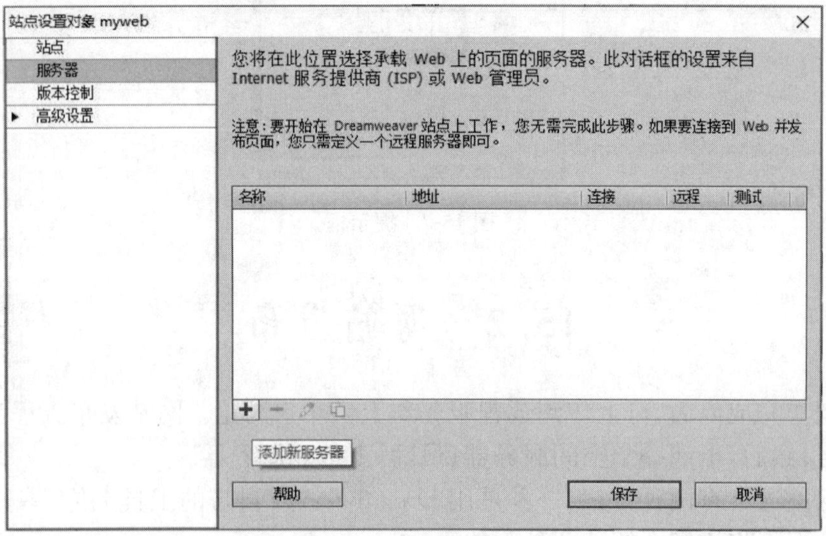

图 15-9 设置服务器

③单击对话框下方用于添加新服务器的加号,打开服务器设置对话框,在"连接方法"下拉列表框中选择 FTP,在"FTP 地址"文本框中输入站点要上传的 FTP 地址,在"用户名"文本框中输入 FTP 服务主机的用户名,在"密码"文本框中输入相应用户的密

码,设置完远程信息的相关参数后,单击“测试”按钮,如图 15-10 所示。

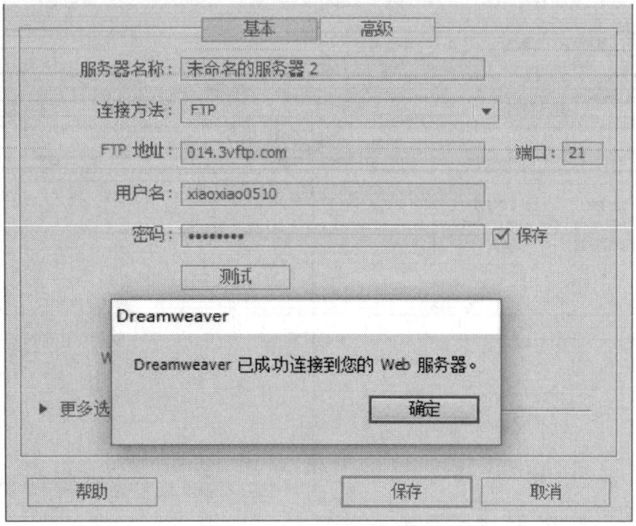

图 15-10　设置远程信息

④切换到“高级”选项卡,勾选“维护同步信息”和“保存时自动将文件上传到服务器”选项,如图 15-11 所示。

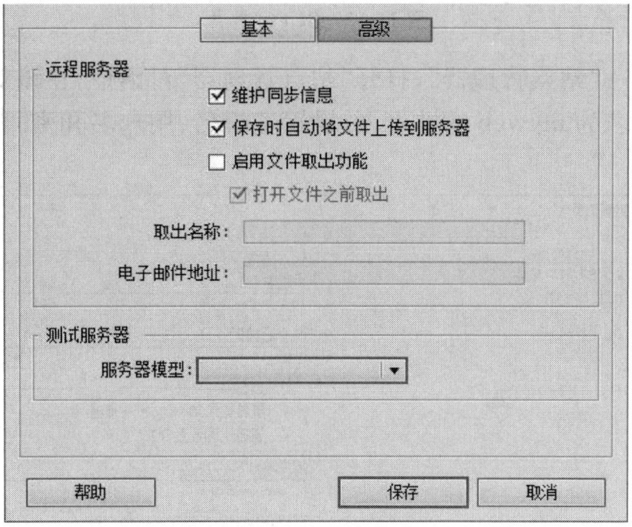

图 15-11　“高级选”项卡

⑤单击“保存”按钮,完成站点的设置。

15.2.2　利用上传工具上传

除了 Dreamweaver 以外,还可以使用很多 FTP 工具如 flashfxp、8UFtp 和 FileZilla 等,将站点上传到虚拟主机。下面以 8UFtp 为例介绍如何使用上传工具上传站点。

①启动 8UFtp 上传工具,界面如图 15-12 所示。

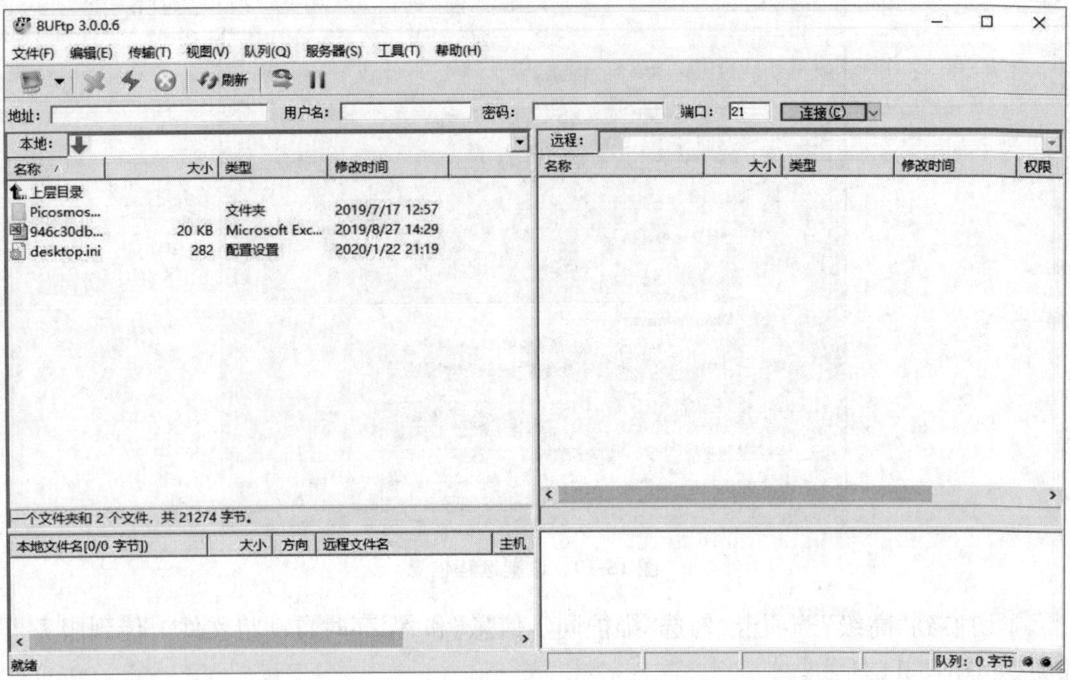

图 15-12　8UFtp 界面

②点击"文件"→"站点管理器",打开"站点管理器"对话框,在该对话框中单击"新站点"按钮,创建一个名为 myweb 的站点,并设置主机名、用户名和密码等信息,如图 15-13 所示。

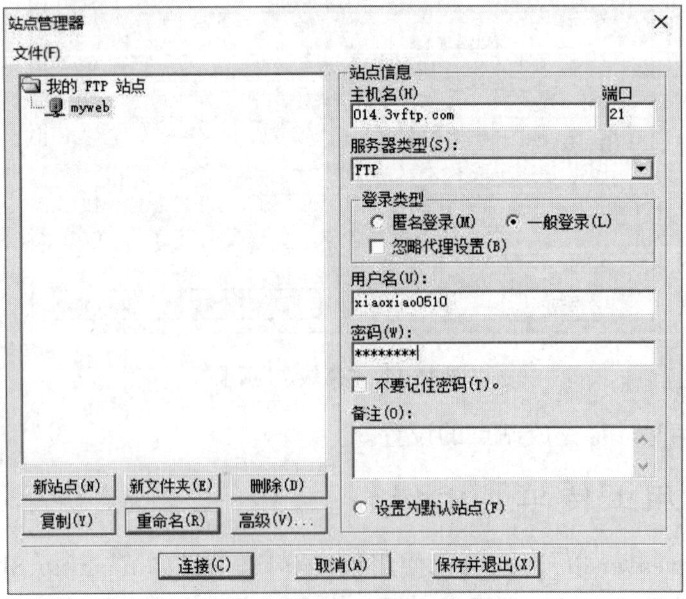

图 15-13　"站点管理器"对话框

③单击"连接"按钮，将连接到服务器并返回主界面，如图 15-14 所示。主界面左边显示的是本地文件，右边显示的是服务器上传的文件。

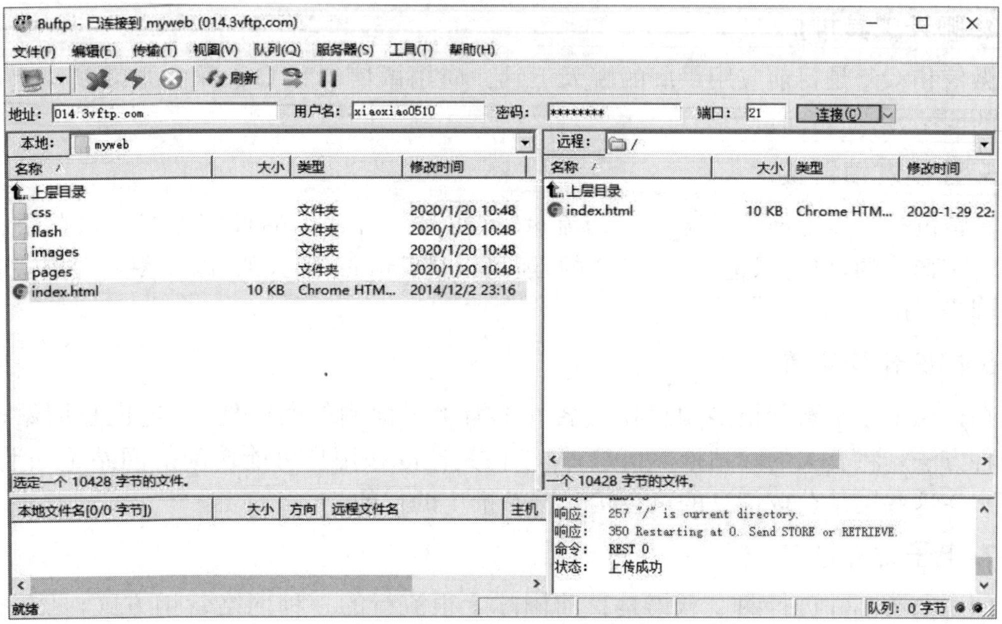

图 15-14　连接服务器界面

扫码听课

15.3　网站的推广

网站推广的目的在于让尽可能多的潜在用户了解并访问网站，通过网站获得有关产品和服务等的信息，为最终形成购买决策提供支持。网站的推广有很多种方式，下面介绍一些主要的方法。

1. 搜索引擎推广

经权威机构调查，全世界大部分的因特网用户采用搜索引擎来查找信息，而通过其他推广形式访问网站的，只占很少一部分。这就意味着当今因特网最为经济、实用和高效的网站推广形式就是搜索引擎推广。目前，比较有名的搜索引擎主要有百度（http://www baidu. com）、搜狐（http://www. sohu. com）和新浪（http://www. sina. com. cn）。

2. 导航网站推广

现在国内有大量的网址导航类站点，如 http://www. hao123. com，http://www. 265. com 等。在这些网址导航类站点做上链接，能带来大量的流量，不过现在想登录上像 hao123 这种流量特别大的站点并不是一件容易的事。

3. 博客推广

博主在发布自己的生活经历、工作经历和某些热门话题的评论等信息的同时，还可附带宣传网站信息等。特别是在某一领域有一定影响力的博主，他们所发布的文章更容易引起关注,可以吸引大量潜在用户,为用户提供了解企业的机会。用博客来推广企业网站的首要条件是具有良好的写作能力和一定的影响力。

4. 聊天工具推广

微信和 QQ 是目前应用最广的聊天工具。应用微信群和 QQ 群功能可以快速推介自己的网站,增加访问量。

5. 互换友情链接

友情链接可以给网站带来稳定的流量,这也是一种常见的推广方式。这些链接可以是文字形式的,也可以是 Logo 形式的,还可以是 Banner 形式的,以及图文并茂或其他不规则形式的。

6. BBS 论坛宣传

在论坛上经常看到很多用户在签名处都留下了他们的网站地址,这也是网站推广的一种方法。将有关的网站推广信息,发布在其他潜在用户可能访问的网站论坛上,利用用户在这些网站获取信息的机会实现网站推广的目的。

7. 电子邮件推广

使用电子邮件进行网上营销是目前国际上很流行的一种网络营销方式,具有成本低廉、效率高、范围广、速度快等优点。越来越多的调查也表明,电子邮件营销是网络营销中最常用也是最实用的方法。

15.4 网站的运营与维护

扫码听课

一个好的网站,是不可能一次就制作完成的。由于市场环境在不断地变化,网站的内容也需要随之调整,给人常新的感觉,这样才可以吸引更多的用户。这就要求对站点进行长期、不间断的维护和更新。但是,网站的维护与更新是一个长期的工作,需要从方方面面获取信息,对网站进行维护,并更新网站内容,从而不断满足用户的需求。

15.4.1 网站的运营

建立一个网站，对于大多数人来说并不陌生,尤其是已经拥有网站的企业和机构。但是,提到网站运营及其重要性可能会有很多人不理解。网站运营包括网站需求分析和整理、频道内容建设、网站策划、产品维护和改进、部门沟通协调 5 个方面的具体内容。

1. 需求分析和整理

对于一名网站运营人员来说,最为重要的就是要了解用户需求。在此基础上,提出网站具体的改善建议和方案,并通过讨论分析确认是否可行。必要时,还要进行调查取证或分析统计,综合评出这些建议和方案的可行性。

2. 频道内容建设

频道内容建设是网站运营的重要工作。网站内容决定了网站是什么类型的网站。

当然，也有一些功能性的网站，只是提供了一个功能，如搜索、即时聊天等，让用户去使用。使用这些功能的最终目的仍是为了获取想要的信息。

3. 网站策划

网站策划包括前期市场调研、可行性分析、策划文档撰写和业务流程说明等内容。策划是建设网站的关键。一个网站，只有真正策划好了，才有可能成为好的网站。因为，前期的网站策划涉及更多的市场因素。

4. 产品维护和改进

产品的维护和改进工作，与前面讲的需求分析整理有一些相似之处，不过它更强调对产品的维护工作，即对用户已购买产品的维护，响应用户提出的问题。

此外，产品维护还包括制定和改变产品政策、进行良好的产品包装、改进产品的使用体验等。产品改进问题在大多情况下也是需求分析和整理问题。

5. 部门沟通协调

这一部分的工作内容，更多体现的是管理角色。因为网站运营人员深知整个网站的运营情况，知识面相对全面，所以与技术人员、美工、测试和业务的沟通协调工作更多是由网站运营人员来实施的。

优秀的网站运营人员不仅要具备行业专业知识，还要兼有文字撰写能力、方案策划能力、沟通协调能力和项目管理能力等。

15.4.2　网站的维护

所谓网站维护，就是经常对网站内容进行更新和维护。网站维护是网站建设中极其重要的部分，也是最容易被忽略的部分。不进行维护的网站，很快就会因内容陈旧、信息过时而无人问津，或因技术原因而无法运行。这是目前网站建设中最大的弊病。严格来说，每一个站点都应该由专业人员定期更新和维护。互联网的最大优势就是信息的实时性。只有快速地反映，准确地报道，才能吸引更多的浏览者。对于网站来说，只有不断地更新内容，才能保证网站的生命力，吸引更多的用户。当用户希望从你的网站获取源源不断的信息，即便网站上的内容是转载的，只要满足用户的需求，就能留住用户。

网站内容更新是网站维护过程中的重要一环。在网站建设初期，就要对后续维护给予足够的重视，要保证网站后续维护所需要的资金和人力。很多网站建设时很舍得投入资金，可是网站发布后，维护不到位，信息更新滞后。这就造成了网站建成之时，便是网站死亡的开始。另外，要从管理制度上保证信息渠道的畅通和信息发布流程的合理性。网站上各栏目的信息往往来源于多个方面，要进行统筹考虑，确立一套从信息收集、信息审查，到信息发布良性运转的管理制度。既要考虑信息的准确性和安全性，又要保证信息更新的及时性。在网站建设过程中还要对网站的各个栏目和子栏目进行细致的规划，在此基础上确定哪些是经常要更新的内容，哪些是相对固定的内容。根据相对固定的内容设计网页模板，在以后的维护工作中，这些模板不用改动。这样做，既节省费用，又有利于后期维护。

网站风格的更新包括版面、配色等方面。改版后的网站让用户感觉焕然一新。一般改版的周期可以长一些。如果用户对网站还比较满意的话,改版周期可以延长到几个月甚至半年,但也不能太长。一般一个网站建设完成以后,就代表了公司的形象和风格。随着时间的推移,很多用户对这种形象已经形成了定势。如果经常改版,会让用户感觉不适应,特别是那种风格彻底改变的“改版”。当然,如果对公司网站有更好的设计方案,可以考虑改版。毕竟长期使用一种版面会让人感觉缺乏新鲜感。

15.5　网站安全管理

扫码听课

网站安全一直是人们最关心的问题。一旦网站安全失守,不仅会给网站带来很多负面的影响,严重的还会泄露很多用户隐私信息。所以,网络安全管理一刻也不能放松警惕。

15.5.1　服务器安全管理

个人网站一般采用虚拟主机,服务器的安全管理直接由服务提供商保证,不需要个人用户担心。

部分企业用户可能使用自己的服务器,此时就需要考虑服务器安全管理的问题。通常情况下,企业会有自己的服务器管理人员。企业会授权相关人员使用服务器,并对相关资源进行调配和使用。管理员需要负责服务器的日常管理和维护,包括服务器账户密码的管理、主要文件的更新和修改、网站以及网站相关文件和代码的安全、漏洞的检查和管理、病毒和木马的清除等工作。

15.5.2　FTP 密码的安全保护

本地文件上传到服务器的主要依据是 FTP 账户和密码,任何具有 FTP 账户和密码的人都可以对服务器上的资源进行更改。所以,FTP 密码的日常维护非常重要。可以从以下几点着手加强 FTP 密码的安全保护工作。

1. 口令的期限

管理员在创建临时 FTP 账户的时候,可以设置 FTP 口令的期限,比如设置口令当前有效,第二天自动失效。当下次需要创建临时 FTP 的时候,只需要更改一次密码即可再次使用。而对于长期使用 FTP 的用户,管理员可以创建一个期限比较长的 FTP 账户。通过过期期限管理 FTP 账户密码,可以设置合适的密码更改频率,提高密码的安全性。

2. 密码复杂度

很多人习惯使用生日、电话号码、身份证号码等作为密码,这就给一些恶意者留下了可乘之机。为了杜绝这类事情的发生,在设置密码的时候,最好使用由数字、字母和特殊符号组成的具有一定长度的密码，且密码中最好包含大小写字母，这样可以有效提高密码的安全度。密码中也不能设置与账户相关的信息，那样也会增加密码泄露的风险。

3. 口令历史记录

如果启动了口令历史记录功能，FTP 服务器就会在指定的时间内禁止用户修改使用过的密码，这样可以有效提高口令的安全性。

4. 账户锁定策略

理论上说，暴力破解可以破解所有的密码。为了避免有人采用暴力破解的方式获取 FTP 密码，需要启动账户锁定策略。账户锁定策略可以限定用户的登录失败次数，在超过指定登录失败次数后，服务器会自动锁定这个账号，并向管理员发出警告。锁定后的账户可以通过人工解锁，也可以设置在锁定一定时间后系统自动解锁。

15.5.3 网站程序的安全管理

网站程序的安全依然是网站建设者需要考虑的重要因素之一，可以通过以下几个方面加强网站程序的安全管理。

1. 强化脚本安全

脚本是纯文本格式，恶意者通过源代码可以很容易地看到网站服务器上数据系统库的连接用户名和密码等重要信息，进而轻松查看数据库中的所有信息，还可能篡改并造成系统损坏。因此，有必要限制访问用户，设置访问权限，加密或隐藏脚本源代码。

2. 加入防注入技术

现在基于 Web 的攻击一般都是注入。导致注入的原因一般为对变量的过滤不完全，使入侵者非法执行程序或查询修改任意数据。现在大部分黑客入侵都是基于 SQL 注入实现的，所以需要在网络程序中加入防注入代码。在上传文件入口处或关键程序中增加一行代码调用防注入程序，比如 URL、表单等提交信息，通过一段防止 SQL 注入的过滤代码即可防止出错信息暴露，或者通过转向防注入，即当系统出错时转到一个提示出错的页面等。

3. 在 Web 程序中使用 Session 对象

暂时或永久性地保留使用者的信息以及目前浏览网页的状态，这样有利于管理用户，防止非法用户入侵。

15.5.4 数据的安全管理

在实际的网络运行环境中，数据的备份与恢复功能是非常重要的。虽然可以从预防、检查、反应等方面着手，减少网络信息系统的不安全因素，但是要完全保证系统不出现安全问题，这是任何人都不可能做到的。

如果数据丢失且不能恢复，那么就可能会造成不可挽回的损失。在国外已经出现过在某个公司网络遭到损坏时,因网站建设的管理员没有保存足够的备份数据,而无法恢复该公司的信息系统,造成无法挽回的损失,导致公司破产的先例。网络系统的数据备份策略和数据恢复方案是实现这种安全性的重要方法。

总　结

通过本讲的学习,读者需要了解站点的测试内容和方法,学会网站上传工具的使用方法,认识网站维护和网站安全管理的重要意义。

习　题　15

一、选择题

1. 网页制作完毕,可以利用专门的________工具上传,实现把网站发布到Web服务器上。

A. HTTP　　B. FTP　　C. Flash　　D. Fireworks

2. ________是企业网站获得有效访问的一个重要步骤,能提高网站的访问率和知名度。

A. 网站推广　　B. 电视广告　　C. 口头相传　　D. 以上均不是

3. 在保证密码安全中,我们应采取的正确措施是________。

A. 用生日作密码

B. 用电话号码作密码

C. 用纯数字作密码

D. 用由数字、字母和特殊符号的组成一定长度的密码

二、简答题

1. 网站运营包括哪几个方面的内容?
2. 网站推广的方法有哪些?

综合实训

参照本讲15.1中的内容,对14讲中综合案例的网站进行站点测试。

上机练习

按以下步骤上传第14讲中制作完成的网站。

1. 申请域名。域名(Domain Name)是由一串用点分隔的名字组成的、Internet上提供用户访问某网站或网页的路径,用于在数据传输时标识计算机的电子方位。可登录

“万网”(https://wanwang.aliyun.com)申请域名，如图 15-15 所示。

图 15-15　申请域名

2. 申请空间。推荐申请免费空间。可登录三丰云(https://www.sanfengyun.com)申请免费虚拟主机，如图 15-16 所示。

图 15-16　申请空间

3. 站点设置。在 Dreamweaver 中设置站点服务器相关信息,如图 15-17 所示,填写完毕进行连接测试,如图 15-18 所示。

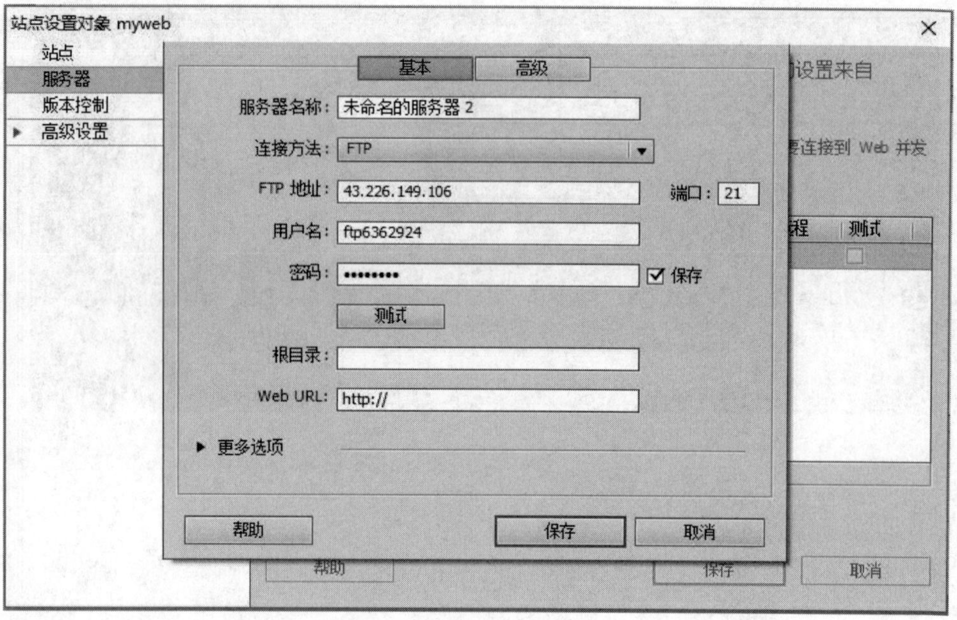

图 15-17　服务器信息

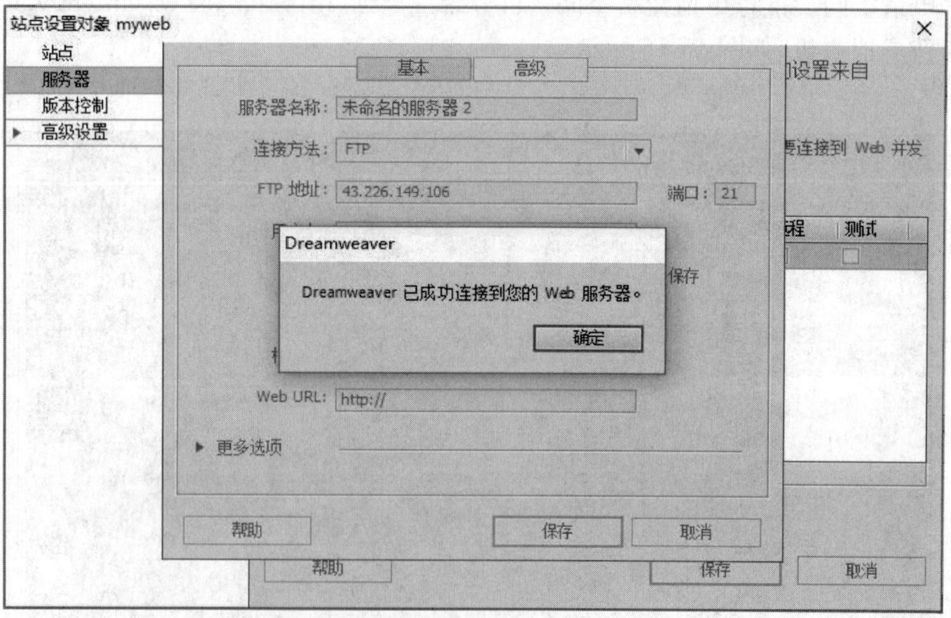

图 15-18　连接测试

4. 站点上传。可使用 FTP 工具软件 8UFtp 完成站点内容的上传。打开软件,输入地址、用户名和密码等信息后,选中本地站点中所有的文件并上传。远程站点中出现与本地站点完全相同的列表时，表示网站已经上传成功，如图 15-19 所示。在浏览器中输入网站域名，享受一下成功的喜悦吧。

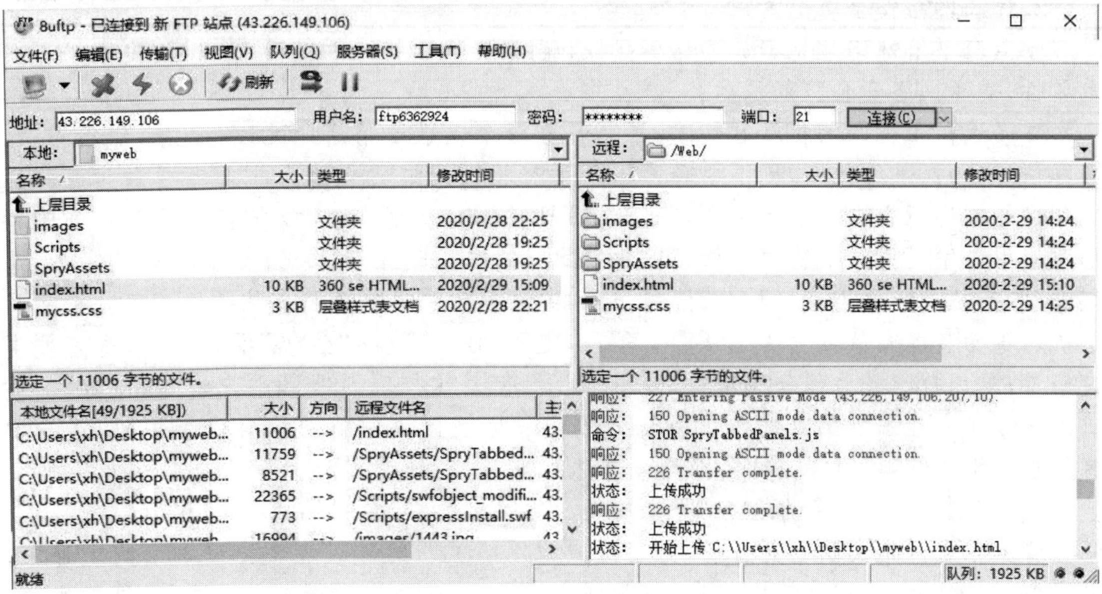

图 15-19　站点上传

思政小课堂

网络安全

目前，以互联网为代表的信息化浪潮席卷全球，互联网应用已经渗透到了经济、政治、文化和国防等各个领域。同时，互联网对人们的生产、工作、学习、生活等产生了全面而深刻的影响，也使世界经济的增长方式和人类社会的文明进步跨入了新的历史阶段。然而，伴随着互联网的飞速发展，网络信息安全问题日益突出，网络信息技术在带给人类诸多便利的同时，也给人类社会带来无限的危害和隐患，产生了大量的、新的、不容忽视的安全问题。

第 50 次《中国互联网络发展状况统计报告》显示，截至 2022 年 6 月，我国网民规模为 10.51 亿，互联网普及率达 74.4%。网络是我们获得大量信息的一个便捷平台，但如果不当利用也会危害身心健康。

1. 树立正确的法制观念

近年来学生被骗的方式层出不穷，各种花式骗局更让人防不胜防！因此学生一定要有正确的法律知识和社会常识。

要知道“天下没有免费的午餐”“电商刷单、网络传销、兜售“两卡”、口头兼职都是违法的，也是常见的网络骗局，一定要警惕！

学生应提升自我的法治意识,在潜移默化中养成学法、尊法、守法、用法的好习惯,做到知法、懂法、守法,树立正确的法制观念。

2. 提高网络安全防范意识

学生应了解网络常见骗局的诈骗手法,懂得防骗和防盗的技巧,认识到安全防范的重要性,提高网络安全防范意识。

务必选择正规的购物网站购物,不要轻易将个人敏感信息(如身份证号、银行卡号、家庭住址等)提供给他人,更不要轻易输入动态验证码或转告他人。一定要通过正规通道和途径来进行查询与消费。现在恶意APP程序越来越多,各类非官方下载渠道常被恶意应用。手机用户不使用来历不明的APP,使用正规渠道下载;安装时要注意"应用权限"与产品功能是否直接相关;使用防病毒软件,为手机安全加上防护网。不法分子将手机病毒伪装成微信红包诱导消费者领取,遇到陌生人发送"红包"不要乱点,很可能带有病毒;照片打印成为部分商家的"吸粉"利器,但是这样容易泄露用户信息,比如,扫描二维码可能会让手机感染病毒。不法分子通过虚假伪装一个网站生成二维码,在受害者扫描二维码时,通过云端软件获取当事人的账号、密码等。

3. 文明上网远离"暴力"

青少年是网络文明的受益者,更应该成为网络文明的建设者。正确利用网上资源,汲取科学文化知识,浏览健康信息,辨明网上的善恶美丑,自觉抵制各种虚假、消极内容,做到"不信谣、不传谣"。同学们应互相帮助,互相监督,抵制网络不良信息诱惑,自觉远离网吧,拒绝长时间沉迷网络。

维护网络安全,杜绝破坏网络秩序。应该充分认识网络安全的重要性,严格要求自己合理、合法地使用网络资源,杜绝危害网络安全的行为,增强网络安全意识,监督和防范不安全的隐患,维护正常的网络运行秩序,促进网络的健康发展。

有益身心健康,拒绝沉溺虚拟世界。应当有节制地上网,善于运用互联网技术获取有益的信息,解决学习中的问题,合理安排上网时间,不应沉溺于网络,影响正常的学习生活,损害身心健康;维护网络道德,杜绝网络脏口恶习,不做"键盘侠",不参与"网暴"!自觉实践青少年网络文明公约,从自身做起,注意网络文明用语,为营造绿色网络环境贡献一份力量!

参考文献

[1] 明日科技. JavaScript 从入门到精通[M]. 3 版. 北京：清华大学出版社，2019.

[2] 黑马程序员. 网页设计与制作项目教程(HTML＋CSS＋JavaScript)[M]. 北京：人民邮电出版社，2017.

[3] 北京阿博泰克北大青鸟信息技术有限公司职业教育研究院. 使用 HTML 语言和 CSS 开发商业站点[M]. 北京：电子工业出版社，2013.

[4] 曾静娜. 新手学 CSS＋DIV [M]. 北京：石油工业出版社，2010.

[5] w3school 在线教程. http://www.w3school.com.cn/.

[6] 京东商城. https://www.jd.com/.

[7] 凌宝慧. HTML5＋CSS3＋JavaScript 网页设计实用教程[M]. 北京：清华大学出版社，2019.

[8] 黑马程序员. 网页设计与制作(HTML5＋CSS3＋JavaScript)[M]. 北京：中国铁道出版社，2018.

[9] 吴建军，倪泰乐，马洁. 中文版 Dreamweaver CC 网页设计案例教程[M]. 上海：上海交通大学出版社，2016.

[10] 车云月. 精通 HTML＋CSS 网页开发与制作[M]. 北京：清华大学出版社，2018.

[11] 传智播客高教产品研发部. HTML5＋CSS3 网站设计基础教程[M]. 北京：人民邮电出版社，2016.

[12] 胡新辰，吴华堂，魏洪丞等. Dreamweaver CC 中文全彩铂金版网页设计案例教程[M]. 北京：中国青年出版社，2019.

